JN170133

わかる基礎入門シリーズ

図解 ゼロからわかる 材料力学

小峯龍男＝著

技術評論社

はじめに

材料力学というと、計算ばかりで難しそうと思われるかもしれません。でも身近な例を挙げると、古新聞を束ねるのに、裁縫用の糸や針金を用意することはなく、おそらくすべての方が、ビニールひもを使うのが当然と思うはずです。これは材料の強弱を考える材料力学の代表的な問題例ともいえます。

私たちの生活の中には、材料力学に関連する事柄がいっぱいあるのです。

筆者は、“Chain is not stronger than the weakest link”という格言を恩師から学びました。「鎖は最も弱い環以上には強くなれない」という意味です。どんなに強い環をつなげても、その中に一つでも弱い環があれば、鎖全体の強さは一番弱い環で決められてしまう。

つまり、機械や構造物には、調和のとれた強さが必要で、材料の強さを合理的に決める考え方が材料力学なのです。

材料力学は、本書で主題とする機械工学系だけでなく、建築系や土木工学系など多くの分野で、安全に使用できる機械や構造物をつくるために必要となる基礎的で重要な科目です。

本書の書名は「ゼロからわかる材料力学」です。初めて材料力学を学ぶ方の多くは、材料力学に限らず機械工学や技術全般についての入門者であるかもしれません。

そこで、第1章は総論として、本書で扱う事柄や用語などを読みもの的に紹介するように努めました。

第2章以降の各論では、多くの数式や計算例が登場します。「数学が苦手」という方も皆無ではないと思います。そのような場合でも決して諦めないでください。

本書で扱う数式展開は、代数式と三角関数だけに限定して、積分などの説明に便利な手法は使わないようにしました。

材料力学では、多くの公式が用意されています。実務ならば、公式や独自に用意された計算式を使って必要とする強度や寸法を効率よく求めることを目的とするでしょう。

しかし、これから材料力学を学ぶという場合には、問題解決の方法をしっかりと考えて何が必要かを知ることを目標とすべきだと考えます。

細かな例ですが、「A＝B」とこれを変形した「A－B＝0」は、意味が異なる場合もあると考えてください。「A＝B」は、AとBは同じ大きさをもつ値と考えていいでしょう。「A－B＝0」は、AからBを引いてゼロになると考えるだけでなく、Aと－Bの和がゼロになる、つまりAとBは符号が逆で同じ大きさをもつ値として式をつくることがあります。さらに、符号の正負は、数直線の原点を中心とした対称な事柄を表と裏の視点から観察するという意味ももちます。

材料力学では、問題の解決に図を利用するという方法があります。図が得意な方であれば、慣れてしまうと便利と思える方法です。しかし、「数式は得意だけど、図は苦手」という方は、難しいと感じられるかもしれません。そのような場合、完成した図を見るだけでなく、問題の考え方と図の描き方を対応させて、自分の手で図を描くことが理解の助けになると思います。

実際の問題解決では、正確な計算結果を求められます。ですから、使用する計算機の扱いに慣れることも技術者として必要です。

これから材料力学を学ぼうとする方にとって、本書が微力ながらでもお役にたてれば幸いです。

本書の出版にあたり、技術評論社の冨田裕一氏をはじめ編集部の皆様に大変お世話になりました。心より感謝いたします。

2016年2月

小峯龍男

目次

1章 材料力学のはじめに

機械や構造物が力を受けたとき、材料がどれほどの強さをもつか、材料がどのように変形するかを考えて、材料を安全に使えるようにする分野が材料力学です。1章では、本書のあらましを紹介します。

1-1 力

力は物体を移動させたり、物体の形を変化させたりする効果をもちます。本書で扱う力のあらましを考えましょう。

外力

物体と物体に働く力の関係で、物体を主体に考えて、物体に外部から作用する力を**外力**と呼びます。外力を表す記号には、P、F、Wなどが使われます。使い分けに厳密な規則はありませんが、本書では、おもに材料を伸縮させるような力をP、材料を曲げるような力をW、力全般に対してFと表しています。

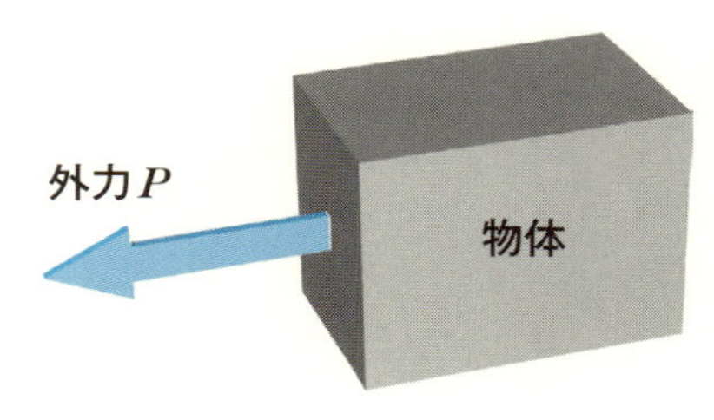

▲ 物体に作用する外力

荷重

材料力学では、物体に作用する外力を**荷重**と呼びます。物体の両端に物体を引張るように作用する、同じ大きさで逆向きの外力Pを引張荷重と呼び、物体を移動させずに物体を引き伸ばす効果を与えます。

▲ 物体を引張る引張荷重

内力

物体に外力が作用すると、材料内部には外力に抵抗する力が生まれます。この力を**内力**と呼びます。内力の記号をNとします。

引張荷重を受ける物体の内部に、荷重と垂直な**仮想断面**を考え、物体をAとBの2つの部分に分割したと仮定します。

A部では荷重P_Aとつり合う内力N_Aが生まれます。同様に、B部にはP_Bとつり合う内力N_Bが生まれます。

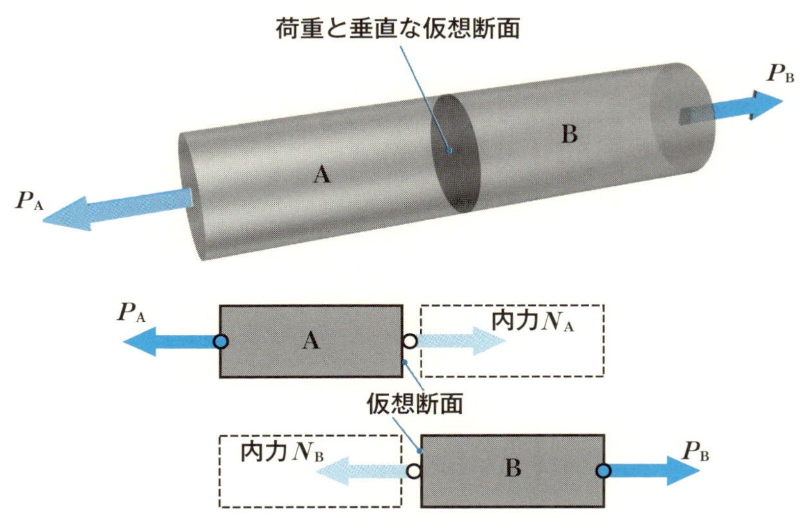

▲ 外力と内力のつり合い

内力どうしは作用・反作用

A部とB部の仮想断面を合わせると、A部がB部から内力N_Bを受け、B部がA部から内力N_Aを受けているように見えます。内力どうしは、「物体Aが物体Bから力を受けると、物体Aは物体Bに同じ大きさで逆向きの力を与える」という**作用・反作用の法則**の関係にあります。

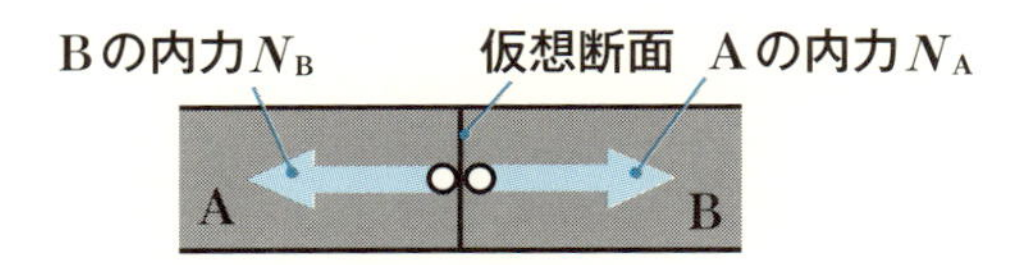

▲ 内力どうしは作用・反作用の関係

1-2 力の表し方と単位

力学では力を図で表します。また、力を単位をもつ量として考えます。力の図示方法と力の単位について考えます。

力の図示方法

力は矢印で表し、矢印線の長さを力の大きさ、矢の向きを力の作用する向きとします。このような量をベクトル量と呼びます。矢印線の始点が作用点または着力点、矢印線が力の作用線を示します。

本書では、直感的に分かりやすくするために、特に厳密さを必要とする場合を除いて、太い矢印で力を表します。また、物体への力の着力点を強調したいときに○印で表します。

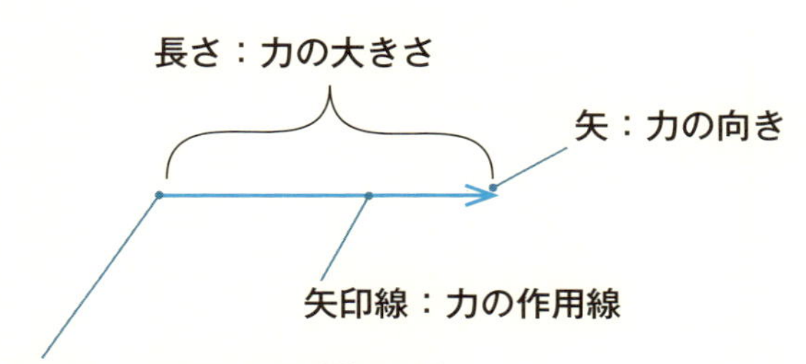

▲ 力を表す矢印

力の単位

力学では、一般に**SI単位**と呼ばれる**国際単位系**を使います。力の単位は、SI単位の**N**（ニュートン）で、1 Nの力は、「質量1 kgの物体に1 m/s^{2}の加速度を与える」と定義されます。SI単位の概略は、1章最後の1−16にまとめてあります。

本書では、外力をPで表しますが、一般の力学では力をFで表し、質量m、加速度aとの関係を$F = ma$と定義します。

一般の力学では、
力F、質量m、加速度aとして

$$F = ma$$

と定義します。

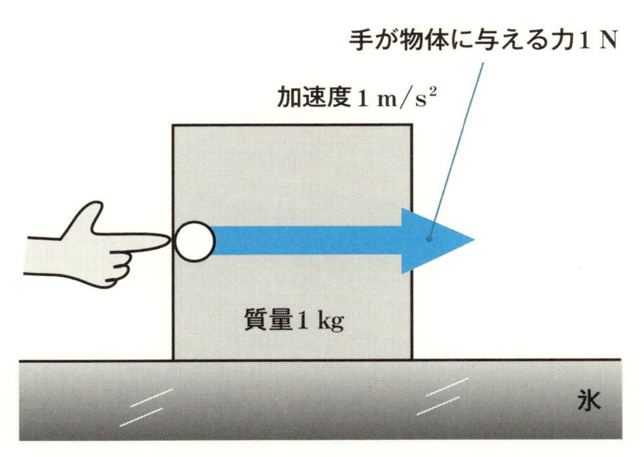

▲1 Nの力のイメージ

重力と力（10 Nの重さを感じる）

地球上の物体は、常に地球の中心に向かって引張られています。この力を**重力**と呼び、物体の重さになります。物体に作用する重力の大きさは、物体の**質量と重力加速度の積**です。

例えば1リットルの水に作用する重力は、重力加速度gを9.8 m/s^2とし、容器に入った1リットルの水の質量mをおよそ1 kgとしたとき、次のようになります。

$$F = mg = 1\ \mathrm{kg} \times 9.8\ \mathrm{m/s^2} = 9.8\ \mathrm{N}$$

この1リットルの水を手で支えると、水は重力と同じ大きさの力（9.8 N）を手に与えます。一方、手は水に水の重力とつり合う力（9.8 N）を与えます。

この例から、1リットルのペットボトルを支えるために手が与える力の大きさが、ほぼ10 N（9.8 N）であることを直感的に理解できると思います。

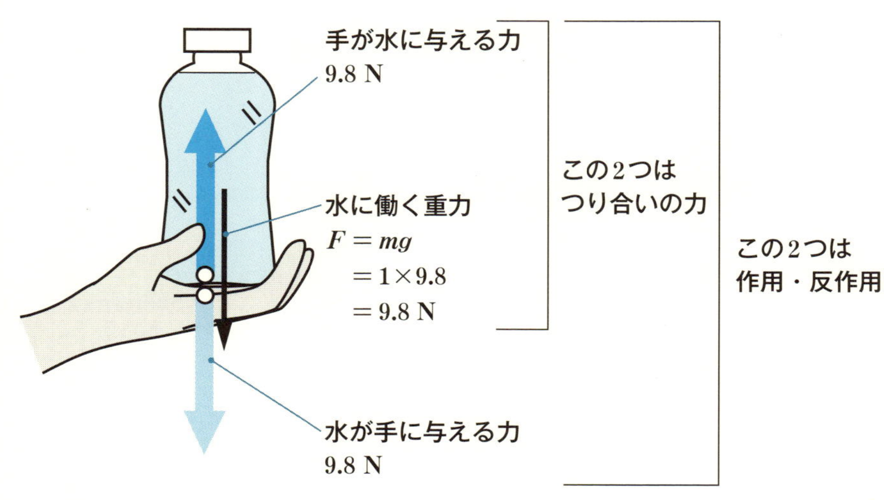

▲ 重力と力

1 kgの力？

工学ではSI単位を使用しますが、中学校の教科書で力の単位にNが使われたのは2002年度からです。そのために日常生活では、質量の単位kgと力の単位Nがはっきりと理解されていないかもしれません。

工学でSI単位の導入以前は、質量1 kgの物体の重量や力を1 kgwあるいは1 kgfと表していました。これらの単位で表記されている場合は、次のように換算します。

1 kgw　または　1 kgf＝9.8 N

Column

大きな力に慣れましょう

これまでの説明で、10 Nの力は、ほぼ1 kgの水を支えることができます。つまり、力の単位Nで表された値のほぼ1/10が、日常で使われる重量の単位kgの値になることを直感できると思います。ですから、100 Nならば10 kg、大体2リットルのペットボトル5本分を支える力だと思いつくはずです。

2章以降で大変に大きな力を扱います。例えば、20 kN（キロニュートン）の力で、想像できるものには、どのようなものがありますか。

1章の最後にSI単位の説明をしますが、記号k（キロ）は1000倍することを表すので、20 kNは20000 Nです。この値の1/10は、2000 kgになるので、およそワゴン車1台の重量と等しい大きさです。そして重量2000 kgは2トンとも呼ぶので、20 kNは、およそ2トンの重量を支えることのできる力ということになります。

このことから、10 kN → 1トン、1 kN＝1000 N → 100 kgという概算を覚えておくと、材料力学の計算問題を考える助けになるはずです。

今後の計算で、実感がなく大きな数値を計算することのないように、ぜひとも覚えて欲しい事柄です。

1-3 軸荷重とせん断荷重

荷重にはいくつかの種類があります。荷重が材料をどのように変形させる効果をもつかという点から、代表的な荷重を考えます。

軸荷重と軸力

材料に作用する外力が、主に材料を伸ばそうとする効果をもつ荷重を**引張荷重**と呼び、外力が主に材料を縮めようとする効果をもつ荷重を**圧縮荷重**と呼びます。

引張荷重と圧縮荷重のように力の作用線が材料の軸線方向に働く力を**軸荷重**と呼びます。軸荷重によって、力の作用線と垂直な仮想断面に生まれる内力を**軸力**と呼びます。

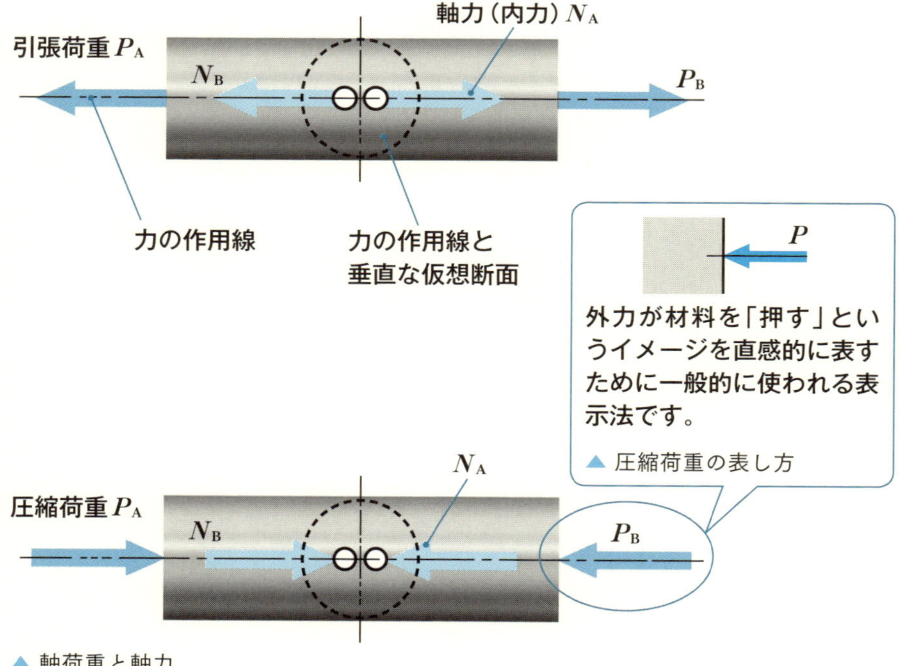

▲ 軸荷重と軸力

せん断荷重とせん断力

材料の軸線や軸面に垂直に互いに逆向きで平行な外力を与えて、材料にずれを起こして切断することを**せん断**と呼びます。材料にずれを与えるように作用する外力を**せん断荷重**と呼びます。

せん断荷重にはさまれた、荷重と平行な仮想断面に沿って両側に生まれる内力を**せん断力**と呼びます。

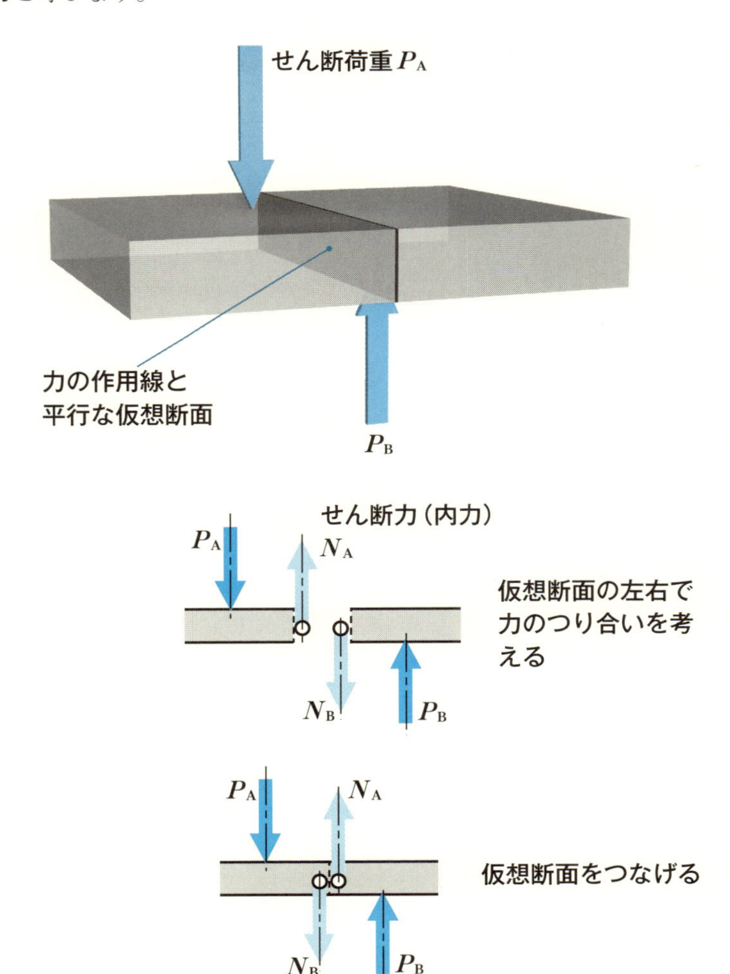

▲ せん断荷重とせん断力

身近なせん断荷重

はさみの刃は、ナイフの刃のように鋭利ではなく、平面的です。はさみは、平面的な刃で材料にせん断荷重を与え、荷重と平行な断面にずれを起こして材料を**せん断**します。

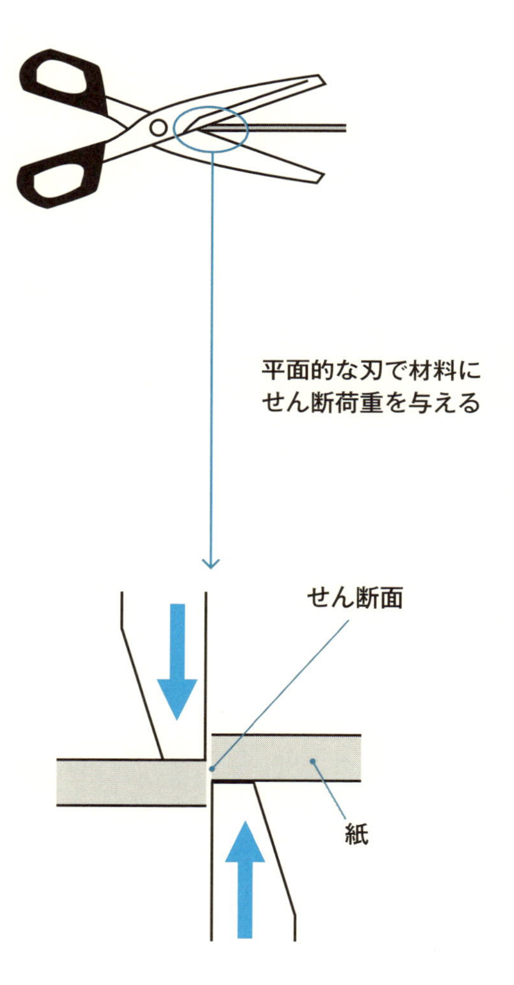

▲ はさみ

一般にプライヤと呼ばれるコンビネーションプライヤは、支点に近い部分で直径3 mm程度までの線材をせん断できるように製造されています。

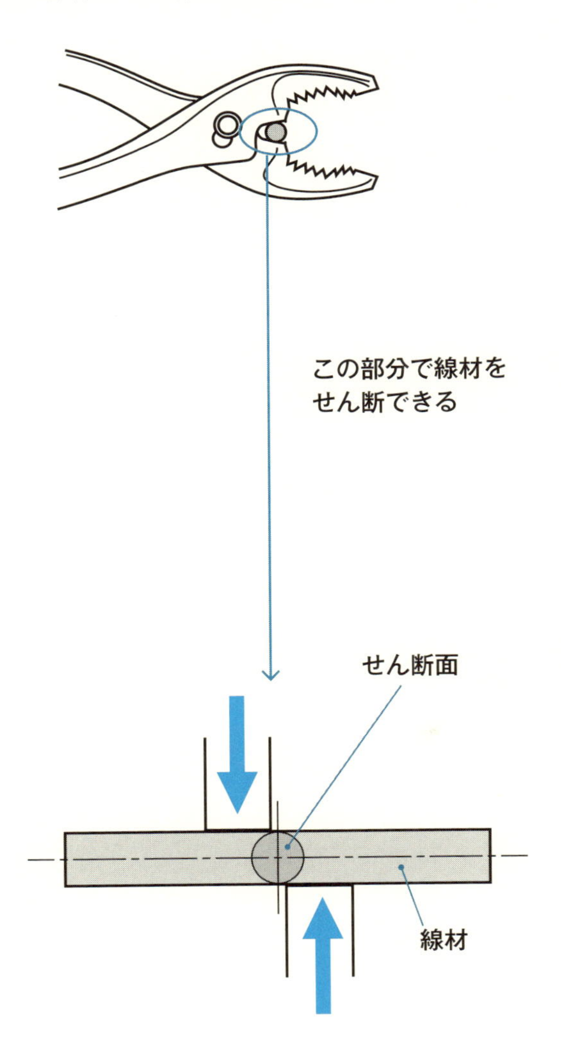

▲ プライヤ

1-4 曲げ荷重とねじり荷重

材料を曲げようとする曲げ荷重と、材料をねじろうとするねじり荷重は、材料内部では、軸荷重やせん断荷重として作用しています。

曲げ荷重と軸荷重

曲げ荷重は、材料を曲げるように働きます。一端を壁に固定した長方形断面の棒に、下向きの曲げ荷重を与えると、凸になる中心面の上部は引張られるので**引張荷重**が作用したような効果を受けます。凹になる下部は縮められるので**圧縮荷重**が作用したような効果を受けます。

それぞれの荷重成分による効果は、材料の上下の表面で最も大きく、中心へ向かうほど小さくなります。そして、中心面では引張荷重と圧縮荷重の影響がゼロになります。この平面を**中立面**と呼びます。

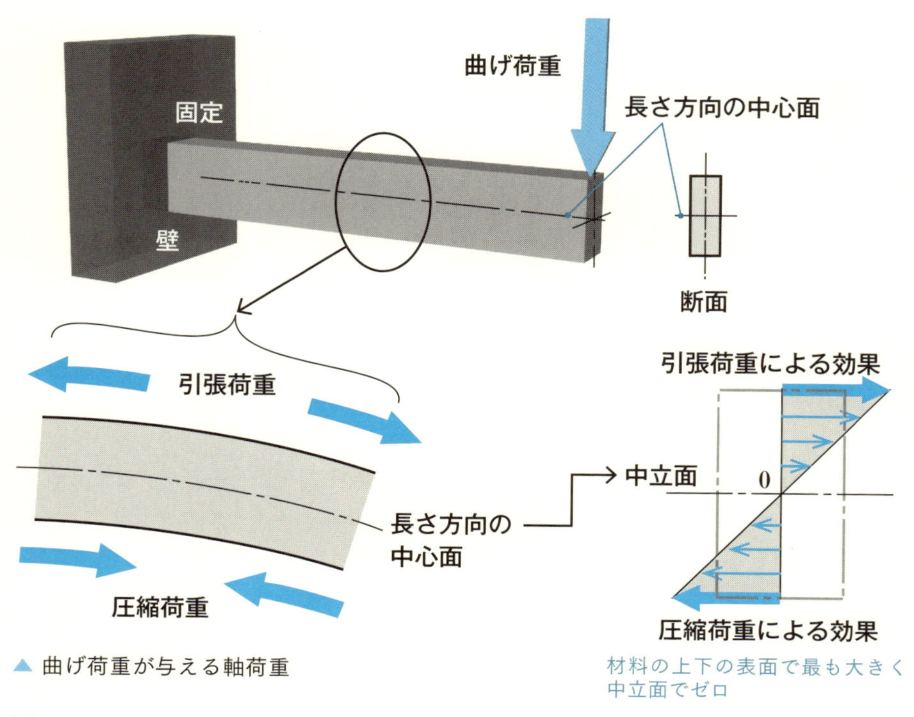

▲ 曲げ荷重が与える軸荷重

曲げ荷重とせん断荷重

曲げ荷重を受ける材料の**中立面**と垂直な断面の左右には、大きさが等しく逆向きの力が断面に沿って生まれます。曲げ荷重はこの断面の両側で**せん断荷重**と同じ効果を与えます。

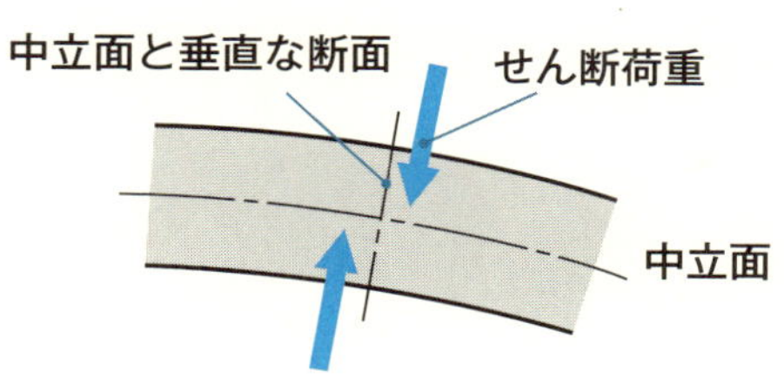

▲ 曲げ荷重が与えるせん断荷重

ねじり荷重とせん断荷重

ねじり荷重は、材料をねじるように働きます。一端を固定した棒にねじり荷重を与えると、棒の長さ方向と垂直な断面の両側に、大きさが等しく断面に沿って逆向きの**せん断荷重**と同じ効果を与えます。

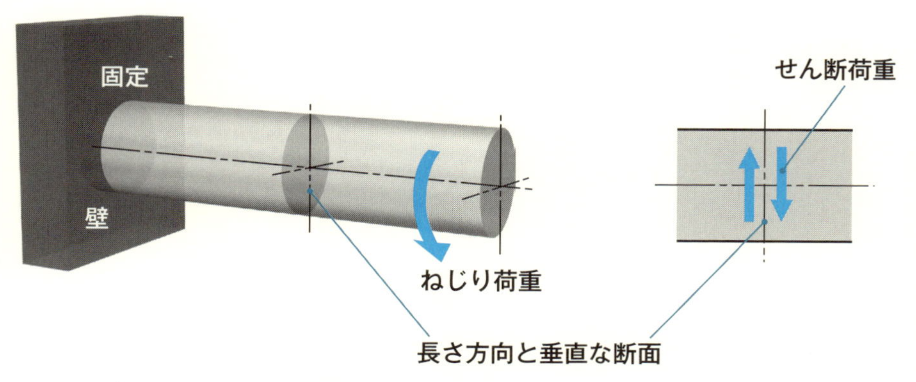

▲ ねじり荷重が与えるせん断荷重

1-5 静荷重と動荷重

小さくても瞬間的な荷重や、長時間繰返し働く荷重は、材料に大きな負担を与えることがあります。荷重と時間変化を考えます。

静荷重

床に置いた荷物の重さは、荷重となって床に外力を与えます。このとき、床に働く荷重は、時間が経過しても常に一定です。このような荷重を**静荷重**と呼び、材料に一番安全な荷重です。

一定水量を保つ水槽のように、荷重の大きさが時間経過とともに変化しても、変化の度合いが緩慢な荷重は静荷重と考えられます。

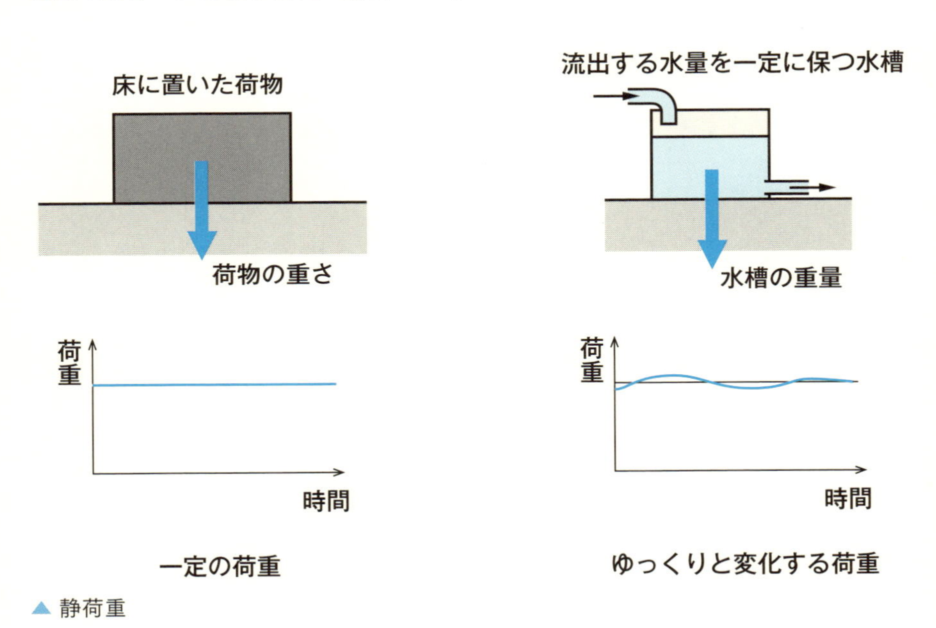

▲ 静荷重

動荷重と衝撃荷重

高速道路の路面が受ける外力のように、時間経過とともに荷重の大きさが変化する荷重を**動荷重**と呼びます。

床に落下物が衝突するように、瞬間に与えられる荷重を**衝撃荷重**と呼び、材料に最も危険な荷重です。

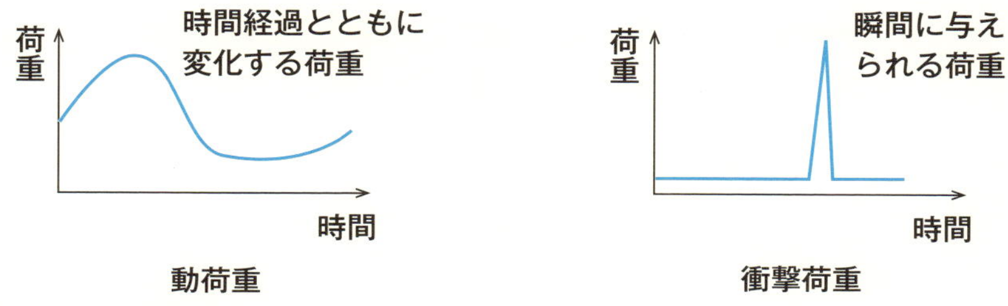

▲ 動荷重と衝撃荷重

繰返し荷重

機械の規則的な運動は、材料に周期的に変化する動荷重を与えます。荷重の大きさだけが周期的に変化する動荷重を**繰返し荷重**（片振り繰返し荷重）と呼び、大きさと向きが交互に変化する動荷重を**交番荷重**（両振り繰返し荷重）と呼びます。

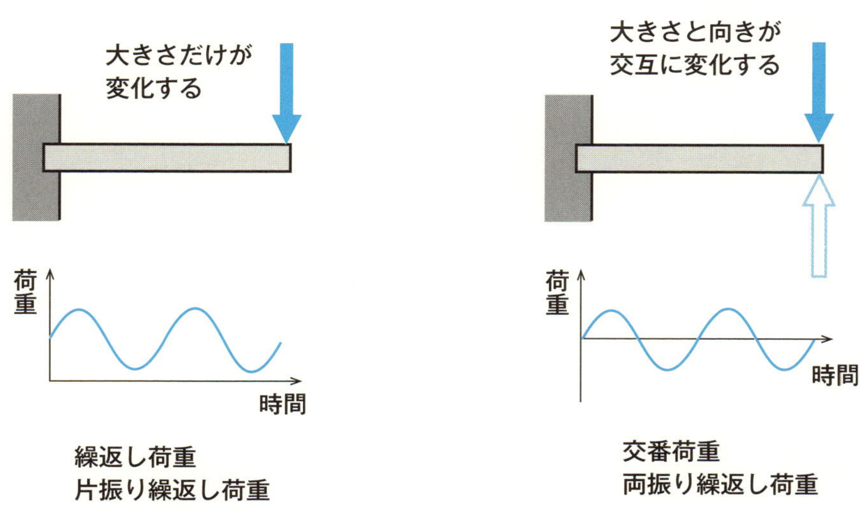

▲ 繰返し荷重と交番荷重

1-6 集中荷重と分布荷重

材料に作用する荷重には、狭い範囲に働く荷重や広い範囲に働く荷重などがあります。材料と荷重の接し方から荷重を分類します。

集中荷重

矢印線の始点や、矢の先端で一点に働くように表す荷重を**集中荷重**と呼びます。点は厳密には位置を表して面積をもちません。しかし実際には、キリのようにとがった先端の点に力を集中するだけでなく、多くの場合が、床に置いた物体のように、材料と面で接触します。このような場合も集中荷重として考えることができます。

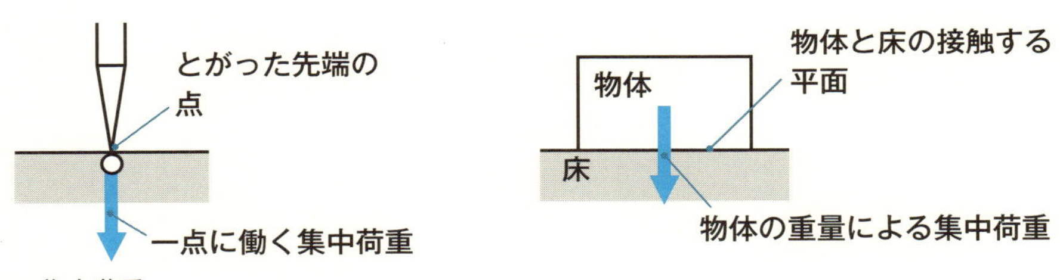

▲ 集中荷重

移動荷重

走行中の自動車が路面に与える重量は、ほぼ一定です。自動車のように移動する荷重を**移動荷重**と呼びます。

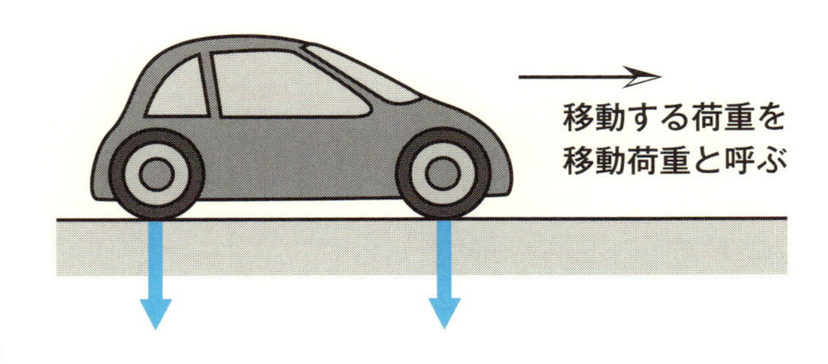

▲ 移動荷重

分布荷重

板に盛った土のように、広い接触面をもつ荷重を**分布荷重**と呼びます。土の盛り方が不均一だと、板に与える荷重の大きさが場所によって異なります。土を均一に盛って、長さ当たりの荷重を等しくした荷重を**等分布荷重**と呼びます。

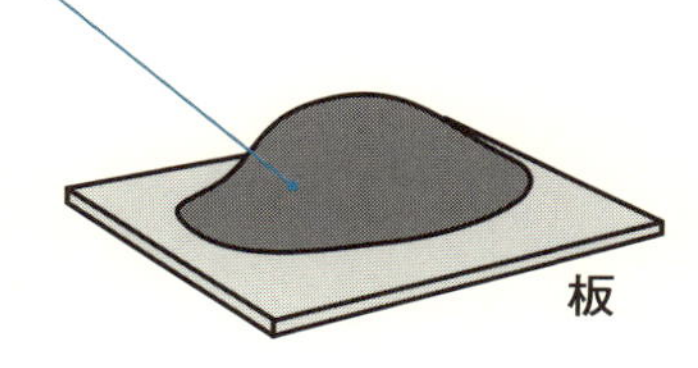

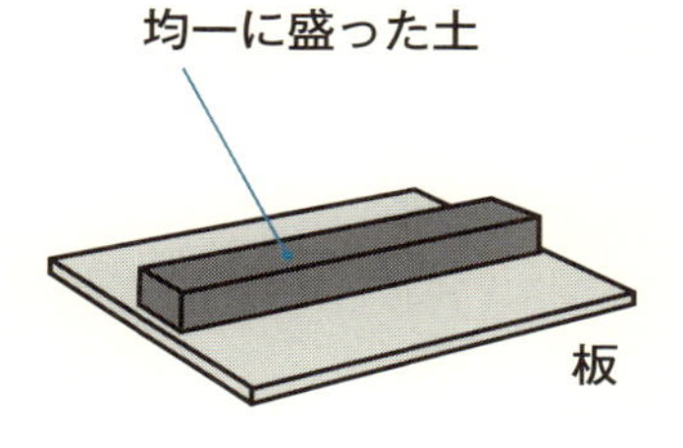

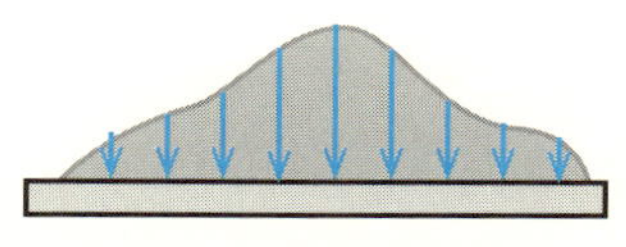

▲ 分布荷重

材料自体も荷重になる

高架の高速道路や長大橋などの大型構造物では、十分な強度が必要とされます。構造体の材料自体の重量が大きくなると、材料自体を分布荷重と考えなくてはなりません。そのために強くて軽い材料が開発されています。

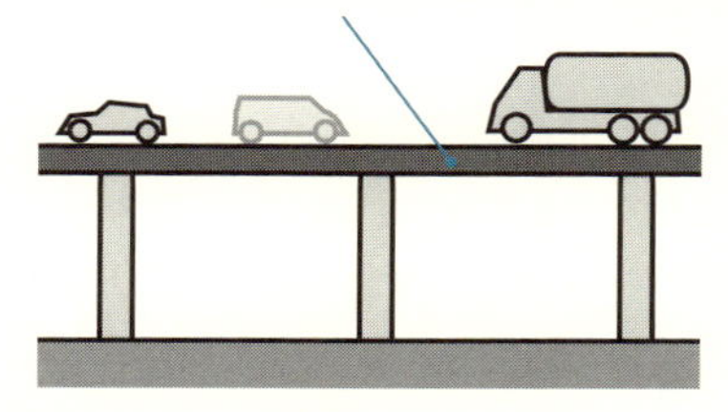

▲ 高架道路や長大橋の自重が荷重になる

1-7 応力

材料に働く力を理解したら、次にそれが断面積当たりでどれくらいの大きさかを考えます。例えば同じ強度をもつ材料でも、断面積が大きい方がより大きい荷重に耐えることができます。この力の大きさと断面積との関係を表すものが応力です。

応力

材料に荷重が働くと、内部には荷重に抵抗する内力が生まれます。材料内部で内力は、内力の発生する仮想断面に均一に分散すると考えます。内力を、内力が分散する面積で割った値が**応力**です。内力の大きさは荷重と等しいので、一般に、荷重を断面積で割った値を応力としています。材料に働く荷重が同じでも、断面積が変われば応力は変化することを理解しましょう。

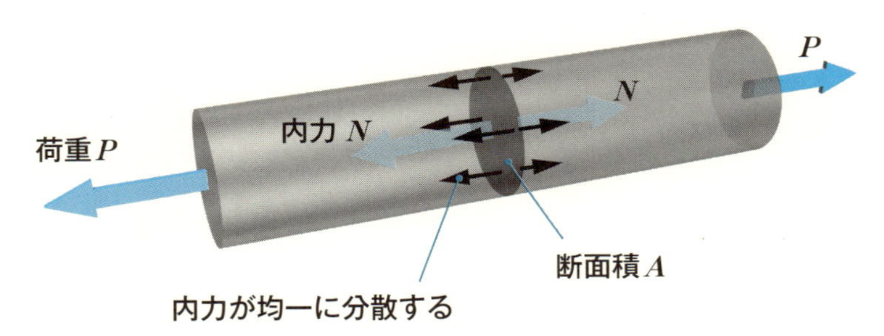

▲ 応力

$$応力 = \frac{内力}{断面積} = \frac{N}{A}$$

$$応力 = \frac{荷重}{断面積} = \frac{P}{A}$$

垂直応力

軸荷重によって荷重の作用線と垂直な断面に発生する応力を**垂直応力**と呼び、記号σ（シグマ）を使います。軸荷重を区別して、引張荷重による**引張応力**をσ_t、圧縮荷重による**圧縮応力**をσ_cと表す場合もあります。

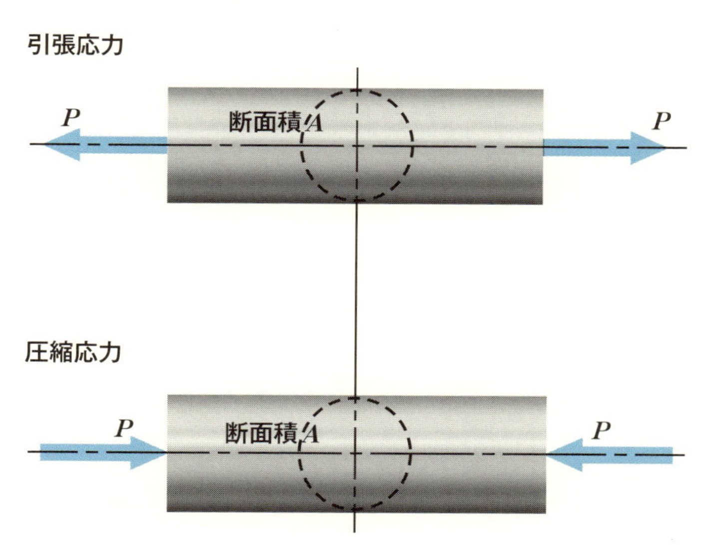

▲ 垂直応力

$$\sigma = \frac{P}{A}$$

せん断応力

せん断荷重によって荷重の作用線と平行な断面に発生する応力を**せん断応力**と呼び、記号τ(タウ)を使います。

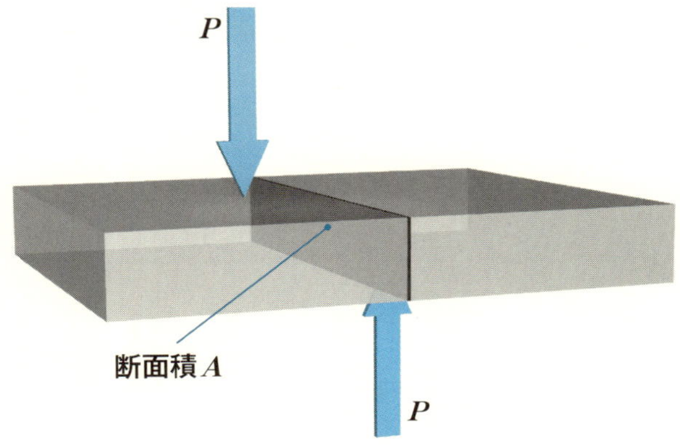

▲ せん断応力

$$\tau = \frac{P}{A}$$

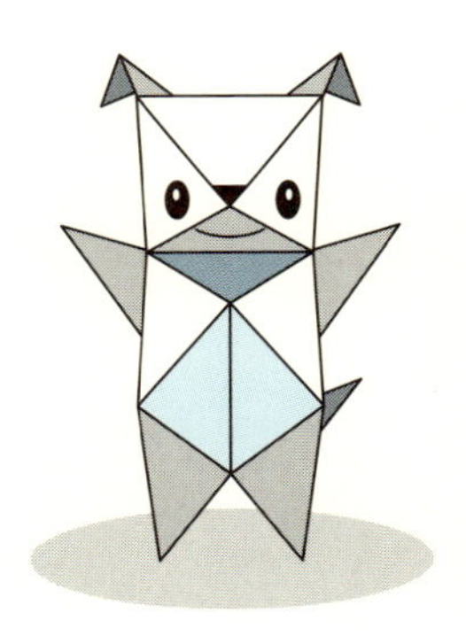

応力の単位

SI単位では、力の単位にN、長さの単位にmを使うので、荷重(N)を面積(m^2)で割ると、応力の単位は、N/m^2となります。これを**Pa**(パスカル)という単位で表します。

材料力学では一般的に長さをmmで表します。そこで1 N/mm^2をPa単位に換算して、1 N/mm^2＝1 MPa(メガパスカル)として扱います。

この換算は勘違いしやすいので、以下に順を追ってみました。

ニュートン(N)、ミリメートル(mm)、メガパスカル(MPa)と覚えましょう。

$$1\ \mathrm{N/mm^2} = \frac{1\ \mathrm{N}}{1\ \mathrm{mm^2}} = \frac{1\ \mathrm{N}}{1\ \mathrm{mm} \times 1\ \mathrm{mm}}$$

1 mm^2 = 1 mm×1 mmあたり内力が1 N

$$= \frac{1\ \mathrm{N} \times (1000 \times 1000)}{1\ \mathrm{mm} \times (1000) \times 1\ \mathrm{mm} \times (1000)}$$

1 Pa = 1 N/m^2だから1 m = 1 mm×1000から1000×1000を分母分子にかける

$$= \frac{1\ \mathrm{N} \times 10^3 \times 10^3}{1\ \mathrm{m} \times 1\ \mathrm{m}}$$

数値が大きくなるので10の指数表示で表す

$$= \frac{1 \times 10^6\ \mathrm{N}}{1\ \mathrm{m^2}} = 1 \times 10^6\ \mathrm{N/m^2} = 1 \times 10^6\ \mathrm{Pa} = 1\ \mathrm{MPa}$$

ここでPa単位にする

10^6をSI単位の接頭語Mで表す

$$1\ \mathrm{N/mm^2} = 1\ \mathrm{MPa}$$

※SI単位の概略は1−16にまとめてあります。

▲ 応力1 N/mm^2は1 MPaで表す

1-8 ひずみ

材料は外力を受けると変形し、変形した量（変形量）は材料の形状寸法や材質によって異なります。荷重を受けたときの変形の度合いを示すひずみについて考えます。

軸荷重と変形の方向

材料が軸荷重を受けるとき、荷重の作用線の方向を、**縦方向**、**軸方向**、**長手方向**などと呼び、荷重の作用線に垂直な方向を、**横方向**と呼びます。

引張荷重を受ける材料は、縦方向（軸方向）に伸びて、横方向に縮みます。

圧縮荷重を受ける材料は、縦方向（軸方向）に縮んで、横方向に伸びます。

軸荷重を受けると、変形は、縦方向と、横方向に生じます。

縦ひずみと横ひずみ

変形前の寸法に対しての、伸びや縮み、ずれによって生じた変形量の比率を**ひずみ**といいます。変形量を元の寸法で割って求めます。長さを長さで割るので、**単位のない無次元の量**です。

図のように、長さl、直径dの棒状材料に軸荷重を与え、縦方向の変形量をλ（ラムダ）とし、横方向の変形量をδ（デルタ）とします。

縦方向のひずみを**縦ひずみ**ε（イプシロン）といい、横方向のひずみを**横ひずみ**ε'といい、次のようにして求めます。

$$\text{ひずみ} = \frac{\text{変形量}}{\text{元の寸法}}$$

縦ひずみ $\varepsilon = \dfrac{\lambda}{l}$

横ひずみ

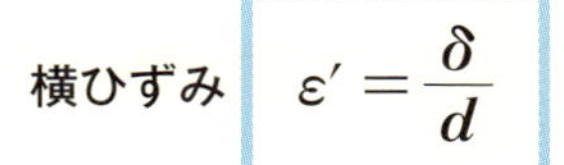

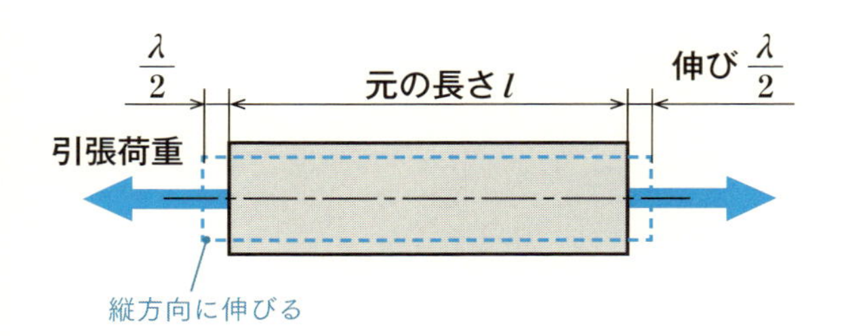

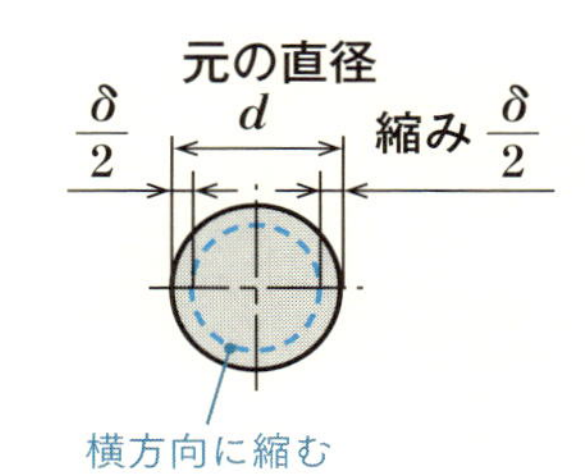

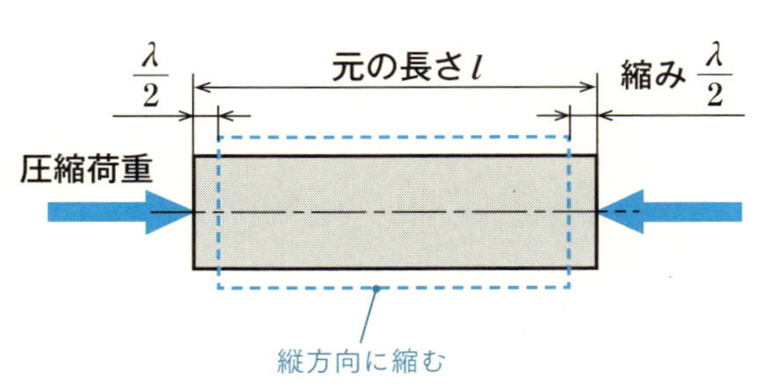

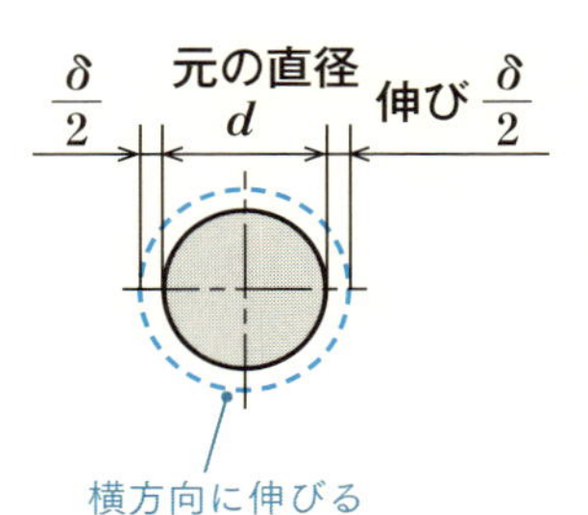

▲ 縦ひずみと横ひずみ

せん断ひずみ

せん断荷重を受ける材料には、せん断荷重に沿ってずれが発生します。発生したずれの量λを、ずれの起きた間隔lで割った値を**せん断ひずみγ**（ガンマ）と呼びます。

ずれの角度θ（シータ）をrad（ラジアン）単位で表すと、θが小さなとき、三角関数tan（タンジェント）を利用して、せん断ひずみ$\gamma \fallingdotseq \theta$となります。

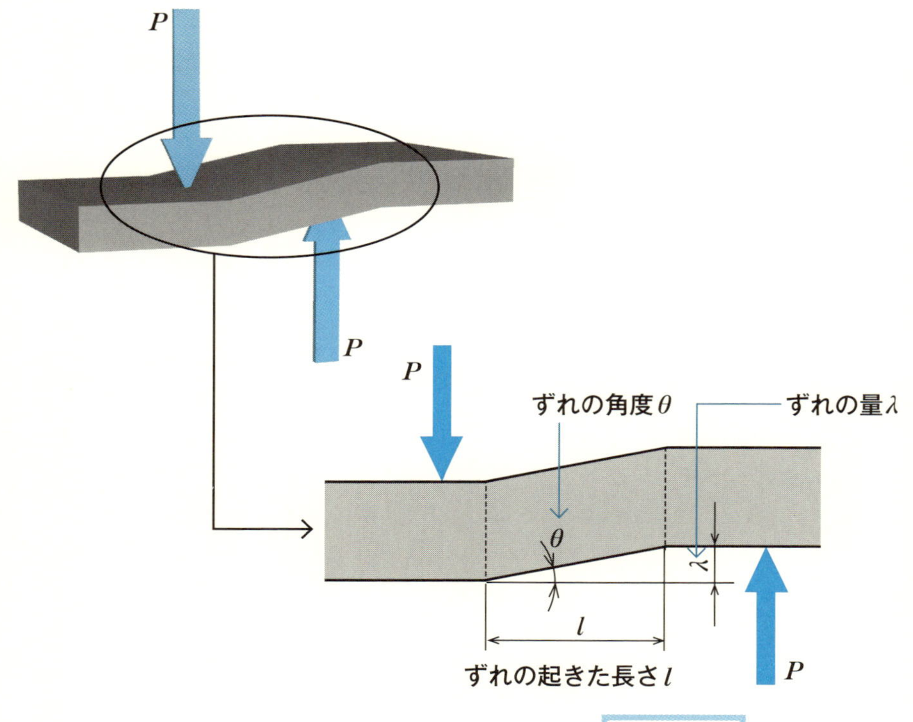

せん断ひずみ $\gamma = \dfrac{\lambda}{l}$

ずれの角度θから$\dfrac{\lambda}{l} = \tan\theta$※

θの単位をrad※として、θが微小なとき

$\tan\theta \fallingdotseq \theta$※となるので　$\gamma = \dfrac{\lambda}{l} = \tan\theta \fallingdotseq \theta$　$\gamma \fallingdotseq \theta$

※rad と tan について次節で説明します

▲ せん断ひずみ

ひずみの表し方

金属材料の変形量は少なく、ひずみが微小な値なので、次の例のように「%」で表示することがあります。

例題 長さ500 mmの材料が、引張荷重を受けて1 mm伸びた。このときの縦ひずみεはいくつか？

解答例

$$縦ひずみ\quad \varepsilon=\frac{\lambda}{l}=\frac{1}{500}=0.002=0.002\times100=0.2\ \%$$

解 $\varepsilon=0.002$または$0.2\ \%$

Column

ギリシャ文字に慣れましょう

1章は、本書で扱う事柄の概略を説明するもので、工学や技術計算に慣れない方でも、少し読み込んでもらえれば、2章以降の理解の助けになるものと思いながらまとめています。

それでも、ここまで読んでいただいて、「ギリシャ文字が多いな」と感じられた方も少なくないと思います。

ここまでで、本書で使うギリシャ文字の大部分は出ています。この先で使うものを含めて、次の表にそれらをまとめました。

文字	読み方	使用例
α	アルファ	角度、係数
β	ベータ	角度、係数
θ	シータ	角度
ϕ	ファイ	角度
ρ	ロー	曲率半径
ν	ニュー	ポアソン比

文字	読み方	使用例
σ	シグマ	垂直応力
τ	タウ	せん断応力
λ	ラムダ	変形量
δ	デルタ	変形量
ε	イプシロン	縦ひずみ
γ	ガンマ	せん断ひずみ

1-9 rad と三角関数

前節のせん断ひずみの算出式で使った、角度を表すrad（ラジアン）という単位と、三角形の辺の比を角度の関数で表す三角関数について考えます。

rad（弧度法）

radは、弧の長さで角度の大きさを表す弧度法の単位です。図1で、半径rと等しい円弧の長さrをもつ扇形の中心角を1 radと定義します。

円の中心角360°は、半径rの円の円周の長さが$2\pi r$なので、円周$2\pi r$をrで割って2π radです。半円の中心角180°は、半円の円周の長さπrなので、π radになります。度数法と弧度法の換算は、$1\ \text{rad} = \frac{180^\circ}{\pi}$、$1^\circ = \frac{\pi}{180}$ radです。

三角関数

直角三角形で直角以外の1つの角の値が決まると、三角形の大きさに関係なく、各辺の長さの比が一定になります。この比を三角比と呼びます。

図2のように、辺の長さをa、b、c、角度をθとして、sin（サイン：正弦）、cos（コサイン：余弦）、tan（タンジェント：正接）の関係を決めます。tanだけは、$\tan\frac{\pi}{2}$がゼロ除算になるので$\theta = \frac{\pi}{2}$を除きます。

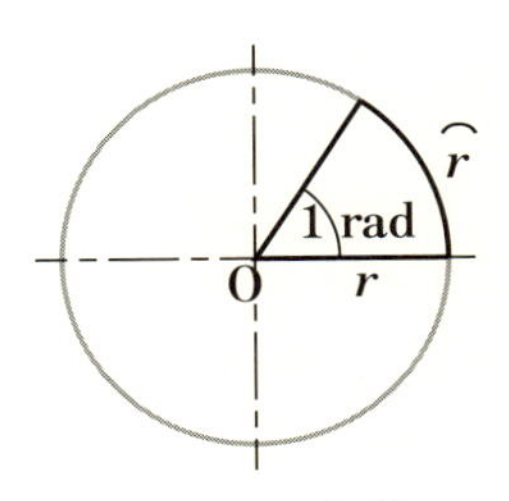

1 radの定義

$$1\ \mathrm{rad} = \frac{\overset{\frown}{r}}{r}$$

円の中心角

$$360^\circ = \frac{\overset{\frown}{2\pi r}}{r} = 2\pi\ \mathrm{rad}$$

半円の中心角

$$180^\circ = \pi\ \mathrm{rad}$$

●弧度法（ラジアン）→ 度数法

$$1\ \mathrm{rad} = \frac{180^\circ}{\pi}\ (\fallingdotseq 57.3^\circ)$$

●度数法 → 弧度法（ラジアン）

$$1^\circ = \frac{\pi}{180}\ \mathrm{rad}$$

例題 $\frac{\pi}{6}$ radは何度か？

解答例

$$\frac{\pi}{6}\ \mathrm{rad} = \frac{\pi}{6} \times \frac{180^\circ}{\pi} = 30^\circ$$

例題 45°は何ラジアンか？

解答例

$$45^\circ = 45 \times \frac{\pi}{180} = \frac{\pi}{4}\ \mathrm{rad}$$

▲ 図1　弧度法

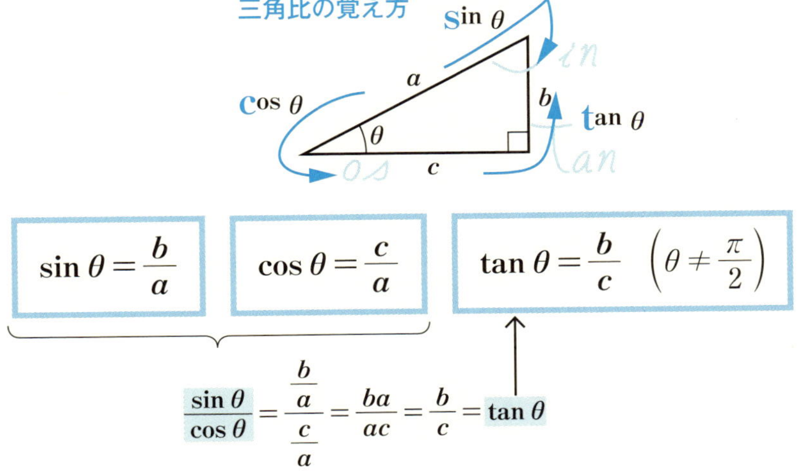

$$\sin\theta = \frac{b}{a} \qquad \cos\theta = \frac{c}{a} \qquad \tan\theta = \frac{b}{c}\ \left(\theta \neq \frac{\pi}{2}\right)$$

$$\frac{\sin\theta}{\cos\theta} = \frac{\frac{b}{a}}{\frac{c}{a}} = \frac{ba}{ac} = \frac{b}{c} = \tan\theta$$

▲ 図2　三角比と三角関数

三角関数の値

図3に、2枚セットの三角定規で見慣れた角度の三角比の値を表にしました。三角関数の角度に弧度法を使う場合は、角度の単位radは書きません。

前節でθが微小なとき、$\tan\theta \fallingdotseq \theta$と近似させました。図4に示すように、rad単位を用いると円弧の長さは、半径と中心角の積となり、θが微小なとき、対辺の長さが円弧の長さとほぼ等しくなるからです。

$\sin\theta$も同様に$\sin\theta \fallingdotseq \theta$となります。$\cos\theta$は、底辺と斜辺がほぼ等しいので、$\cos\theta \fallingdotseq 1$と近似させることができます。

θ		$\sin\theta$	$\cos\theta$	$\tan\theta$
弧度法	度数法			
0	$0°$	$\frac{0}{1}$	$\frac{1}{1}$	$\frac{0}{1}$
$\frac{\pi}{6}$	$30°$	$\frac{1}{2}$	$\frac{\sqrt{3}}{2}$	$\frac{1}{\sqrt{3}}$
$\frac{\pi}{4}$	$45°$	$\frac{1}{\sqrt{2}}$	$\frac{1}{\sqrt{2}}$	$\frac{1}{1}$
$\frac{\pi}{3}$	$60°$	$\frac{\sqrt{3}}{2}$	$\frac{1}{2}$	$\frac{\sqrt{3}}{1}$
$\frac{\pi}{2}$	$90°$	$\frac{1}{1}$	$\frac{0}{1}$	ゼロ除算

$\sin 30°$とは書くが、$\sin\frac{\pi}{6}$ radとは書かない$\sin\frac{\pi}{6} = \frac{1}{2}$と書く

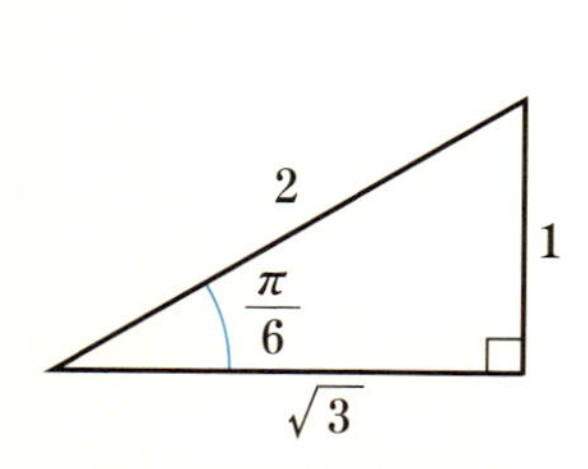

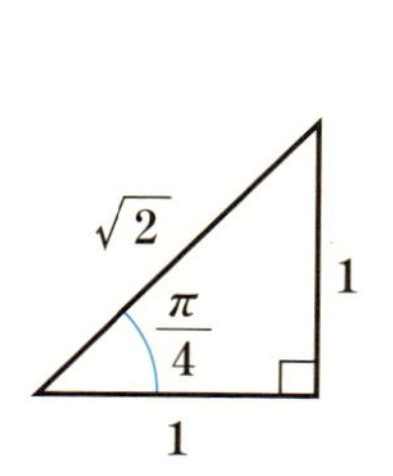

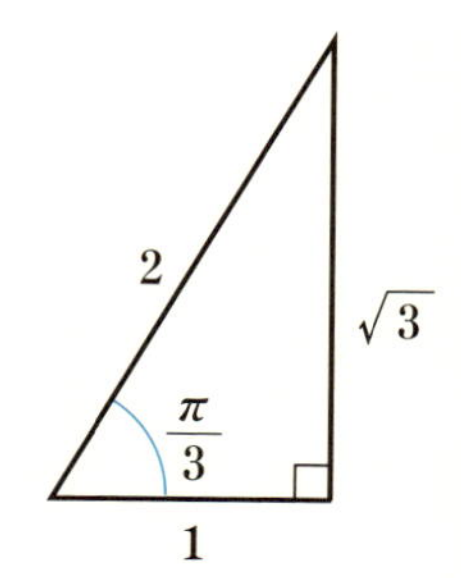

▲ 図3　三角関数の値の例

$$円弧の長さ = 円周の長さ \times \frac{中心角}{360^\circ} = 2\pi r \times \frac{\theta}{2\pi} = r\theta$$

$\tan\theta \fallingdotseq \theta$

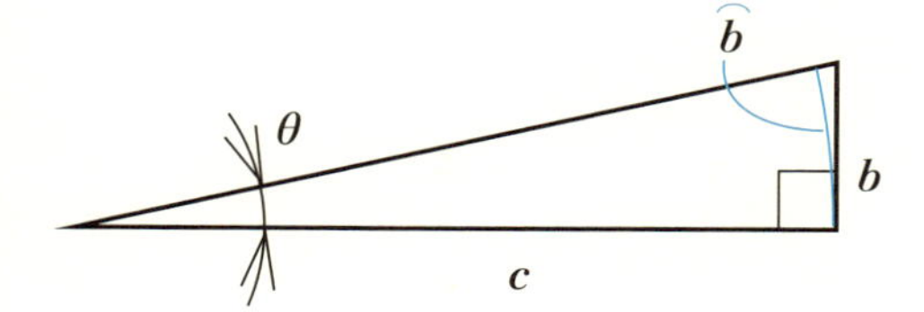

円弧 $\overset{\frown}{b} = c\theta \quad b \fallingdotseq \overset{\frown}{b}$

$$\tan\theta = \frac{b}{c} = \frac{c\theta}{c} \fallingdotseq \theta$$

$\sin\theta \fallingdotseq \theta$

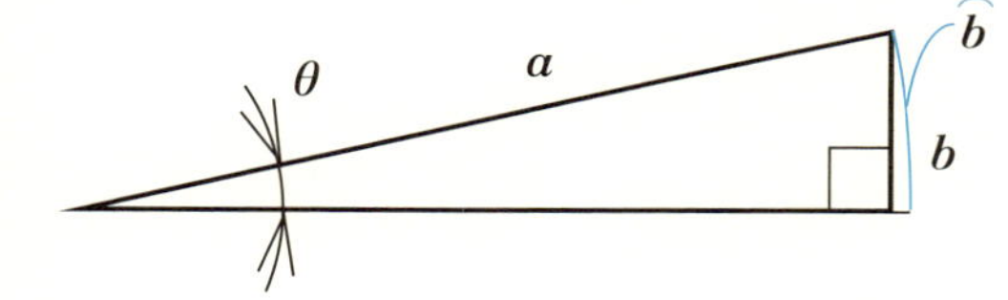

円弧 $\overset{\frown}{b} = a\theta \quad b \fallingdotseq \overset{\frown}{b}$

$$\sin\theta = \frac{b}{a} = \frac{a\theta}{a} \fallingdotseq \theta$$

$\cos\theta \fallingdotseq 1$

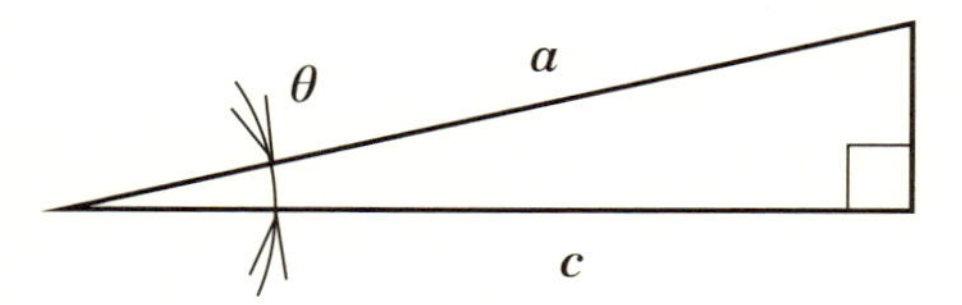

$a \fallingdotseq c$

$$\cos\theta = \frac{c}{a} \fallingdotseq 1$$

▲ 図4　微小角の三角関数の値

1-10 応力とひずみ

材料に引張荷重を与え、材料が破断するまでの荷重と変形量を測定して、材料の強さを調べる破壊試験を引張試験と呼びます。

試験片の変形

公称応力と公称ひずみ

荷重を試験片の元の断面積で割った値を**公称応力**、変形量を元の長さで割った値を**公称ひずみ**と呼びます。

真応力と真ひずみ

試験片は伸びると同時に断面積が減少します。荷重を減少した断面積で割った値を**真応力**、経過時間ごとに取ったひずみを**真ひずみ**と呼びます。

応力－ひずみ線図

縦軸を応力、横軸をひずみとしたグラフを「応力－ひずみ線図」と呼びます。一般の構造物や機械部品に使われる軟鋼と呼ばれる鉄鋼材料の「応力―ひずみ線図」で、材料の破断までの変化を追ってみましょう。

比例限度

原点からＡまでを**比例領域**と呼び、応力とひずみが比例します。最大値Ａを**比例限度**と呼びます。

弾性限度

Ｏ～Ｂを**弾性領域**と呼びます。点Ｂを**弾性限度**と呼び、この範囲までは、荷重を除けば変形の戻る**弾性**を保ちます。

降伏点

Ｂ～Ｄの近傍を**降伏領域**と呼び、応力がほぼ変わらず、ひずみだけが増加します。最大値Ｃを**上降伏点**（じょうこうふくてん）、最小値Ｄを**下降伏点**（かこうふくてん）と呼び、一般に上降伏点を**降伏点**と呼びます。これ以降は、変形が戻らない**塑性変形**を行います。

公称応力－ひずみ線図

Ｐ～Ｆが公称応力と公称ひずみで表した**公称応力－ひずみ線図**で、一般に試験機で得られるグラフです。

引張強さ

最大値Eを**引張強さ**または**極限強さ**と呼び、材料の強度を示す値とします。

永久ひずみ

点Pで荷重を除くと変形は、比例領域OAとほぼ平行に戻ります。しかし、荷重がゼロになってもひずみOP′が材料に残ります。これを**永久ひずみ**と呼びます。

真応力－ひずみ線図

破線E′～F′が真応力と真ひずみで考えられる理論的な**真応力－ひずみ線図**です。

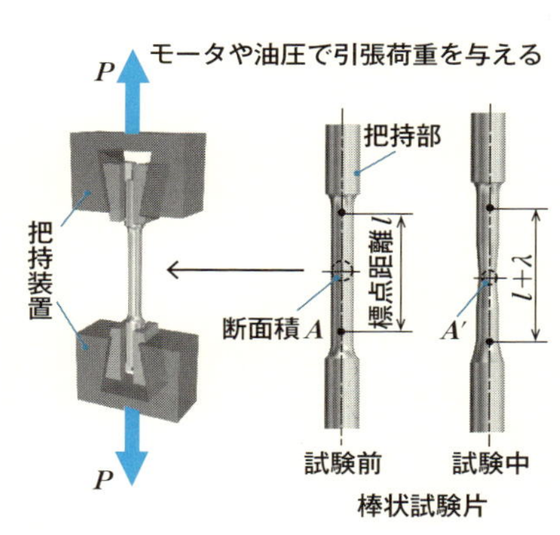

応力 $\sigma = \dfrac{P}{A}$

ひずみ $\varepsilon = \dfrac{\lambda}{l}$

公称応力	荷重を元の断面積で割る
公称ひずみ	伸びを元の標点距離で割る

真応力	荷重を減少した断面積で割る
真ひずみ	経過時間ごとのひずみ

▲ 引張試験の概略

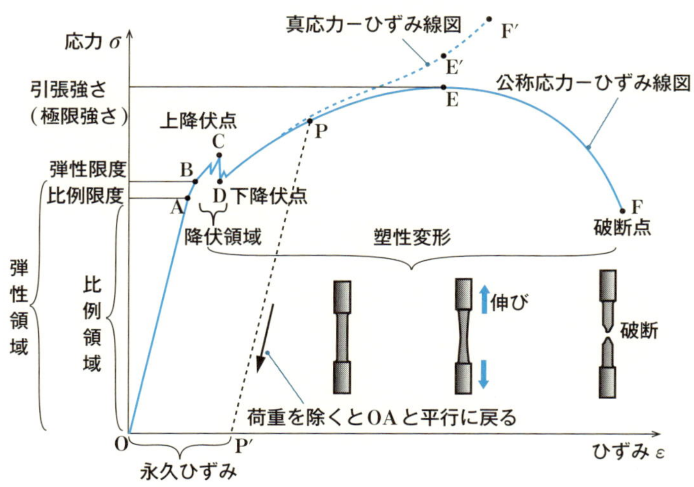

▲ 軟鋼の応力－ひずみ線図

1-11 弾性変形と塑性変形

金属材料は、外力に対して変形しにくい剛性、外力に比例して変形する弾性、形状変化を残留させる塑性をもちます。

材料の変形も必要

自動車のボディや機械部分などの材料は、荷重や外力に対して抵抗力をもち、変形しにくいことが必要です。これを**剛性**と呼びます。

自動車を支えるサスペンションのばねは、路面の状態に合わせて伸縮することで、衝撃を吸収して力を蓄えたり、反発する**弾性**をもちます。

自動車のボディは金属板を加工して作ります。複雑な形状を加工するには、材料が変形して形状を変える**塑性**が必要です。

ボディや機械部分の材料には
抵抗力が必要

ボディは金属板を
変形させて加工
する

ばねは荷重を受けて伸縮
できることが必要

▲ 材料の変形も必要

弾性変形

「応力－ひずみ線図」の弾性領域内では、材料の変形と外力が比例し、外力を除去すると変形がゼロに戻る**弾性変形**がおきます。外力が大きくなると変形量も大きくなるので、変形量を小さくしたい場合には、材質を強くしたり、寸法を増す、形状を工夫するなどの検討が必要です。

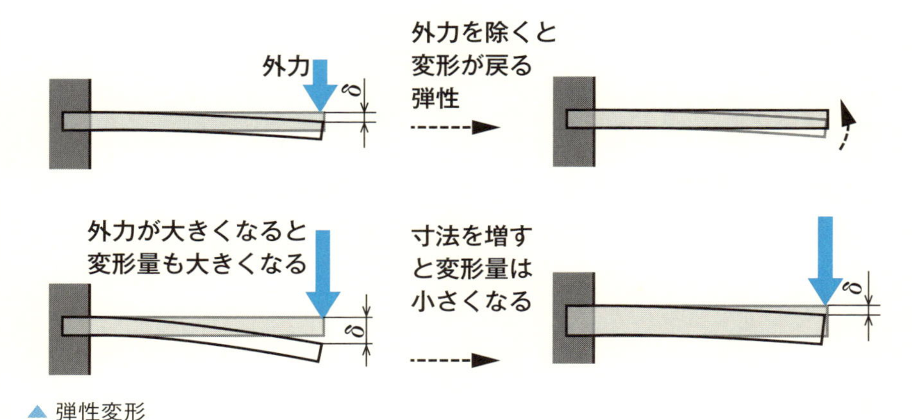

▲ 弾性変形

塑性変形

「応力ーひずみ線図」の降伏区間以降では、外力を除去しても材料に与えられた変形が残る**塑性変形**がおきます。材料を曲げてから外力を除いたとき、弾性によって少し戻る現象を**スプリングバック**と呼びます。材料に残った永久ひずみが加工後の形状になります。

自動車のボディは、薄い金属板に与えた塑性加工による永久ひずみによって作られた形状です。

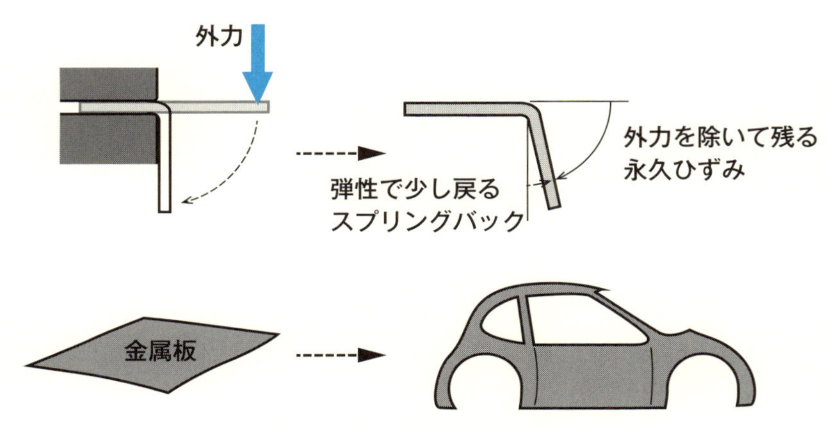

▲ 塑性変形

1-12 クリープと疲労

小さな荷重でも、材料に長時間作用すると、材料を変形させたり破壊させたりする原因になります。このような現象を考えます。

クリープ

材料に、静荷重を長時間与え続けたとき、時間とともに材料の変形量が増加する現象を**クリープ**と呼びます。クリープ現象は高温になるほど変化が著しくなり、ある温度で一定時間経過後に一定の変形量を発生する応力を**クリープ限度**と呼びます。高温の環境で鉄鋼材料に長時間引張荷重を与えると、時間経過とともに次のような変化を観察できます。

- 第1次クリープ　初期の変形後に伸びの増加する度合いが小さくなる。
- 第2次クリープ　伸びの増加する度合いがほぼ一定になる。
- 第3次クリープ　伸びの増加する度合いが大きくなり破断する。

このような特性を調べる試験を**クリープ試験**と呼びます。

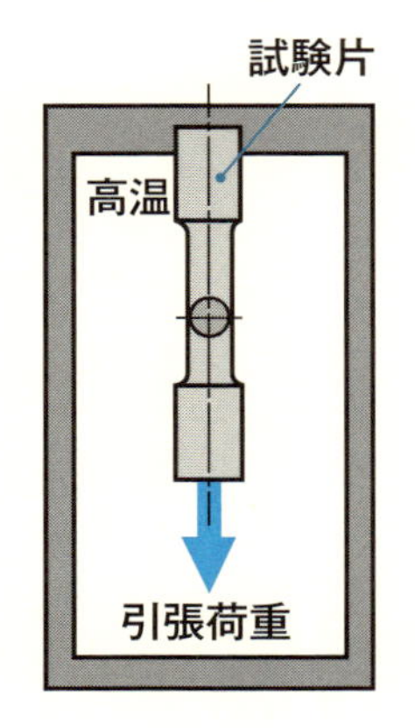

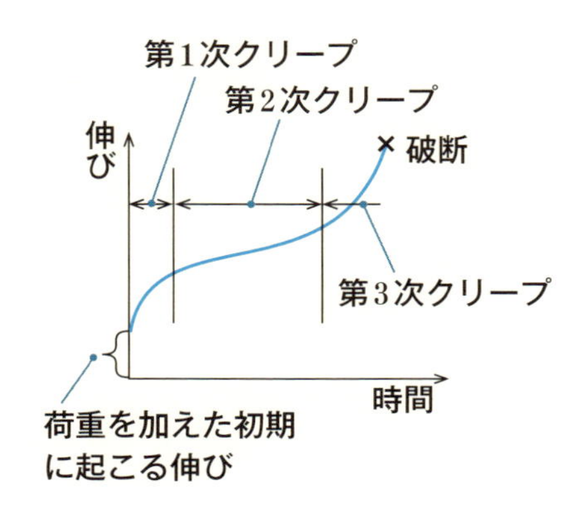

▲ クリープ試験の概略

クリープ試験の世界記録

クリープ試験の世界記録は、日本の独立行政法人物質・材料研究機構が1969

年6月19日に開始して2011年3月14日に中止した、およそ42年間に及ぶ記録です。試験終了時の変形は、およそ5％と発表されています。それ以前の記録は、ドイツ ジーメンス社の356,463時間です。

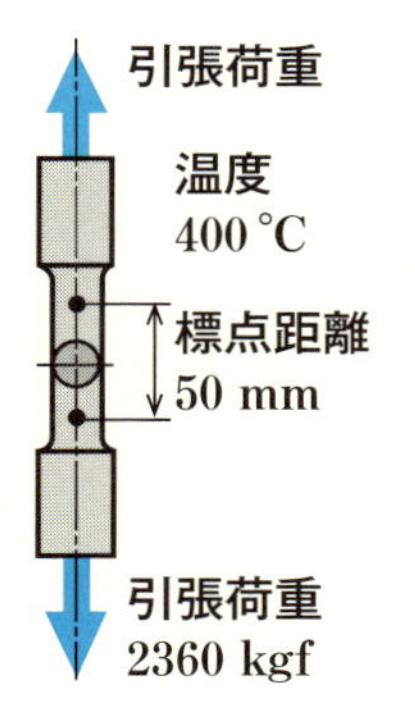

試験データ
材質　ボイラーや圧力容器に使用する炭素鋼鋼板
温度　400 ℃
直径　10 mm
標点距離（伸びを測定する長さ）　50 mm
引張荷重　2360 kgf*
試験時間　356,838 時間

＊ kgf は実験を開始した1969年に使われていた力の単位
現在使用している力の単位との換算は　1 kgf ≒ 9.8 N

▲ クリープ試験の世界記録データ

疲労

通常では問題とならない繰返し荷重を材料に長時間与えると、材料が弱くなる**疲労**という現象が起こり、さらに繰返し回数を増加すると破壊に至ることがあります。疲労による破壊を**疲労破壊**と呼びます。

繰返し荷重が極めて小さな場合、どれほど回数を増加しても材料は破壊されません。破壊に至らない応力の最大値を**疲労限度**と呼びます。

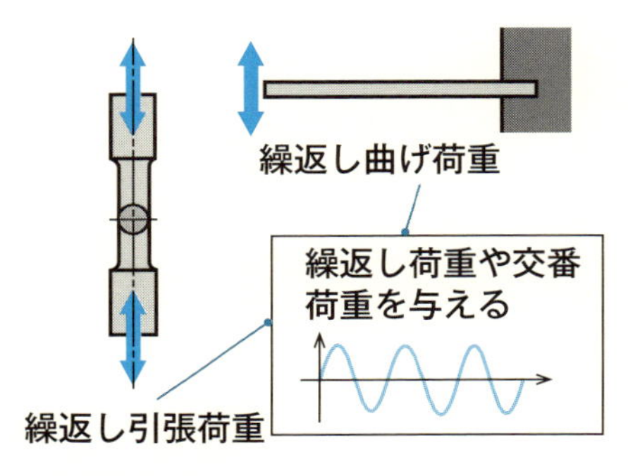

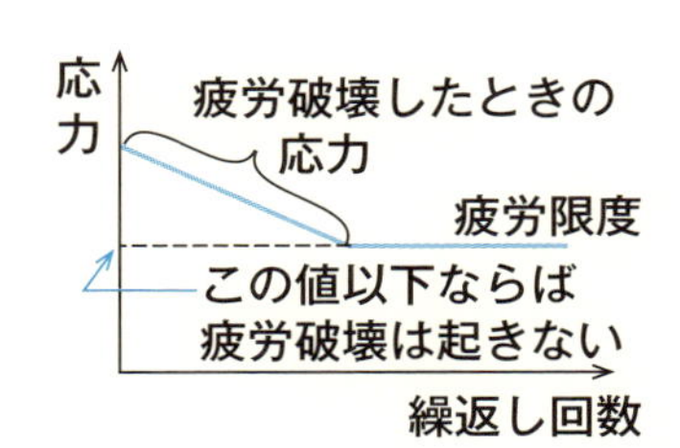

荷重による応力の大きさと
破壊までの回数の傾向

▲ 疲労試験の概略

1-13 中空材と中実材

野球の金属バット、物干し竿、コンクリート製電柱など、私たちの周囲には、中身がなくても十分な強さをもつものがたくさんあります。

荷重と応力

材料に、軸荷重とせん断荷重が働くと、荷重を受ける**断面に**一様な大きさの応力が生まれます。

材料に、曲げ荷重とねじり荷重が働くと、材料の**表面に**最も大きな応力が生まれ、材料の中央に近づくほど応力が小さくなります。

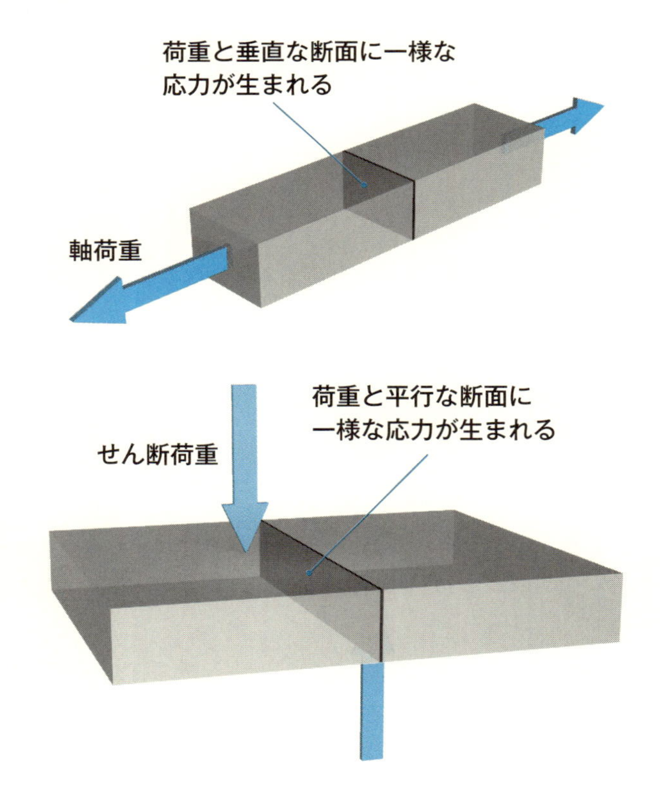

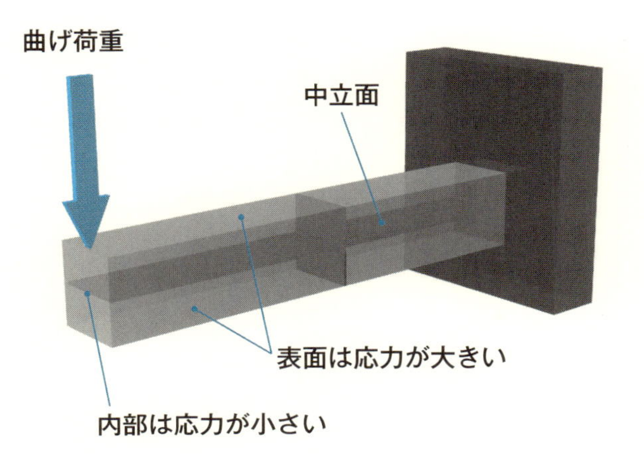

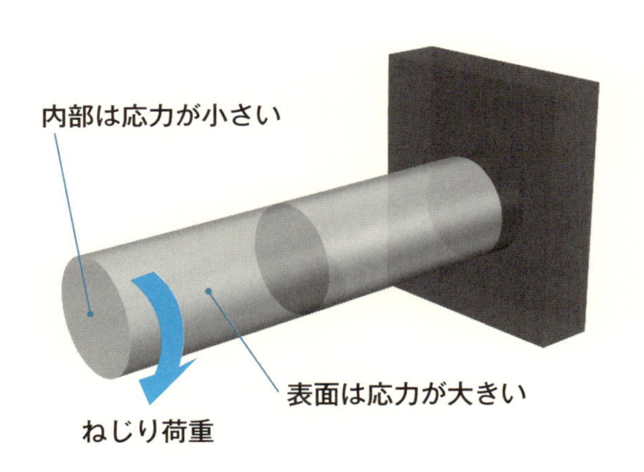

▲ 荷重と応力

中空でも強い理由

曲げ荷重やねじり荷重を受ける棒状の材料には、中央部分が空洞の角材やパイプなどが多く見られます。このような材料を**中空材**と呼び、中身の詰まった材料を**中実材**と呼びます。

中空材は、空洞部分に発生する応力が小さく、材料の表面近くで荷重のほとんどを受けるため、中実材とほぼ同じ強さをもつことができるのです。

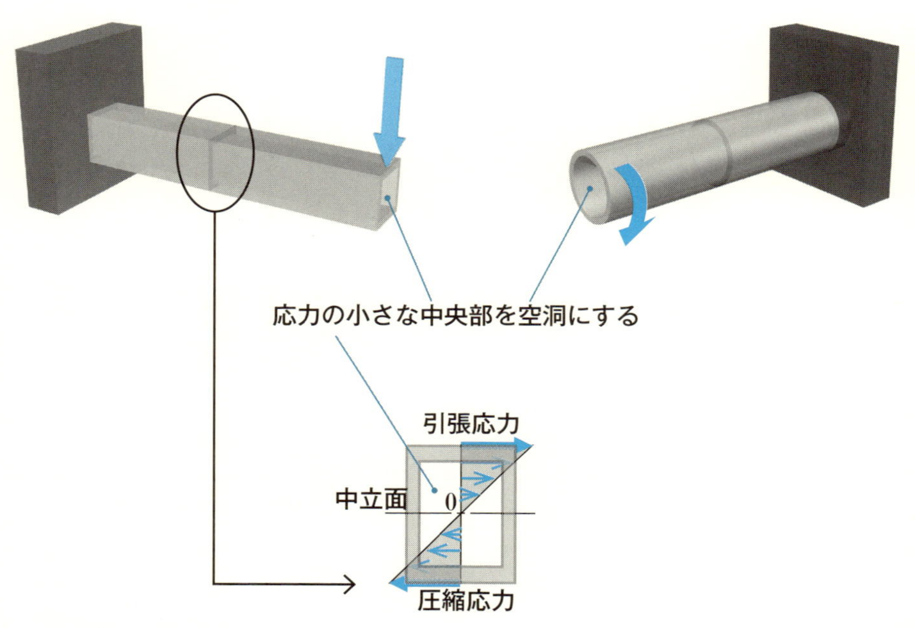

▲ 応力分布と中空材

いろいろな断面形状

鉄道のレールや建造物の鉄骨材などの断面形状は、I字形やH字形をしています。これらの断面は、中空角材の2つの面が移動して作られたものとして、曲げ荷重やねじり荷重に対して中空材と同じ効果をもつと考えられます。このような断面をもつ材料は、**形材**（かたざい）あるいは、**異形材**と呼ばれます。

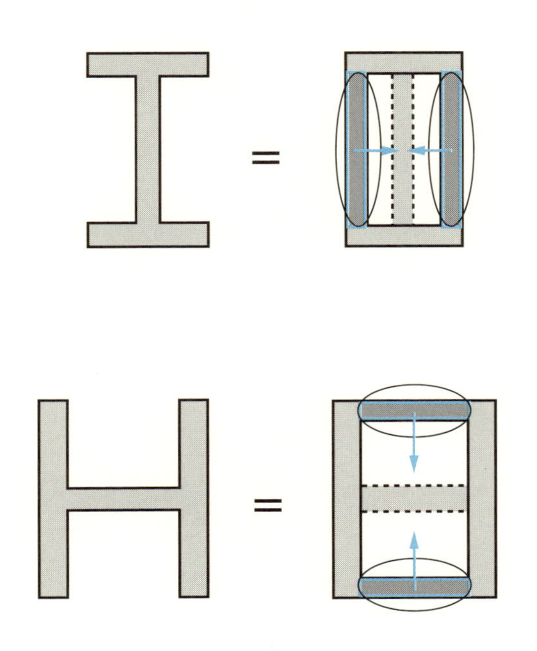

I字形断面やH字形断面は、中空材の一部分が移動したものと考える

▲ I字形とH字形の断面形状

1-14 モーメントとトルク

中空材は、曲げ荷重やねじり荷重に有効な材料です。材料に曲げやねじりを与える力の効果を考えます。

力のモーメント

板の点Oを釘で打ち付けて、点Oから距離lにある点Aに、直線OAと垂直な作用線をもつ力Fを作用させると、Fは点Oを中心として板を回転させる能力をもちます。これを**力のモーメント**と呼びます。力のモーメントの大きさは、力Fと距離l(腕の長さと呼ぶ)との積で表します。

いろいろなモーメント

モーメントは、回転させる能力なので、力を受けた物体が実際に回転や変形をしなくても、モーメントは発生しています。曲げ荷重は材料を曲げようとする**曲げモーメント**を発生し、ねじり荷重は材料をねじろうとする**ねじりモーメント**を発生します。

トルク

物理など自然科学の分野ではあまり使われませんが、機械工学では、自転車のペダルこぎのように軸と力に関するねじりモーメントを**トルク**と呼んでいます。

ペダルを取り付けている腕の役割をする部材をクランクと呼び、チェーンをかみ合わせた歯車をスプロケットと呼びます。クランクはスプロケットを回転させる軸に取り付けられています。

脚力Fとクランクの腕の長さlとの積で生まれるトルクM_1と半径rのスプロケットがチェーンに与える力F'との積で生まれるトルクM_2が等しいので、大きな力F'が生まれます。

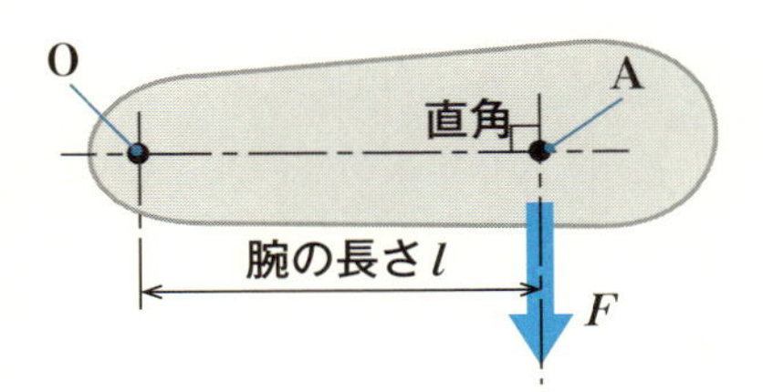

▲ 力のモーメントの定義

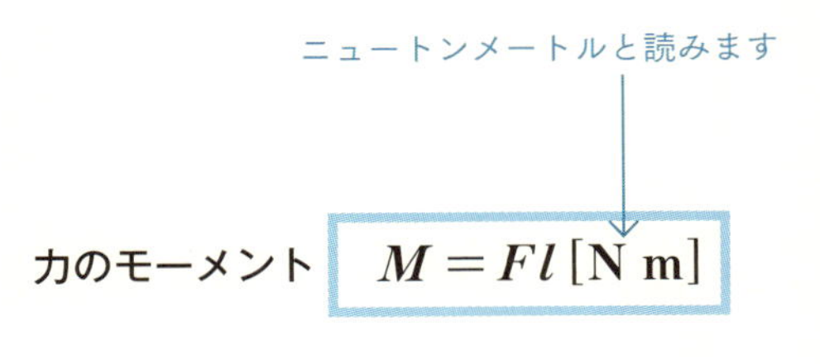

力のモーメント $M = Fl\,[\mathrm{N\ m}]$

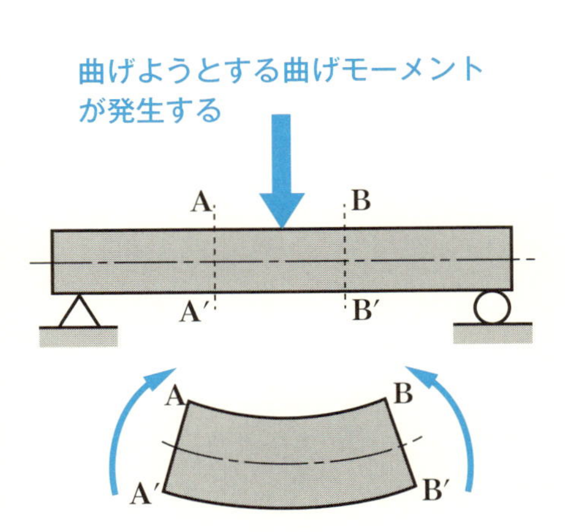

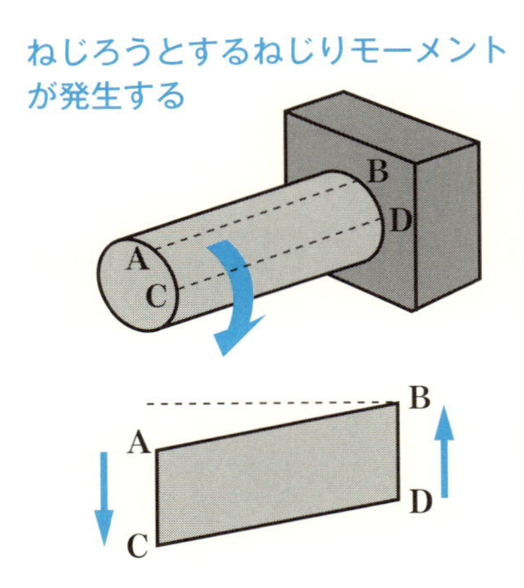

▲ 曲げモーメントとねじりモーメント

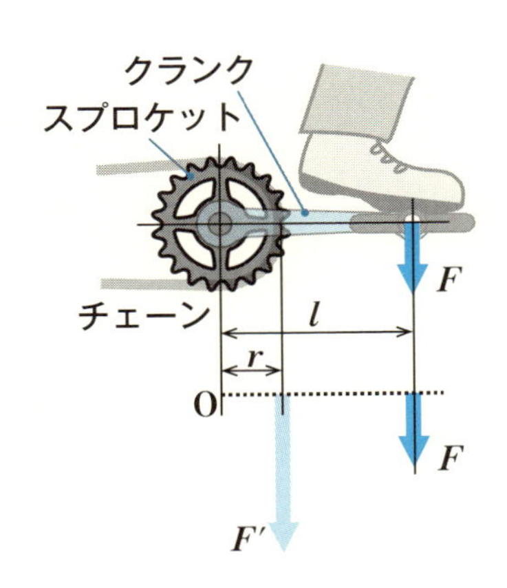

▲ トルク（ねじりモーメント）

脚力がスプロケットに与えるトルク

$$M_1 = Fl$$

スプロケットがチェーンに与えるトルク

$$M_2 = F'r$$

M_1とM_2は等しいので、

$$Fl = F'r$$

$$\therefore \quad F' = F\frac{l}{r}$$

1-15 柱と骨組構造

材料力学では、材料そのものの強弱だけでなく、建造物などの構造による材料の強度も考えます。このような分野を構造力学と呼びます。

柱と座屈

高速道路の支柱や橋脚は重力などの大きな作用を受けます。短い柱では圧縮荷重として扱えますが、細長い柱では、柱がたわんでしまう**座屈**という現象を考えなくてはいけません。座屈は柱だけでなく、薄板構造の貯蔵タンクなどの構造物でも考えられます。

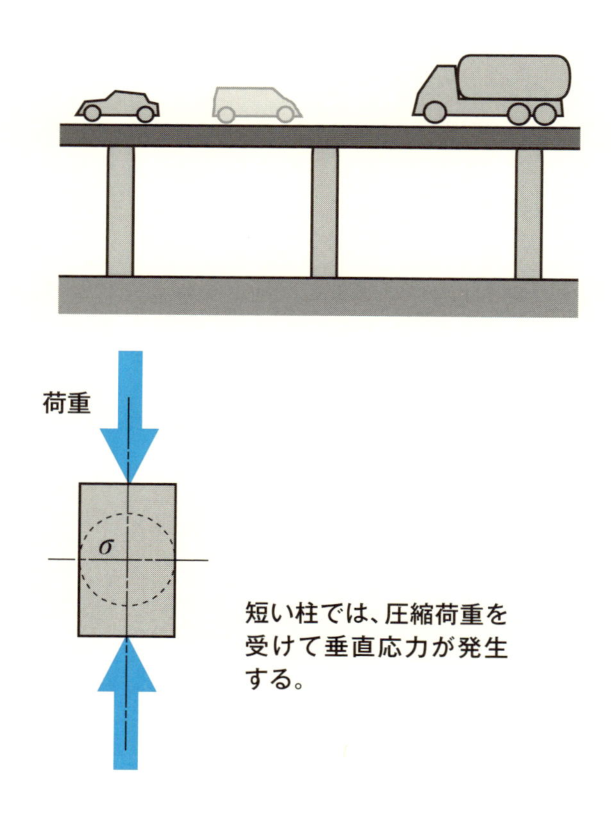

荷重
σ
短い柱では、圧縮荷重を受けて垂直応力が発生する。

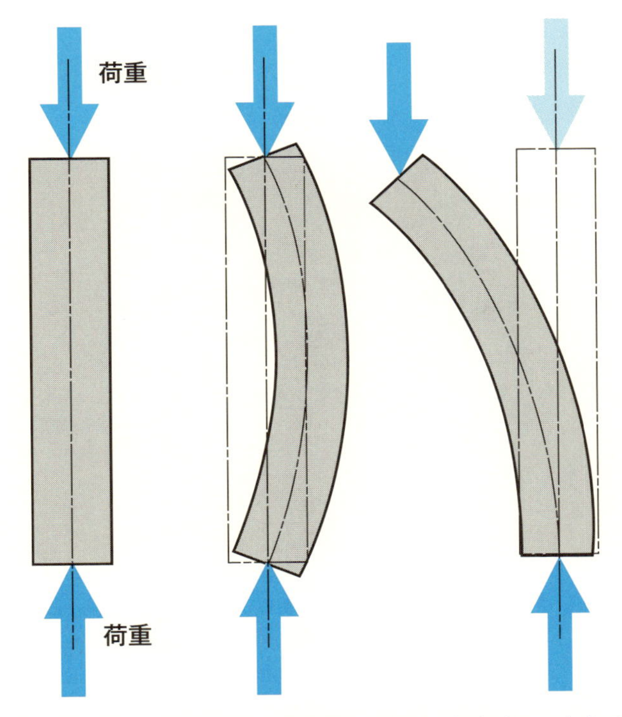

細長い柱では、たわみによる座屈の発生を考慮する。たわみの形は、荷重のかかりかたや柱の支持方法によって予測できます。

▲ 柱と座屈

ラーメン構造

ビルなどの建造物に見られるように、柱とはりをおもな部材として、しっかりと固定接続した枠組み構造を**ラーメン構造**と呼びます。

ラーメン構造の特徴は、外力を部材全体で**曲げモーメント**として支えることにあります。ラーメンは、ドイツ語で**額縁**を意味します。

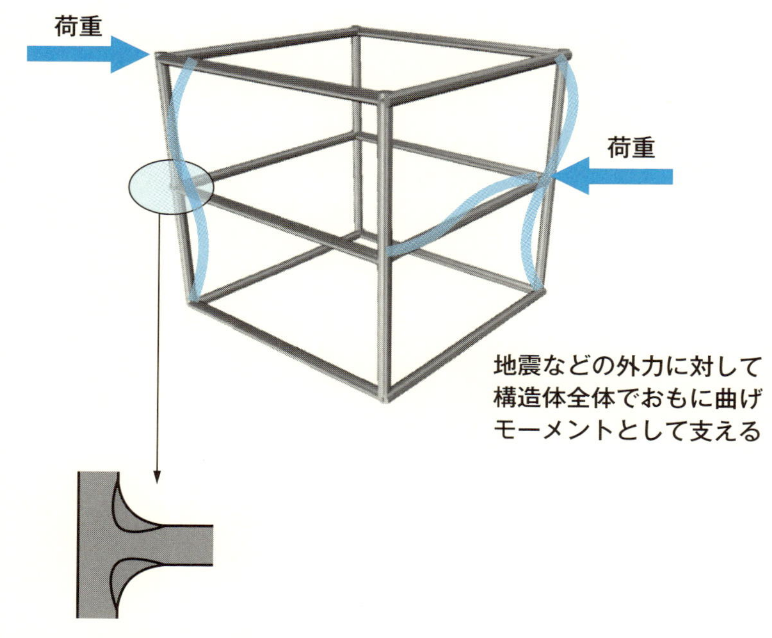

▲ ラーメン構造

トラス構造

橋や鉄塔などのように、棒状の部材をピン状の軸部品で接合して、三角形に組み合わせた構造を**トラス構造**と呼びます。トラス構造の特徴は、外力を接合点で受けて、部材の軸力として支えることにあります。

ラーメン構造とトラス構造のように棒状の部材を組み合わせた構造を**骨組構造**と呼びます。

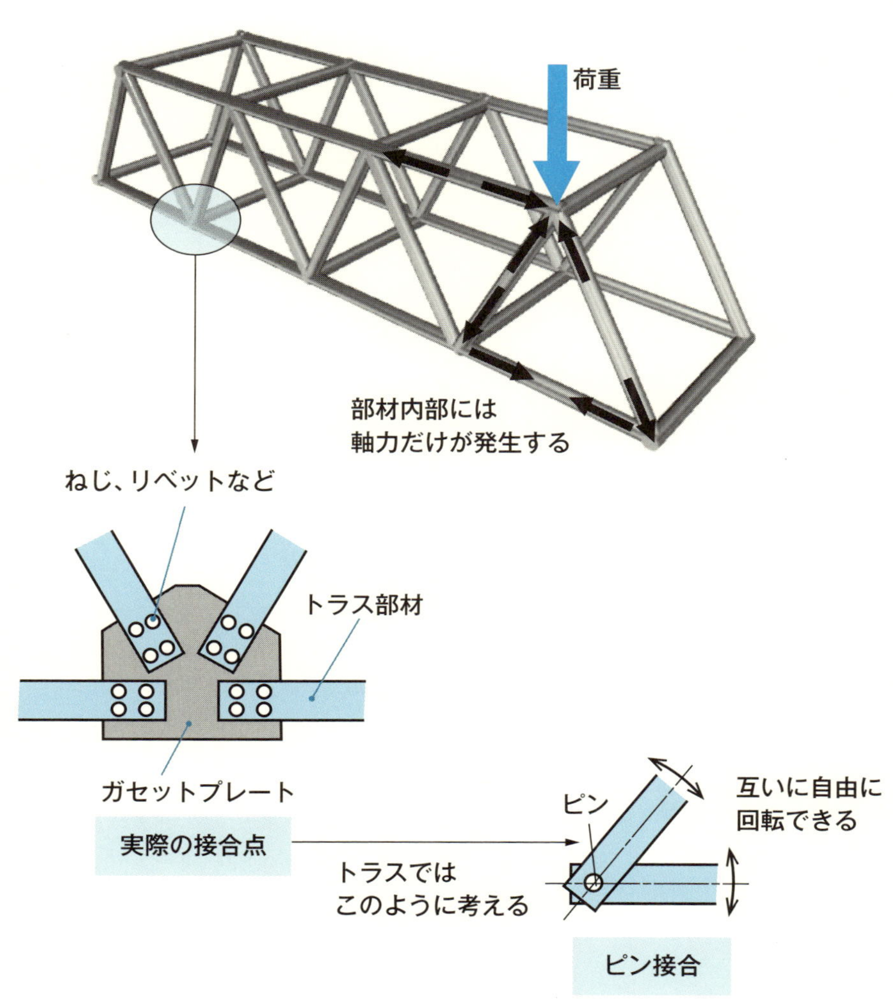

▲ トラス構造

1-16 SI単位

SI単位またはSIは、「国際単位系」という世界共通の単位です。各分野、各国で異なる単位を使っていたのを統一したものです。

SI基本単位とSI組立単位

SI基本単位は、表1に示す7つの基本量について、それぞれの記号を決めたものです。本書で使用するおもな単位は、長さ、質量、時間です。質量の記号kgのkは小文字、熱力学温度の記号Kは、大文字です。

いろいろな現象を表すための計算式や定義から、基本単位を組み合わせてできた組立量の単位を**SI組立単位**と呼びます（表2）。

固有の名称をもつSI組立単位

表3に示す力学で頻繁に使われる力や応力など、特別の現象を表す組立量は、それぞれに固有の名称をもち、**固有の名称をもつSI組立単位**と呼ばれる記号で表します。

他のSI単位による表し方は、それぞれの組立量の定義から導かれた単位です。

SI基本単位による表し方は、組立量を基本量の記号として使われるSI基本単位だけで表したものです。

表4は、固有の名称をもつSI組立単位やSI基本単位を組み合わせてつくられた、**単位の中に固有の名称と記号を含むSI組立単位**の例です。

SI接頭語

大きな数値や小さな数値は、表5に示す10の指数表示で表す**SI接頭語**を単位の前に付けて表します。例えば1000倍（10^3）を表すkは、1000 m = 1 kmです（キロの記号kは、小文字）。本書で使うおもな記号は、k、M、G、m、μなどです。

▼ 表1　SI基本単位

基本量	名　称	記号
長さ	メートル	m
質量	キログラム	kg
時間	秒	s
電流	アンペア	A
熱力学温度	ケルビン	K
物質量	モル	mol
光度	カンデラ	cd

▼ 表2　SI組立単位の例

組立量	名　称	記号
面積	平方メートル	m^2
体積	立方メートル	m^3
速さ、速度	メートル毎秒	m/s
加速度	メートル毎秒毎秒	m/s^2

熱力学温度　$T\,[\mathrm{K}] = 273.1 + t\,[^\circ\mathrm{C}]$

※それぞれの表に記載した内容には、本章で説明していないものが含まれています。

▼ 表3　固有の名称をもつSI組立単位の例

組立量	名　称	記号	他の SI 単位による表し方	SI 基本単位による表し方
平面角	ラジアン	rad		m/m
力	ニュートン	N		$m\,kg\,s^{-2}$
圧力、応力	パスカル	Pa	N/m^2	$m^{-1}\,kg\,s^{-2}$
エネルギー、仕事	ジュール	J	N m	$m^2\,kg\,s^{-2}$
仕事率、工率	ワット	W	J/s	$m^2\,kg\,s^{-3}$

このように見ます

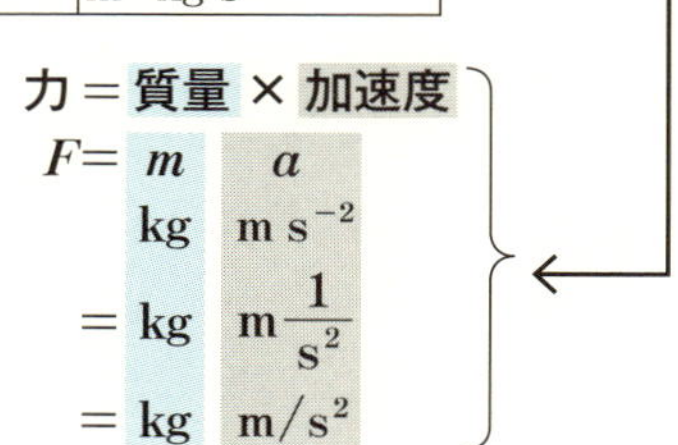

▼ 表4　単位の中に固有の名称と記号を含む SI組立単位の例

組立量	名　称	記号
力のモーメント	ニュートンメートル	N m
角速度	ラジアン毎秒	rad/s

▼ 表5　SI接頭語の例

乗数	名称	記号	乗数	名称	記号
10^1	デカ	da	10^{-1}	デシ	d
10^2	ヘクト	h	10^{-2}	センチ	c
10^3	キロ	k	10^{-3}	ミリ	m
10^6	メガ	M	10^{-6}	マイクロ	μ
10^9	ギガ	G	10^{-9}	ナノ	n

例題 1　200 kPa を MPa へ

$= 0.2 \times 10^3 \times 10^3$ Pa

$= 0.2 \times 10^6$ Pa

$= 0.2$ MPa

例題 2　20000 mm を m へ

$= 2 \times 10^4 \times 10^{-3}$ m

$= 2 \times 10$ m

$= 20$ m

Column

「力と質量」

工学に不慣れな方は、力と質量の理解に戸惑うことがあるようです。

材料力学は、おもに固体についての力学を考えるので、物体に外部から作用する**外力**をおもな力として扱います。

高等学校までの理科では、おもに運動する物体についての力学を考えるので、物体の質量と加速度の積をおもな力として扱います。

商品を大量に積んだ買い物カートをまっすぐ押しているときは、ほとんど力を使いません。カートを止めたり曲がったりするときには、力を必要と感じます。運動の変化に対する商品とカートそのものの量が質量で、運動の状態を変える働きをするものが**外力**です。

力学で使う言葉や用語と一般的に使う言葉が似ていることも、分かり難い点だと思います。

物体の重さや重量を、物体に働く重力の大きさとして考えれば**力**です。しかし、これらの言葉は日常生活では、質量と同じように扱われます。

体重は、質量を表すものと考えて、SIでも体重計をはじめとするはかりの単位は、キログラム(kg)としています。

家庭で普及している電子式体重計の構造は、人間の質量に作用する重力の大きさ、つまり**力**を測っています。ですから、一つの物体、一つの体重計で、北海道と沖縄で重さを量ると、重力加速度の大きな北海道の方がわずかに大きな値になると考えられます。これでは困るので、市販されている電子式体重計では、コンピュータの地域設定機能で重力加速度の違いを補正したり、あらかじめ地域別にプログラムで重力加速度の違いを補正した製品を販売することで、体重を質量としてkg表示しています。

ばね秤では、物体の重さを質量として量るkg表示と外力を力として測るN表示を併用したものがあります。

2章 応力とひずみ

材料は、外力を受けると必ず変形します。機械や構造物を製作する場合には、十分に安全な寸法と形状を決定しなければなりません。2章では、材料の強さを求める基本となる応力とひずみについて説明します。

2-1 軸荷重と応力

材料に引張や圧縮の軸荷重が作用したときに、材料内部で荷重と垂直な断面に発生する垂直応力を求めます。

応力の計算式

応力の大きさは、内力を断面積で割った値として定義されます。材料に作用する外力が軸荷重だけの場合、内力と荷重が等しいものとして応力を求めます。

一般に応力の符号は考えませんが、材料が伸びる**引張応力を正**、材料が縮む**圧縮応力を負**とします。

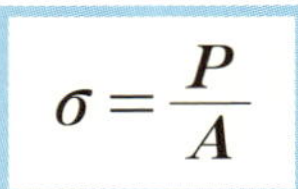

$$\sigma = \frac{P}{A}$$

垂直応力 σ [MPa]　軸荷重 P [N]
断面積 A [mm²]

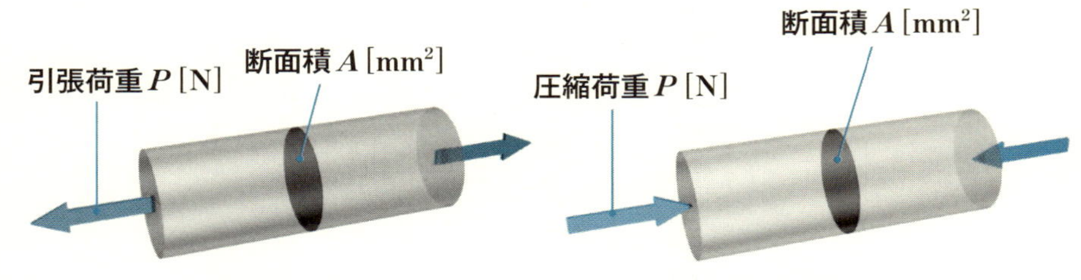

▲ 引張応力と圧縮応力

例題 1 2000 Nの引張荷重が作用する断面積100 mm²の材料に発生する応力を求めなさい。

解答例 断面積をmm²、荷重をNで代入して応力をMPaで求める。

$$\sigma = \frac{P}{A} = \frac{2000}{100} = 20\ \mathrm{N/mm^2} = 20\ \mathrm{MPa}$$

解 20 MPa

例題 2 10 kNの圧縮荷重が作用する直径15 mmの丸棒に発生する応力を求めなさい。

解答例 断面積を直径で表した式をつくり、荷重をNで代入する。

応力 $\sigma = \dfrac{P}{A} \cdots (1)$　　円の面積 $A = \dfrac{\pi d^2}{4} \cdots (2)$

式(1)と式(2)から

$$\sigma = \frac{P}{A} = \frac{P}{\frac{\pi d^2}{4}} = \frac{4P}{\pi d^2} \cdots (3)$$

10 kN：k(キロ)は10^3の接頭語

式(3)より $\dfrac{4 \times 10 \times 10^3}{\pi \times 15^2} = 56.6$ MPa

解 56.6 MPa

円の面積は直径で表す

数学や理科で、円の面積は半径rとして、πr^2で扱うことに慣れていると思います。工学では、円の寸法は実測できる直径で表すことが多いので、半径を求めずに直径のままで式をつくることが一般的です。

円の面積Aは直径dとして

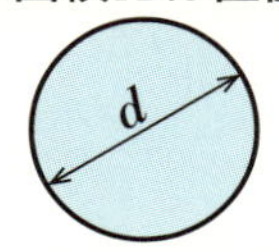

▲ 円の面積は直径で表す

$$A = \frac{\pi d^2}{4}$$

直径dの円の半径rは　$r = \dfrac{d}{2}$

これから円の面積Aは

$$A = \pi r^2 = \pi \left(\frac{d}{2}\right)^2 = \frac{\pi d^2}{4}$$

例題 3 5 kNの引張荷重を受ける丸棒に発生する応力を40 MPaにしたい。丸棒の直径を求めなさい。

解答例 応力σを求める計算式のAに、円の面積Aを求める式を代入し変形してから、条件を代入する。

式(3)より

$$\sigma = \frac{P}{A} = \frac{4P}{\pi d^2}$$

この変形に注意

$$\therefore d = \sqrt{\frac{4P}{\pi \sigma}} = \sqrt{\frac{4 \times 5 \times 10^3}{\pi \times 40}} = 12.6 \text{ mm}$$

解 12.6 mm

2-2 縦弾性係数

実際の材料は弾性体ですから、外力が加われば変形します。外力と変形量の関係を表す係数を「応力―ひずみ線図」から考えます。

縦弾性係数

「応力―ひずみ線図」で弾性限度以下の範囲では、応力とひずみが比例します。この範囲の比例定数は、材料の変形に対する性質を表すので、**材料定数**または**弾性定数**と呼ばれます。

引張試験で得られる「応力―ひずみ線図」で、垂直応力σを縦ひずみεで割った弾性定数を**縦弾性係数**Eまたは**ヤング率**と呼びます。

縦弾性係数の単位は、応力を無次元のひずみで割るので、応力の単位MPaです。しかし、ひずみが極端に小さいので値が大きくなるため、一般にGPaが使われます。

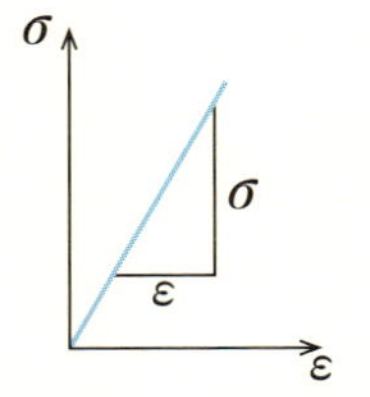

$$E = \frac{\sigma}{\varepsilon}$$

E　**縦弾性係数 [GPaまたはMPa]**
σ　**垂直応力 [MPa]**
ε　**縦ひずみ**

1 GPa $= 10^3$ MPa

▲ 応力―ひずみ線図と縦弾性係数

例題 1 50 MPaの引張応力が発生している材料のひずみが0.00025のとき、この材料の縦弾性係数を求めなさい。

解答例　ひずみを10の指数で表示し、単位に注意しましょう。

$$E = \frac{\sigma}{\varepsilon}$$

$$= \frac{50}{0.00025} = \frac{50}{25 \times 10^{-5}} = \frac{2}{10^{-5}} = 2 \times 10^5 \text{ MPa}$$

$$= 2 \times 10^2 \times 10^3 \text{ MPa}$$

分子が50なので25を出した

10^3 MPa $= 1$ GPaとする

$= 200$ GPa　　解 200 GPa

荷重と変形量

縦弾性係数Eを求める垂直応力σは、材料の元の断面積Aと荷重Pで決まり、ひずみεは、材料の元の長さlと変形量λで決まります。これらの量を用いると、縦弾性係数は次のように表されます。

$$E = \frac{\sigma}{\varepsilon} \quad \cdots (1)$$

$$\sigma = \frac{P}{A} \quad \cdots (2)$$

$$\varepsilon = \frac{\lambda}{l} \quad \cdots (3)$$

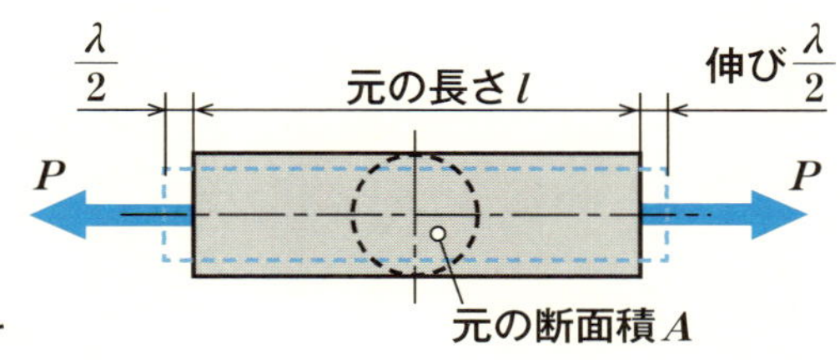

式(1)に式(2)と式(3)を代入して

$$\textbf{縦弾性係数}\ E = \frac{\sigma}{\varepsilon} = \frac{\frac{P}{A}}{\frac{\lambda}{l}} = \frac{Pl}{A\lambda}$$

$$E = \frac{Pl}{A\lambda} \quad \cdots (4)$$

▲ 荷重と変形量から縦弾性係数を求める

例題 2 直径20 mm、長さ1 m、縦弾性係数206 GPaの丸棒に20 kNの引張荷重を与えた。変形量、縦ひずみを求めなさい。

解答例　長さの単位をmmに統一して考えましょう。

式(4)の$E = \frac{Pl}{A\lambda}$から、変形量λを求める

$P = 20$ kN　　1 m $= 1000$ mm

$$\lambda = \frac{Pl}{AE} = \frac{4Pl}{\pi d^2 E} = \frac{4 \times 20 \times 10^3 \times 1 \times 10^3}{\pi \times 20^2 \times 206 \times 10^3} = 0.309\ \text{mm}$$

$E = 206$ GPa $= 206 \times 10^3$ MPa

上で求めた変形量を元の長さで割ってひずみεを求める

$$\varepsilon = \frac{\lambda}{l} = \frac{0.309}{1 \times 10^3} = 3.09 \times 10^{-4} = 3.09 \times 10^{-4} \times 10^2\ \%$$

$$= 0.0309\ \%$$

解 変形量0.309 mm、ひずみ3.09×10^{-4}または0.0309 %

2-3 引張荷重を受ける丸棒の問題

2-1と2-2をもとに、軸荷重を受ける材料についていくつかの問題を考えてみましょう。

引張荷重を受ける段付き丸棒の問題

例題 直径20 mmと直径40 mmの段付き丸棒に、30 kNの引張荷重が作用している。材料の縦弾性係数を206 GPaとして、図の①の部分と②の部分に発生する応力と全体の伸びを求めなさい。

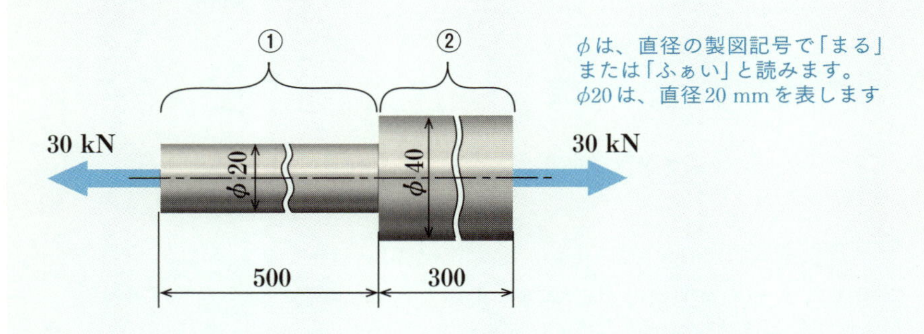

- ①と②の部分に、それぞれ30 kNの荷重が均一に作用する。
- ①と②の部分に発生する応力をσ_1、σ_2、伸びをλ_1、λ_2とする。
- ①の部分の伸びと、②の部分の伸びの和が全体の伸びになる。

解答例

(1) 応力を求める

①と②の部分のそれぞれの応力を求める

$$\sigma_1 = \frac{P}{A_1} = \frac{4P}{\pi d_1{}^2} = \frac{4 \times 30 \times 10^3}{\pi \times 20^2} = 95.5\ \text{MPa} \cdots (1)$$

$P = 30$ kN
$d_1 = 20$ mm

$$\sigma_2 = \frac{P}{A_2} = \frac{4P}{\pi d_2{}^2} = \frac{4\times 30\times 10^3}{\pi\times 40^2} = 23.9\text{ MPa} \cdots (2)$$

$d_2 = 40$ mm

(2) 伸びを求める

①と②の部分の伸びを求める

$$E = \frac{P\,l}{A\,\lambda} \qquad \therefore \quad \boxed{\lambda = \frac{P\,l}{A\,E}}$$

変形に注意

$P = 30$ kN

$$\lambda_1 = \frac{P\,l_1}{A_1\,E} = \frac{4P\,l_1}{\pi d_1{}^2\,E} = \frac{4\times 30\times 10^3\times 500}{\pi\times 20^2\times 206\times 10^3} = 0.232\text{ mm} \cdots (3)$$

$E = 206$ GPa

$$\lambda_2 = \frac{P\,l_2}{A_2\,E} = \frac{4P\,l_2}{\pi d_2{}^2\,E} = \frac{4\times 30\times 10^3\times 300}{\pi\times 40^2\times 206\times 10^3} = 0.035\text{ mm} \cdots (4)$$

(3) 全体の伸びを求める

$$\lambda = \lambda_1 + \lambda_2 = 0.232 + 0.035 = 0.267\text{ mm}$$

解 ①の部分の応力　95.5 MPa

②の部分の応力　23.9 MPa

全体の伸び　0.267 mm

伸びλの別解

①と②の部分について、それぞれの応力σを算出しているので、この値を利用して、それぞれの伸びλを次のように求めることもできます。

この場合、応力の値が近似値なので、上の式(3)、式(4)で求めた値と異なる場合もあります。この例の算出値は一致しています。

応力の定義　$\sigma = \frac{P}{A}$

$$E = \frac{P\,l}{A\,\lambda} \qquad \therefore \lambda = \frac{P\,l}{A\,E} = \sigma\frac{l}{E} \cdots (5)$$

$$\lambda_1 = \sigma_1\,\frac{l_1}{E} = \frac{95.5\times 500}{206\times 10^3} = 0.232\text{ mm}$$

応力が近似値

$$\lambda_2 = \sigma_2\,\frac{l_2}{E} = \frac{23.9\times 300}{206\times 10^3} = 0.035\text{ mm}$$

2-4 圧縮荷重を受ける2つの材料の問題

圧縮荷重を受ける丸棒とパイプ

例題 外径100 mm、内径60 mmのパイプ①と、直径60 mmの丸棒②を組み合わせた長さ500 mmの部材がある。この両端に変形を無視できる剛体を介して、200 kNの圧縮荷重が作用している。
①の縦弾性係数を200 GPa、②の縦弾性係数を100 GPaとして、それぞれの材料に発生する応力と部材全体の圧縮量を求めなさい。

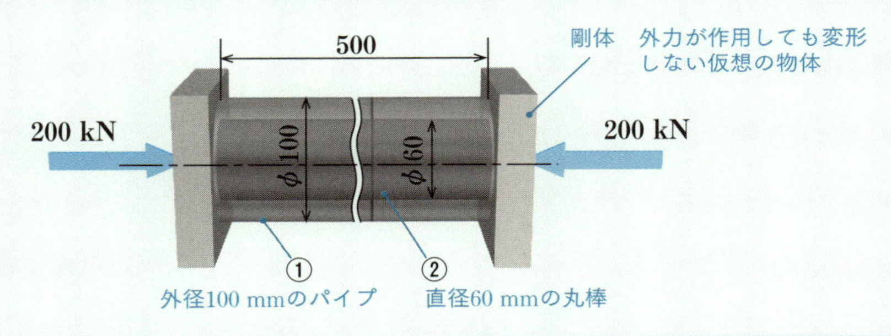

・①と②に発生する応力は異なり、①と②の圧縮量とひずみは等しい。
・圧縮荷重200 kNをP、①と②に作用する荷重をP_1、P_2とする。
・①と②に発生する応力をσ_1、σ_2、圧縮量をλとする。

解答例

[1] ①と②に発生する応力σ_1、σ_2を求める

圧縮荷重Pは、P_1とP_2に分散するから　$P=P_1+P_2$ …(1)

応力の定義　$\sigma=\dfrac{P}{A}$　$\therefore P=\sigma A$から　$P=\sigma_1 A_1+\sigma_2 A_2$ …(2)

圧縮量は等しいから、ひずみも等しいので

縦弾性係数の定義　$E=\dfrac{\sigma}{\varepsilon}$　$\therefore \varepsilon=\dfrac{\sigma}{E}$から　$\dfrac{\sigma_1}{E_1}=\dfrac{\sigma_2}{E_2}$ …(3)

式(2)と式(3)からσ_1、σ_2を求める　式(3)から $\sigma_2=\sigma_1\dfrac{E_2}{E_1}$ …(4)

式(4)を式(2)に代入してσ_2を消去する

圧縮荷重　$P=\sigma_1 A_1+\sigma_2 A_2=\sigma_1 A_1+\sigma_1\dfrac{E_2}{E_1}A_2=\sigma_1\left(A_1+\dfrac{E_2}{E_1}A_2\right)$

式(2)　式(4)σ_2

$$=\sigma_1\frac{A_1E_1+A_2E_2}{E_1}$$

上式を応力σを求めるために変形して

$\therefore\sigma_1=P\dfrac{E_1}{A_1E_1+A_2E_2}$　同様にして$\sigma_2=P\dfrac{E_2}{A_1E_1+A_2E_2}$ …(5)

[2] 圧縮量λを求める

縦弾性係数の定義　$E=\dfrac{Pl}{A\lambda}$　$\therefore\lambda=\dfrac{Pl}{AE}$　$\therefore\lambda=\sigma\dfrac{l}{E}$ …(6)

$\dfrac{P}{A}=\sigma$

式(6)に式(5)で求めたσ_1とσ_2を代入して

圧縮量$\lambda=\sigma_1\dfrac{l}{E_1}=\sigma_2\dfrac{l}{E_2}$ …(7)

[3] 数値を代入して解を求める

式(5)で面積を求めるために、$d_1=\phi100$、$d_2=\phi60$とする。

$$\sigma_1=P\frac{E_1}{A_1E_1+A_2E_2}=\frac{PE_1}{\dfrac{\pi(d_1^2-d_2^2)}{4}E_1+\dfrac{\pi d_2^2}{4}E_2}$$

パイプの面積A_1丸棒の面積A_2

$$=\frac{PE_1}{\dfrac{\pi}{4}(d_1^2-d_2^2)E_1+\dfrac{\pi}{4}d_2^2E_2}=\frac{4PE_1}{\pi((d_1^2-d_2^2)E_1+d_2^2E_2)}$$

数値を代入しσ_1を計算　$P=200$ kN　$E_1=200$ GPa

$$=\frac{4\times200\times10^3\times200\times10^3}{\pi\times((100^2-60^2)\times200\times10^3+60^2\times100\times10^3)}=31.1\text{ MPa}$$

式(4)からσ_2を求める

式(5)からσ_2を求めるより簡単

$E_2=100$ GPa

$$\sigma_2=\sigma_1\frac{E_2}{E_1}=\frac{31.1\times100\times10^3}{200\times10^3}=15.6\text{ MPa}$$

$E_1=200$ GPa

式(7)にパイプ①の値を代入して圧縮量を求める

$$\lambda=\sigma_1\frac{l}{E_1}=\frac{31.1\times500}{200\times10^3}=0.078\text{ mm}$$

解 ①の応力　31.1 MPa　②の応力　15.6 MPa　圧縮量　0.078 mm

2-5 軸荷重の組み合わせ問題

圧縮荷重を受ける円筒の組み合わせ材

例題 1 直径40 mm、長さ700 mm、縦弾性係数200 GPaの円筒1と、直径50 mm、長さ300 mm、縦弾性係数100 GPaの円筒2が、中心軸を合わせて組み合わされ、その両端に10 kNの圧縮荷重が作用している。全体の圧縮量を求めなさい。

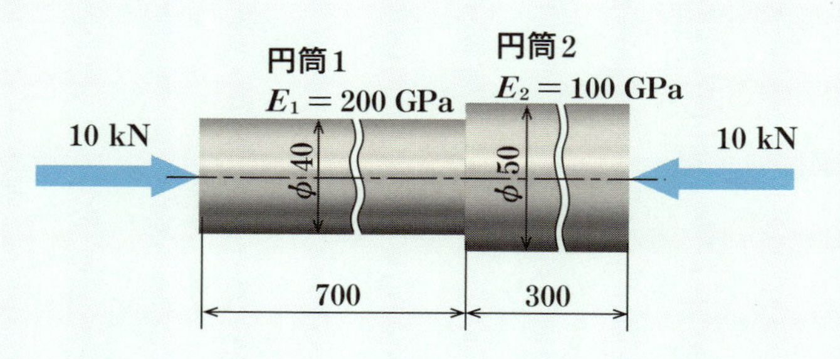

考え方
・2−3の式(3)と式(4)から、円筒1と円筒2の圧縮量λ_1、λ_2を求め、全体の圧縮量λを求める。

解答例

$$\lambda_1 = \frac{P\,l_1}{A_1\,E_1} = \frac{4P\,l_1}{\pi d_1{}^2\,E_1} = \frac{4\times \underbrace{10\times10^3}_{P\,=\,10\,\mathrm{kN}}\times700}{\pi\times40^2\times\underbrace{200\times10^3}_{E_1\,=\,200\,\mathrm{GPa}}} = 0.028\ \mathrm{mm}$$

$$\lambda_2 = \frac{P\,l_2}{A_2\,E_2} = \frac{4P\,l_2}{\pi d_2{}^2\,E_2} = \frac{4\times10\times10^3\times300}{\pi\times50^2\times\underbrace{100\times10^3}_{E_2\,=\,100\,\mathrm{GPa}}} = 0.015\ \mathrm{mm}$$

全体の圧縮量

$$\lambda = \lambda_1 + \lambda_2 = 0.028 + 0.015 = 0.043\ \mathrm{mm}$$

解 全体の圧縮量　0.043 mm

ねじの増し締め

例題 2 外径12 mm×ピッチ1.75 mmのボルトとナットで、部材①と部材②を300 mmの厚さで締め付けている。このとき、ボルトの軸部に160 MPaの引張応力が発生している。ここで、ナットを右回しに10°増し締めした。ねじの有効断面積84.3 mm²、縦弾性係数を206 GPaとして、このとき、ボルトの軸部に発生する引張応力の増加分を求めなさい。

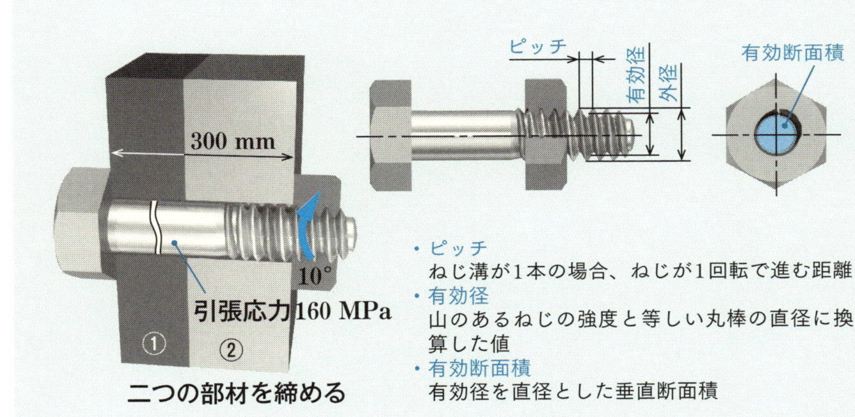
300 mm
10°
引張応力160 MPa
①
②
二つの部材を締める
ピッチ
有効径
外径
有効断面積
・ピッチ
ねじ溝が1本の場合、ねじが1回転で進む距離
・有効径
山のあるねじの強度と等しい丸棒の直径に換算した値
・有効断面積
有効径を直径とした垂直断面積

考え方

・変形は、ボルトだけに発生するものとして、ナットを10°回転させたときの変位と等しい長さだけボルトが伸ばされると考える。

解答例

縦弾性係数 $E = \dfrac{Pl}{A\lambda}$ $\quad \therefore \dfrac{P}{A} = E\dfrac{\lambda}{l} = \sigma$ → $\dfrac{P}{A} = \sigma$とするので、AとPは不要

ボルトに発生する応力の増加分

λは10°回転したときの変位＝ピッチ×$\dfrac{10°}{360°}$

$$\sigma = E\frac{\lambda}{l} = \frac{E}{l}\lambda = \frac{206\times10^3}{300}\times\frac{1.75\times10}{360} = 33.4\ \text{MPa}$$

解 引張応力が33.4 MPa増加する

2-6 横ひずみとポアソン比

これまで、材料の縦方向の変形を考えましたが、材料の変形は荷重の作用線と垂直な横方向にも発生します。

横ひずみ

1−8で説明したように、材料は荷重の方向に沿った縦方向に変形すると同時に、荷重の方向と垂直な横方向にも変形します。横方向の変形量δを材料の元の寸法dで割った値を**横ひずみ**ε'とします。

円形断面では直径の変化量δ、四角形断面では、断面の2辺方向の変化量δ_1、δ_2でひずみを考えます。

縦方向の変形量λと横方向の変形量δは、増加を正、減少を負とします。材料の元の寸法は正なので、ひずみは変形量と同じ符号になります。

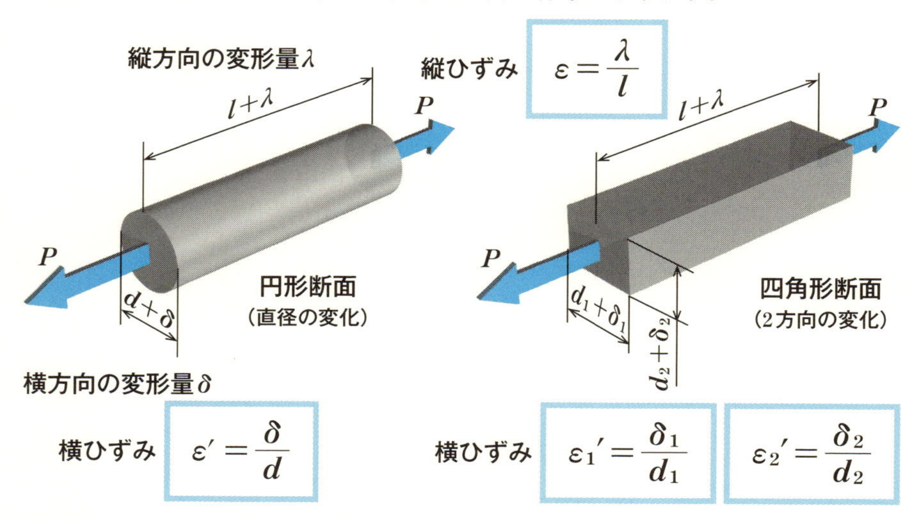

変形量とひずみの符号（寸法の増加は＋、減少は−）

	縦方向 λ、ε	横方向 δ、ε'
引張荷重	＋	−
	伸びる	細くなる

	縦方向 λ、ε	横方向 δ、ε'
圧縮荷重	−	＋
	縮む	太くなる

ポアソン比

縦ひずみと横ひずみの比を**ポアソン比**ν（ニュー）と呼びます。ポアソン比は材料によって決まる材料定数で、$\frac{1}{3}$程度の値を取ります。

ポアソン比の逆数$\frac{1}{\nu}$を**ポアソン数**と呼び、記号mで表します。

ポアソン比 $\boldsymbol{\nu = \frac{\varepsilon'}{\varepsilon}}$　　ポアソン数 $\boldsymbol{m = \frac{1}{\nu}}$

例題 直径30 mm、長さ1 mの丸棒に50 kNの引張荷重を与えた。材料の縦弾性係数206 GPa、ポアソン比$\frac{1}{3}$として、このときの縦方向の伸び、横方向の圧縮量、縦ひずみ、横ひずみを求めなさい。

解答例

●縦方向の現象を求めてから、横方向の現象を求める。

縦方向の伸びを求める

$$\lambda = \frac{Pl}{AE} = \frac{4Pl}{\pi d^2 E} = \frac{4 \times \overbrace{50 \times 10^3}^{50\text{ kN}} \times \overbrace{1 \times 10^3}^{1\text{ m}}}{\pi \times 30^2 \times 206 \times 10^3} = 0.343\text{ mm}$$

縦ひずみを求める

$$\varepsilon = \frac{\lambda}{l} = \frac{0.343}{1 \times 10^3} = 3.43 \times 10^{-4}$$

横ひずみを求める

$$\nu = \frac{\varepsilon'}{\varepsilon} \qquad \therefore \varepsilon' = \nu\varepsilon = \overbrace{\frac{1}{3}}^{\text{ポアソン比}\frac{1}{3}} \times 3.43 \times 10^{-4} = 1.14 \times 10^{-4}$$

横方向の圧縮量を求める

$$\varepsilon' = \frac{\delta}{d} \qquad \therefore \delta = \varepsilon' d = 1.14 \times 10^{-4} \times 30 = 3.42 \times 10^{-3}\text{ mm}$$

解 縦方向の伸び　0.343 mm　　縦ひずみ　3.43×10^{-4}

横ひずみ　1.14×10^{-4}　　横方向の圧縮量　3.42×10^{-3} mm

2-7 横弾性係数

せん断荷重を受ける弾性材料にも、軸荷重を受ける材料と同様に応力とひずみの比例関係が成り立ちます。

横弾性係数

せん断応力τをせん断ひずみγで割った弾性定数を**横弾性係数** Gと呼びます。

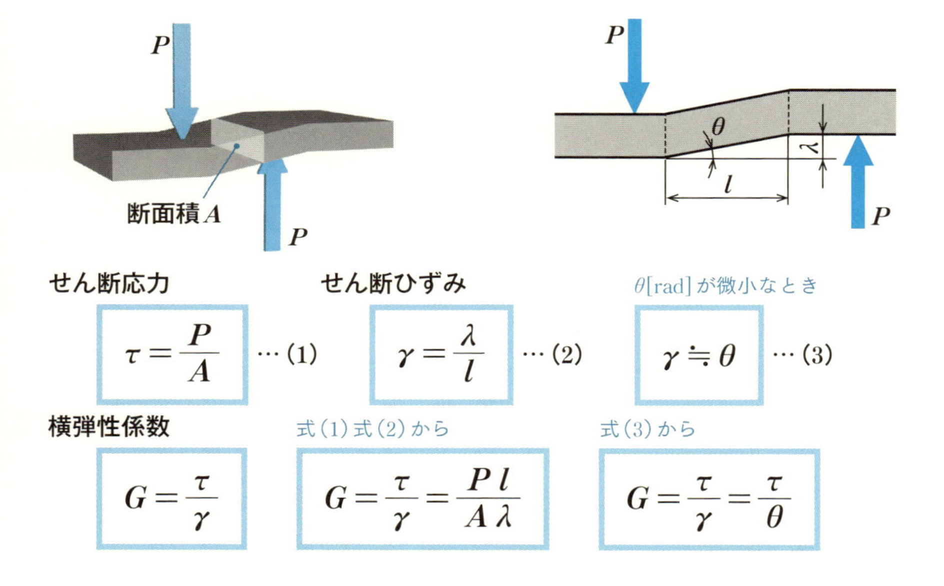

$$\tau = \frac{P}{A} \quad \cdots (1)$$

$$\gamma = \frac{\lambda}{l} \quad \cdots (2)$$

$$\gamma \fallingdotseq \theta \quad \cdots (3)$$

$$G = \frac{\tau}{\gamma}$$

$$G = \frac{\tau}{\gamma} = \frac{Pl}{A\lambda}$$

$$G = \frac{\tau}{\gamma} = \frac{\tau}{\theta}$$

例題 1 断面寸法20 mm×50 mmの材料に50 kNのせん断荷重が作用している。横弾性係数80 GPaとして、せん断ひずみを求めなさい。

解答例　$\tau = \frac{P}{A}$を代入して

$$G = \frac{\tau}{\gamma} = \frac{P}{A}\frac{1}{\gamma} \qquad \therefore \gamma = \frac{P}{AG} = \frac{50\times10^3}{20\times50\times80\times10^3} = 6.25\times10^{-4}$$

$$= 6.25\times10^{-2}\ \%$$

$$= 0.0625\ \%$$

解 せん断ひずみ　6.25×10^{-4} または $0.0625\ \%$

弾性係数とポアソン比の関係

縦弾性係数E、横弾性係数G、ポアソン比νの間には、次の関係があります。

$$\boldsymbol{E = 2G(1 + \nu)}$$

例題 2 30 mm×20 mm×60 mmの材料の両端に50 kNの圧縮荷重を作用させたとき0.025 mm圧縮された。この荷重を材料にせん断を与えるように作用させたときに発生するせん断ひずみγを求めなさい。材料のポアソン比νを0.3とする。

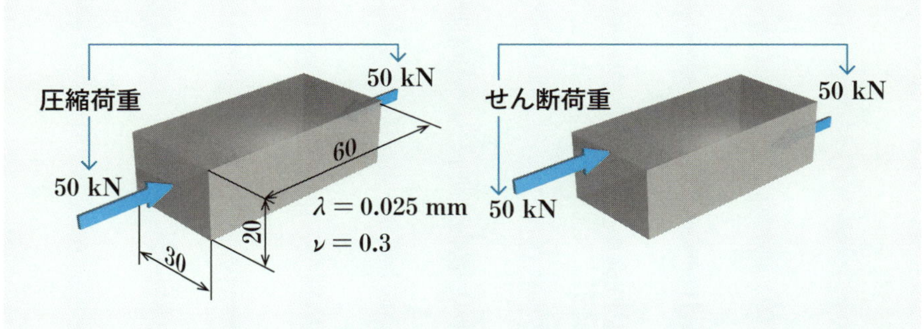

考え方
- 圧縮変形の条件から、縦弾性係数Eを求める。
- Eとνから横弾性係数を求め、せん断ひずみを算出する。

解答例

(1) 圧縮変形から縦弾性係数Eを求める

$$E = \frac{Pl}{A\lambda} = \frac{50 \times 10^3 \times 60}{20 \times 30 \times 0.025} = 2 \times 10^5 \text{ MPa}$$

$2 \times 10^5 = 200 \times 10^3 = 200$ GPa

20×30：圧縮荷重を受ける面積

(2) 横弾性係数Gとせん断ひずみγを求める

$$E = 2G(1+\nu) \qquad \therefore G = \frac{E}{2(1+\nu)} \qquad \gamma = \frac{P}{AG} = \frac{P}{A}\frac{2(1+\nu)}{E}$$

$$\gamma = \frac{P}{A}\frac{2(1+\nu)}{E} = \frac{50 \times 10^3 \times 2(1+0.3)}{30 \times 60 \times 2 \times 10^5} = 3.61 \times 10^{-4}$$

30×60：せん断荷重を受ける面積

解 せん断ひずみ　3.61×10^{-4}

2-8 安全率

材料を安全に使用するには、材料に発生する応力が、材料の耐えることのできる応力よりも小さいことが必要です。

安全な応力の考え方

材料に実際に発生する応力を**使用応力**と呼び、材料の安全を保証できる最大使用応力を**許容応力**と呼びます。許容応力を決める基準となる応力を**基準応力**と呼び、材料や使用方法から決定します。

使用応力 < 許容応力 < 基準応力

▼ 基準応力の決め方の例

材料や荷重条件	基準応力
軟鋼、アルミニウムなど塑性材料	降伏点、耐力
鋳鉄など脆い材料	極限強さ（引張強さ）
繰返し荷重を受ける材料	疲労限度
高温で使用する材料	クリープ限度

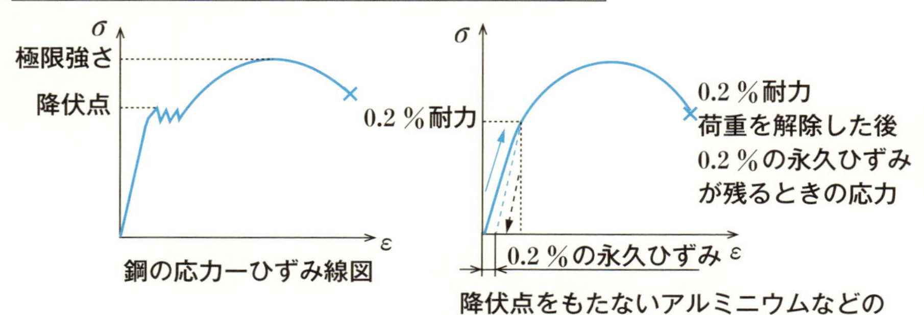

▼ 金属材料の機械的性質の参考値

材　料	E [GPa]	G [GPa]	ν	降伏点 [MPa]	引張強さ [MPa]
鋼	206	80	0.29	225 以上	402 以上
純アルミニウム	69	27	0.28	95 以上（耐力）	110 以上
黄銅	110	41.4	0.33	395 以上	472 以上
純チタン	106	44.5	0.19	275 以上	390 以上

安全率

基準応力σ_sと許容応力σ_aの比を安全率Sと呼び、荷重条件と材料などによって決められます。安全率が大きいほど材料は荷重に対して余裕をもちますが、大きすぎては材料の重量が増して適切とはいえません。

▼ 安全率Sの例

材料	静荷重	繰返し荷重	交番荷重	衝撃荷重
鋼	3	5	8	12
鋳鉄	4	6	10	15
木材	7	10	15	20

$$許容応力 = \frac{基準応力}{安全率}$$

↓

$$\sigma_a = \frac{\sigma_s}{S} \quad \cdots (1)$$

例題 20 kNの引張静荷重を安全に受ける鋼製丸棒の直径を求めなさい。材料の引張強さを410 MPa、降伏点を250 MPaとする。

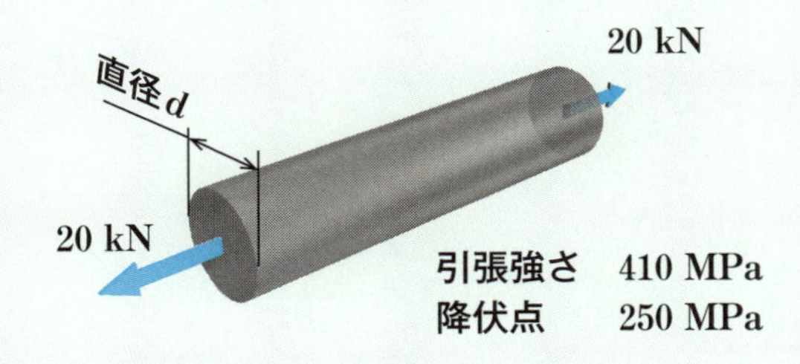

考え方

- 材料が鋼なので、降伏点を基準応力とする。
- 静荷重なので、安全率を3とする。
- 許容応力が発生するときの直径dを求める。

解答例

応力の計算式と式(1)から

$$\sigma_a = \frac{P}{A} = \frac{4P}{\pi d^2} = \frac{\sigma_s}{S}$$ ← この関係を変形する

直径dを求める

$$\therefore d = \sqrt{\frac{4PS}{\pi \sigma_s}} = \sqrt{\frac{4 \times 20 \times 10^3 \times 3}{\pi \times 250}} = 17.5 \text{ mm}$$

解 直径　17.5 mm

2-9 リベットとキーのせん断応力

おもにせん断荷重を受ける材料について考えます。

リベットに発生する応力

例題 1 3本のリベットで2枚の鋼板を固定し、10 kNの引張荷重を支えたい。リベットの許容せん断応力を40 MPaとしてリベットの軸径を求めなさい。

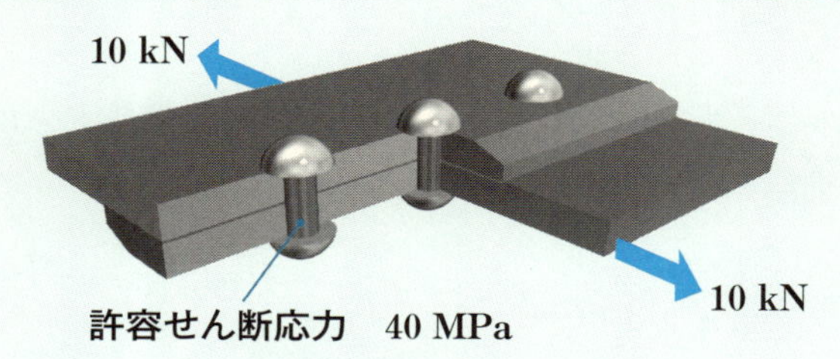

・3本のリベットには**等しい力**が作用する。
・リベットは、**せん断荷重だけを受ける**と考える。

解答例

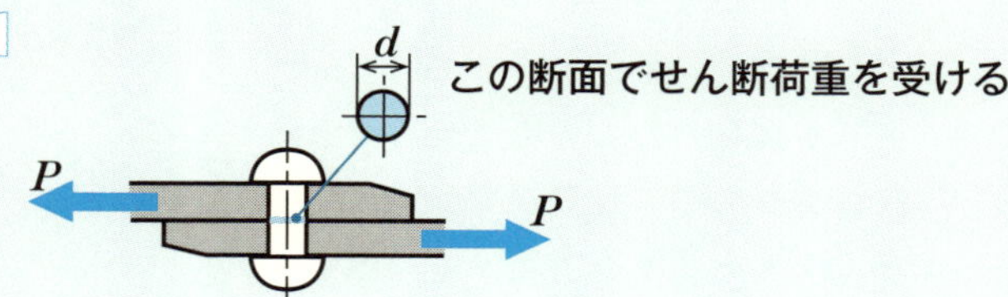

引張荷重をP、リベット1本に作用するせん断荷重をP'とする。

$$P' = \frac{P}{3}$$

許容せん断応力をτ_aとする。2−7の式(1)から

$$\tau_a = \frac{P'}{A} = P' \times \frac{1}{A} = \frac{P}{3} \times \frac{4}{\pi d^2} = \frac{4P}{3\pi d^2}$$

$$\therefore d = \sqrt{\frac{4P}{3\pi\tau_a}} = \sqrt{\frac{4\times 10\times 10^3}{3\times\pi\times 40}} = 10.3 \text{ mm}$$

解 直径　10.3 mm

平行キーに発生する応力

例題 2 断面6 mm×6 mm×長さ40 mmの平行キーを使用して、プーリから軸へ4 kNの力を伝えている。キーに発生する圧縮応力とせん断応力を求めなさい。

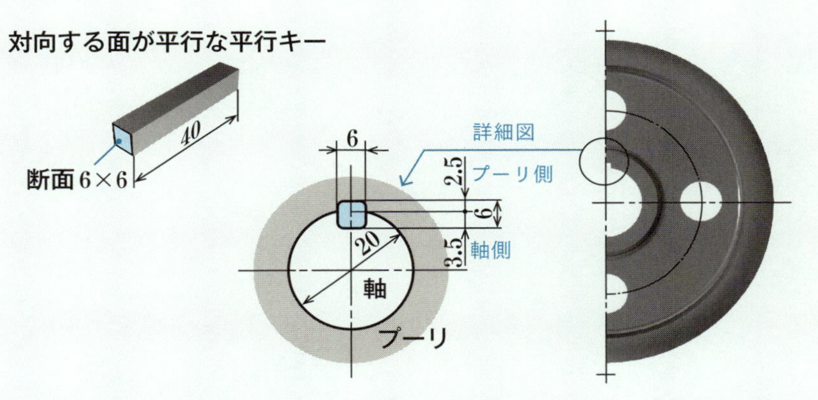

考え方
- 圧縮応力は、キーの**プーリ側が大きく**なるので、こちらを求める。
- キーのせん断応力は、軸とプーリの**境界面に発生**する。

解答例

(1) 圧縮荷重を受ける面積A_1は、高さ2.5 mm、長さ40 mm

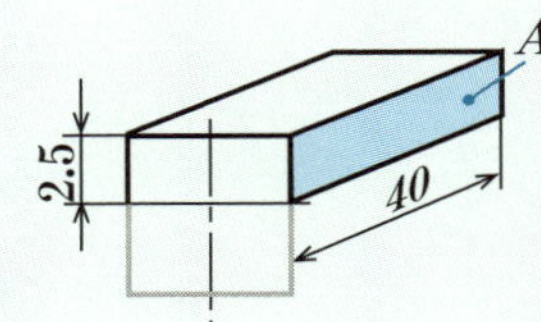

圧縮応力　$\sigma = \dfrac{P}{A_1} = \dfrac{4\times10^3}{2.5\times40} = 40\ \text{MPa}$

(2) せん断荷重を受ける面積A_2は、幅6 mm、長さ40 mm

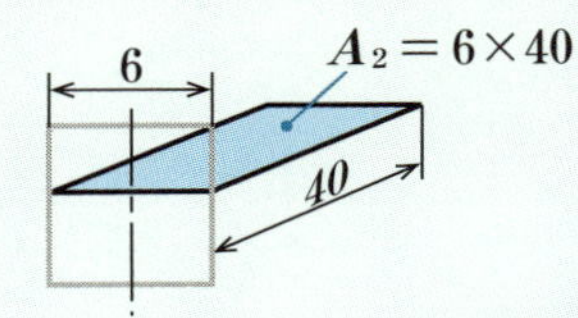

せん断応力　$\tau = \dfrac{P}{A_2} = \dfrac{4\times10^3}{6\times40} = 16.7\ \text{MPa}$

解 圧縮応力　40 MPa　　せん断応力　16.7 MPa

2-10 ピンと打ち抜き加工の問題

引張荷重を受けるピン部品

例題 1 20 kNの引張り荷重を受けるピンを設計したい。材料の許容引張応力50 MPa、許容せん断応力35 MPaとして、軸部の直径dと頭部の厚さhを求めなさい。

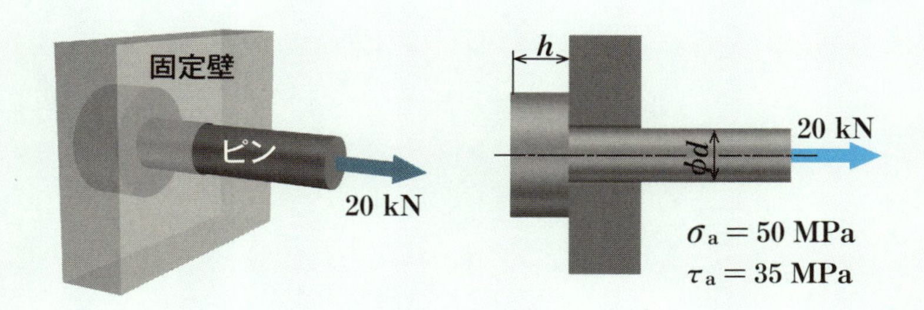

・引張応力の定義から軸の直径dを求める。
・せん断荷重は、直径d、厚さhの円筒の外周側面で受けると考える。

解答例

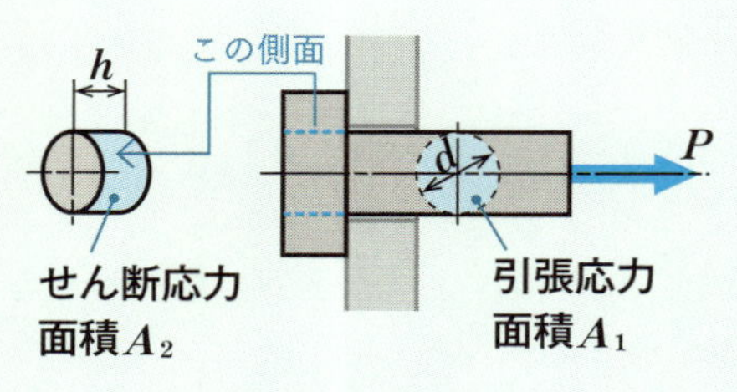

面積A_1は、直径dの軸の断面積だから

$$A_1 = \frac{\pi d^2}{4}$$

面積A_2は、直径dの軸の円周と厚さhの積だから

$$A_2 = \pi d h$$

はじめに許容引張応力σ_aから軸径dを求める

$$\sigma_a = \frac{P}{A_1} = \frac{4P}{\pi d^2} \qquad \therefore d = \sqrt{\frac{4P}{\pi \sigma_a}} = \sqrt{\frac{4 \times 20 \times 10^3}{\pi \times 50}} = 22.6 \text{ mm}$$

$\sigma_a = 50$ MPa

上で求めたdと許容せん断応力τ_aから厚さhを求める

$$\tau_a = \frac{P}{A_2} = \frac{P}{\pi dh} \qquad \therefore h = \frac{P}{\pi d\tau_a} = \frac{20\times10^3}{\pi\times22.6\times35} = 8.05\ \text{mm}$$

$\tau_a = 35$ MPa

解 軸径　22.6 mm、厚さ　8.05 mm

打ち抜き加工のポンチ

例題 2 厚さ3 mmの鋼板を直径25 mmのポンチで打ち抜く作業で、ポンチに与える打ち抜き荷重Pとポンチの打ち抜き部分に発生する圧縮応力σを求めなさい。鋼板を打ち抜くためのせん断応力を400 MPaとします。

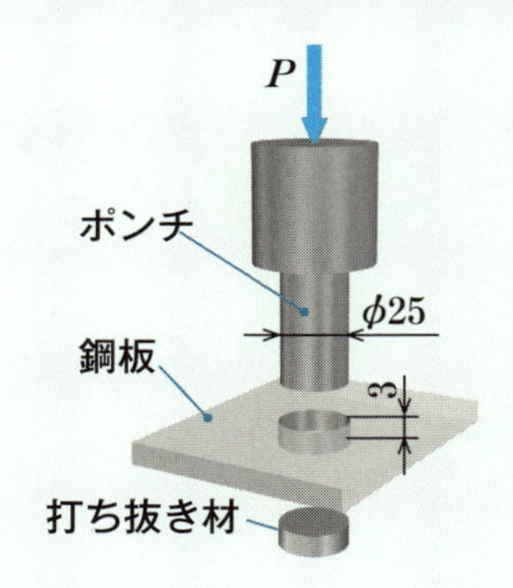

・直径25 mm、厚さ3 mmの円板の外周側面がせん断面となる。
・ポンチに与える打ち抜き荷重を求めてから圧縮応力を求める。

解答例

(1) はじめに打ち抜き荷重Pを求める

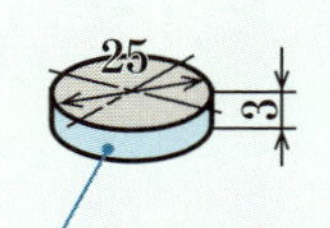

せん断面の面積A_1は、直径dの円周と厚さhの積

$$A_1 = \pi dh$$

$d = 25$、$h = 3$は最後に代入する

$$\tau = \frac{P}{A_1} = \frac{P}{\pi dh} \qquad \therefore P = \tau\pi dh = 400\times\pi\times25\times3 = 94.2\times10^3\ \text{N}$$

$\tau = 400$は最後に代入する

$$= 94.2\ \text{kN}$$

圧縮応力σは直径dの円の断面に発生する

$$\sigma = \frac{P}{A} = \frac{4P}{\pi d^2} = \frac{4\times94.2\times10^3}{\pi\times25^2} = 192.0\ \text{MPa}$$

算出値は2−8の鋼の降伏点およそ225 MPa以下なので加工は適当と判断できます。

解 打ち抜き荷重　94.2 kN、圧縮応力　192.0 MPa

2-11 応力集中

これまで、荷重を受ける部材の断面形状がどこでも一定として応力を考えました。断面形状が不均一な部材に発生する応力を考えます。

応力集中

部材に穴や切り欠きなどの断面形状の変化があると、その周辺で発生する応力が局所的に増大します。この現象を**応力集中**と呼びます。

応力集中の度合いは、断面形状の変化が著しいほど大きくなります。

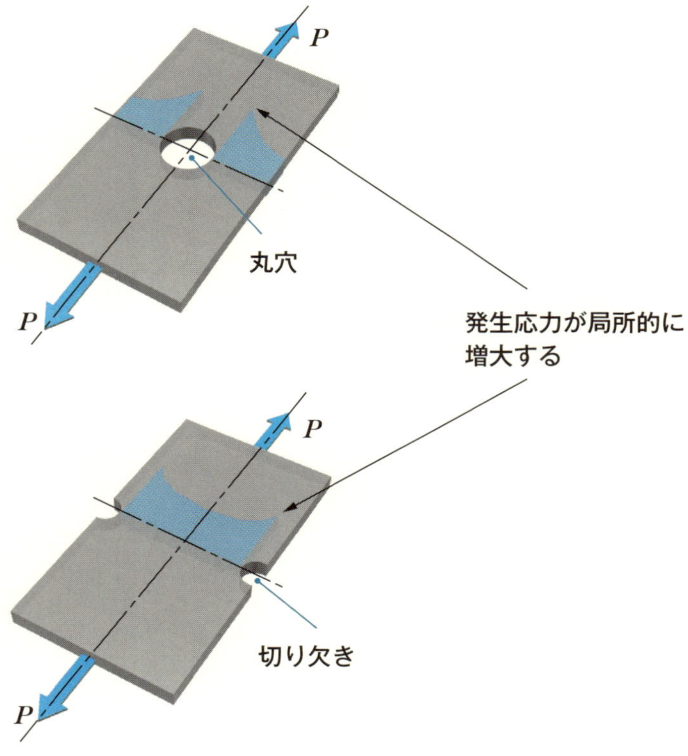

▲ 応力集中（穴や切り欠きのある平板を引っ張る）

形状係数

穴の近傍で局所的に発生する応力を**最大応力**σ_{max}とすると、応力集中を考えずに最小断面に一様に分布すると仮定した**平均応力**σ_nで、最大応力を割った値を**形状係数**（**応力集中係数**）αと呼びます。

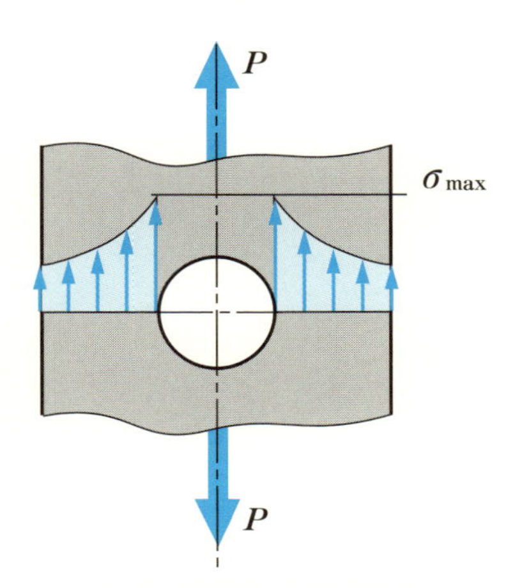

穴の近傍で発生する最大応力σ_{max}

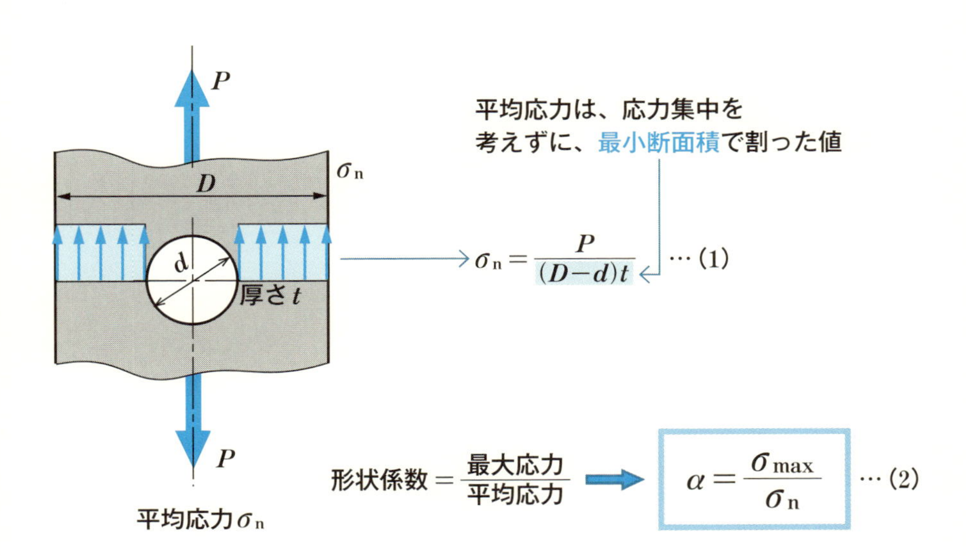

平均応力σ_n

$$\sigma_n = \frac{P}{(D-d)t} \quad \cdots (1)$$

$$形状係数 = \frac{最大応力}{平均応力} \Rightarrow \alpha = \frac{\sigma_{max}}{\sigma_n} \quad \cdots (2)$$

形状係数の例

形状係数は、材料の形状と荷重条件によって決まるので、計算値や実験値をもとにして、次のようなグラフから求めることができます。

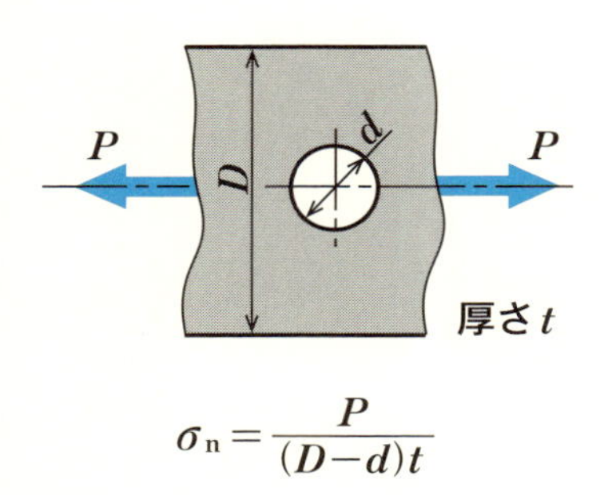

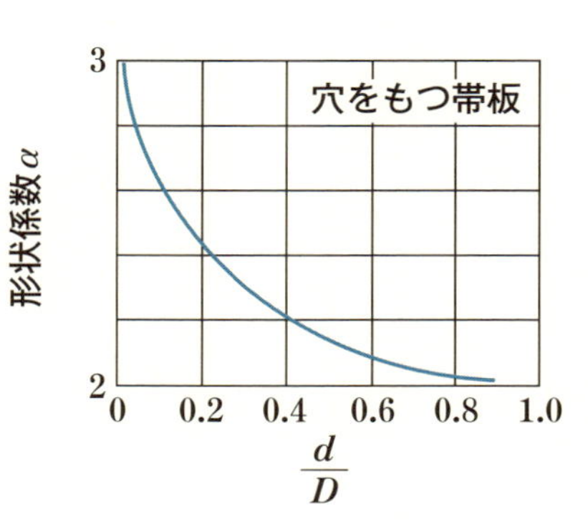

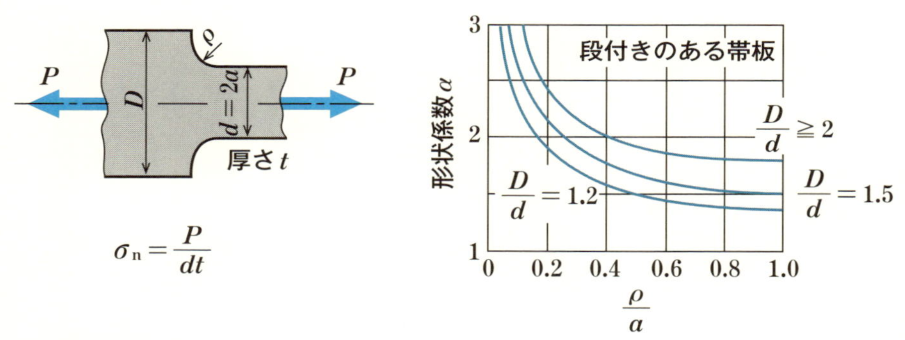

▲ 形状係数の例

例題　幅100 mm、厚さ5 mm、中央に直径20 mmの穴をもつ帯板に、5 kNの引張荷重が作用している。発生する最大応力を求めなさい。

考え方
・条件から平均応力σ_{n}を求める。
・穴をもつ帯板のグラフから形状係数を求め、最大応力$\sigma_{\max}$を求める。

解答例

(1) 平均応力σ_{n}を求める

式(1)より

$$\sigma_{\mathrm{n}} = \frac{P}{(D-d)t} = \frac{5\times10^3}{(100-20)\times5} = 12.5\ \mathrm{MPa}$$

(2) 幅100 mm、直径20 mmの穴をもつ帯板から、上の形状係数のグラフより、$\dfrac{D}{d} = \dfrac{20}{100} = 0.2$なので、形状係数$\alpha = 2.45$とし最大応力を求める

式(2)より

$$\alpha = \frac{\sigma_{\max}}{\sigma_{\mathrm{n}}} \qquad \therefore \sigma_{\max} = \alpha\sigma_{\mathrm{n}} = 2.45\times12.5 = 30.6\ \mathrm{MPa}$$

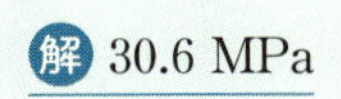
解 30.6 MPa

2-12 応力集中の問題

繰返し荷重を受ける穴あき帯板の厚さ

例題 1 幅$D = 80$ mm、中央に直径$d = 20$ mmの穴をもつ帯板鋼材に、5 kNの引張荷重と圧縮荷重が交互に作用している。材料の引張強さ410 MPa、降伏点260 MPa、疲労限度160 MPaとして安全に使用できる板厚を求めなさい。

・材料の強さと安全率から求めた許容応力σ_aを最大応力σ_{max}とする。

・形状係数α、平均応力σ_n、最大応力から厚さtを求める。

解答例

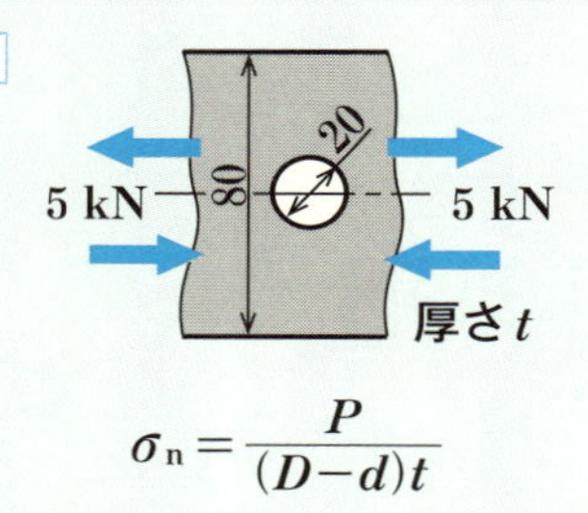

$$\sigma_n = \frac{P}{(D-d)t}$$

穴をもつ帯板

形状係数α

3

2.35

2

0 0.2 0.4 0.6 0.8 1.0

0.25

$\frac{d}{D}$

繰返し荷重なので疲労限度160 MPaを基準応力σ_sとする。
鋼材の交番荷重なので安全率Sを8とする。
形状係数のグラフから$\frac{d}{D} = \frac{20}{80} = 0.25$なので$\alpha = 2.35$とする。

安全率Sの式から

$$\sigma_a = \frac{\sigma_s}{S} = \sigma_{max} \cdots (1)$$ ← 許容応力を応力集中の最大応力とする

形状係数の式から

σ_{max}に式(1)を代入する

$$\alpha = \frac{\sigma_{max}}{\sigma_n} = \frac{\sigma_s}{S\sigma_n} \cdots (2)$$

平均応力の式から

$$\sigma_n = \frac{P}{(D-d)t} \cdots (3)$$

式(2)に式(3)を代入して　$\alpha = \frac{\sigma_s}{S\sigma_n} = \frac{\sigma_s(D-d)t}{SP}$

$$\therefore t = \frac{\alpha SP}{\sigma_s(D-d)} = \frac{2.35 \times 8 \times 5 \times 10^3}{160 \times (80-20)} = 9.8 \text{ mm}$$

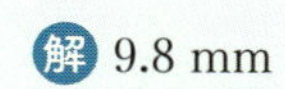

段付きのある帯板の丸み

例題 2 幅 $D = 120$ mm、幅 $d = 80$ mm、厚さ 5 mm の段付きのある帯板鋼に、12 kN の引張荷重が作用している。基準応力を 200 MPa として段付き丸み部分の半径 ρ を求めなさい。

- 許容応力 σ_a を最大応力 σ_{max} とする。
- 形状寸法から平均応力 σ_n を求め、形状係数 α を決定する。
- 形状係数 α から $\dfrac{\rho}{a}$ を求めて、段付き部の半径 ρ を求める。

解答例

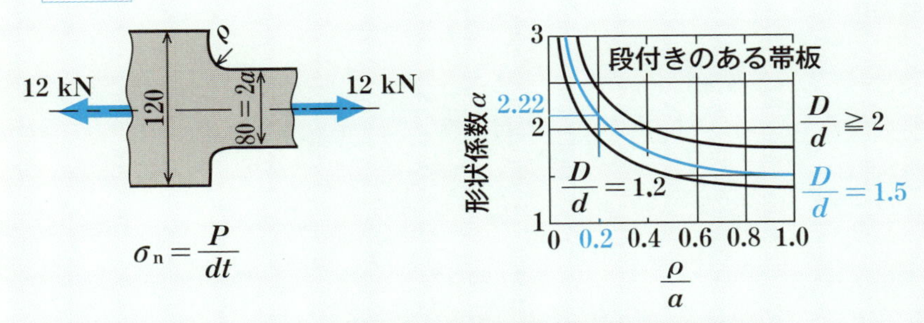

最大応力 σ_{max} と平均応力 σ_n から形状係数 α を求める。
基準応力 $\sigma_s = 200$ MPa。鋼、静荷重から安全率 $S = 3$ とする（安全率の表より）。

$$\sigma_a = \sigma_{max} = \frac{\sigma_s}{S} \cdots (1) \qquad \sigma_n = \frac{P}{dt} \cdots (2)$$

式 (1) と式 (2) から　　式 (1) を代入　　式 (2) を代入

$$\alpha = \frac{\sigma_{max}}{\sigma_n} = \frac{\sigma_s}{S}\frac{1}{\sigma_n} = \frac{\sigma_s}{S}\frac{dt}{P}$$

$$\alpha = \frac{\sigma_s\, dt}{SP} = \frac{200 \times 80 \times 5}{3 \times 12 \times 10^3} = 2.22$$

$\dfrac{D}{d} = \dfrac{120}{80} = 1.5$ と $\alpha = 2.22$ からグラフを読み、$\dfrac{\rho}{a}$ を 0.2 とする

$d = 2a$ から $80 = 2a$、$a = \dfrac{80}{2} = 40$

$\dfrac{\rho}{a} = 0.2$ から $\rho = 0.2a = 0.2 \times 40 = 8$ mm

解 8 mm

2-13 熱ひずみと熱応力

材料の変形や応力の原因となるものは、外力だけではありません。温度変化が材料に与える影響を考えます。

線膨張係数

材料は温度が上昇すれば膨張して、温度が低下すると収縮する体積変化を行います。材料の軸方向に変化する度合いを、単位温度あたりのひずみで表したものを**線膨張係数**αと呼びます。

▼ 金属材料の線膨張係数の例

材　料	$\alpha\,[\times 10^{-6}/\mathrm{K}]$	材　料	$\alpha\,[\times 10^{-6}/\mathrm{K}]$
鋼	11.3 ～ 11.6	鋳鉄	9.2 ～ 11.8
ステンレス鋼	9.9 ～ 17.3	アルミニウム	23.6

熱ひずみ

棒状の材料は、体積変化のほとんどが長さの変化になります。床に置いた長さlの棒材が、温度t_1からt_2への温度変化($t_2 - t_1 = \Delta t$)を受けると、線膨張係数αを比例定数としてΔtに比例した変形量λが生まれます。λをlで割った値を**熱ひずみ**εと呼びます。

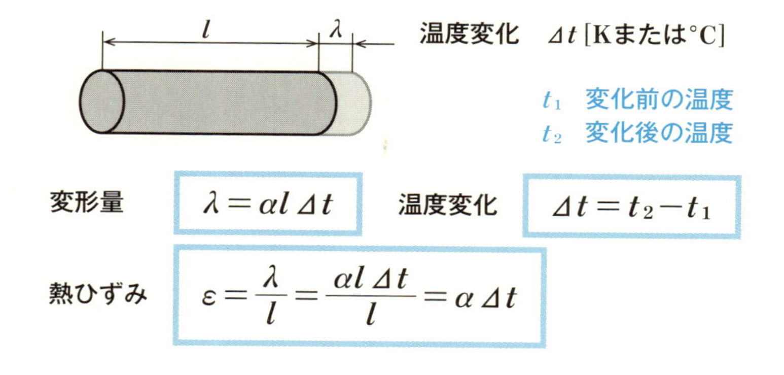

$$\varepsilon = \frac{\lambda}{l} = \frac{\alpha l \Delta t}{l} = \alpha \Delta t$$

熱応力

材料の両端を固定して、熱による自由な変形を拘束すると、本来の変形量が外力の作用と同じ効果を材料に与え、材料に応力が発生します。これを**熱応力**と呼びます。熱応力は、温度変化のある機械や構造体に発生し、拘束に応じた量が発生します。ただ拘束されないと熱応力は生じません。

断面積Aの材料の両端を固定して温度変化Δtを与えると、拘束された長さの変化分が材料に働く軸荷重Pとして作用し、垂直応力σ_0と弾性ひずみε_0が発生すると考えます。

垂直応力と縦弾性係数の定義から

垂直応力 $\sigma_0 = \dfrac{P}{A}$

縦弾性係数 $E = \dfrac{\sigma}{\varepsilon}$ **より**

弾性ひずみ $\varepsilon_0 = \dfrac{\sigma_0}{E} = \dfrac{P}{AE}$

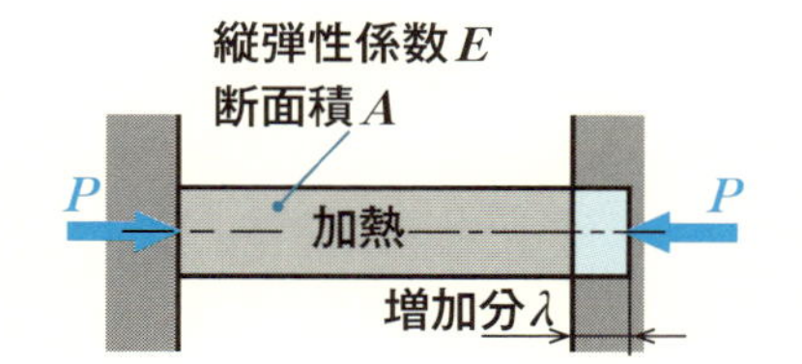

増加分λが荷重Pに圧縮されて弾性ひずみが生まれると考える

▲ 加熱による圧縮荷重

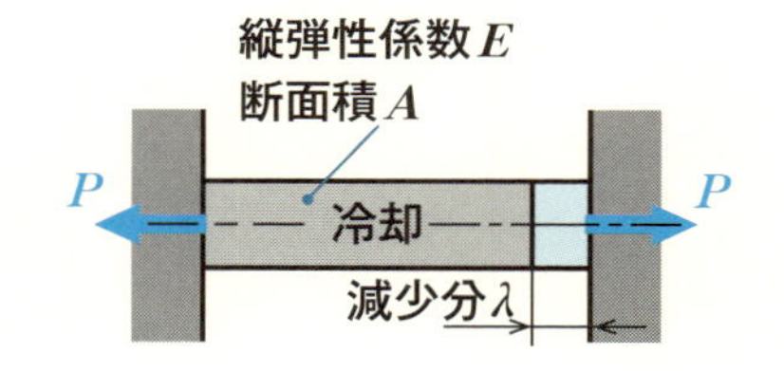

減少分λが荷重Pに伸ばされて弾性ひずみが生まれると考える

▲ 冷却による引張荷重

実際には材料の変形量はゼロですから、材料に発生する熱ひずみεと弾性ひずみε_0の和がゼロとして、材料に発生する熱応力σを次のように考えます。

熱ひずみ $\varepsilon = \alpha \Delta t$　　**弾性ひずみ** $\varepsilon_0 = \dfrac{P}{AE}$ **より**

$$\varepsilon + \varepsilon_0 = \alpha \Delta t + \frac{P}{AE} = 0 \qquad \therefore P = -\alpha \Delta t A E$$

$$\sigma = \frac{P}{A} = \frac{-\alpha \Delta t A E}{A} = -E\alpha \Delta t$$

熱応力 $\boxed{\sigma = -E\alpha \Delta t}$

加熱では、Δtが**正**ですから熱応力σは負になり、材料に**圧縮応力**が発生することを示します。冷却では、Δtが**負**で熱応力σは正になるので、**引張応力**が発生することを示します。

2-14 熱による伸縮と熱応力の問題

鉄道用レールの伸縮

例題 1 鉄道のレールは、温度変化によるレールの伸縮対策として、レールの継目に遊間と呼ぶ適当なすき間を設けています。
長さ25 mの定尺レールが温度45 ℃のとき、すき間がゼロで接しているとします。レールの伸縮は自由として、レール温度が−5 ℃のときの遊間とレール温度が55 ℃のときのレールに発生する応力を求めなさい。材料の縦弾性係数206 GPa、線膨張係数11.5×10^{-6}/Kとします。

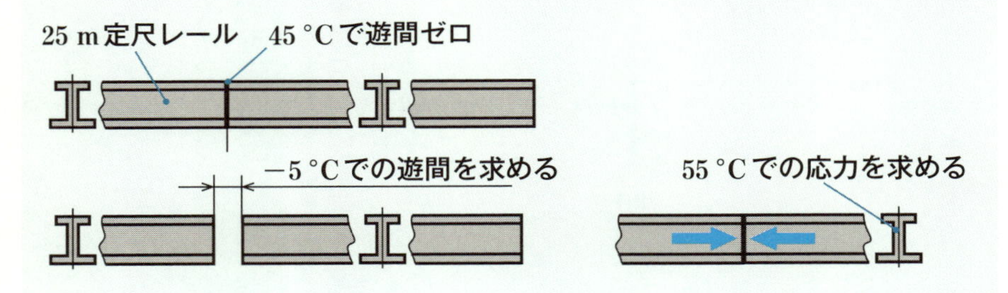

・温度低下によるレール1本の収縮量を、遊間の増加量とする。
・温度上昇によるひずみが拘束されて、圧縮応力を生む。

解答例

−5 ℃での遊間

変形量 $\lambda=\alpha l\,\Delta t=\alpha l(t_2-t_1)$ ← 25 mをmm単位にする

$=11.5\times10^{-6}\times25\times10^3\times(-5-45)=-14.4$ mm ← 負号は収縮を表す

（温度差は°Cのままで可）

55 ℃での応力

熱応力 $\sigma=-E\alpha\,\Delta t$

$=-206\times10^3\times11.5\times10^{-6}\times(55-45)=-23.7$ MPa ← 負号は圧縮応力

解 −5 ℃の遊間 14.4 mm、55 ℃の圧縮応力 23.7 MPa

伸縮する軸の応力

例題 2 間隔を固定した2つの剛体壁がある。伸縮できる段付き軸を一方の壁から通し他端を固定した。温度300 ℃のとき首下長さ1 mで壁と1 mmのすき間をもつ。軸の温度が200 ℃になったとき、軸はどうなるか答えなさい。材料の縦弾性係数206 GPa、線膨張係数 11.5×10^{-6}/Kとします。

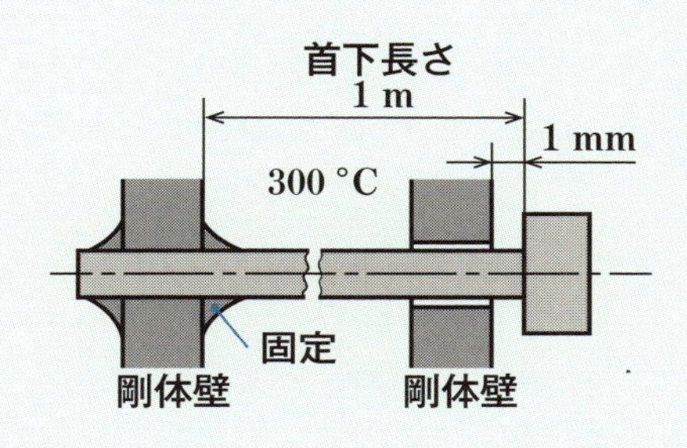

- 収縮量が1 mmになるときの温度t_2を求める。
- t_2が200 ℃に達しない場合は、さらに収縮し熱応力が発生する。
- t_2から200 ℃までの垂直応力を求める。

解答例

収縮量1 mmのときの温度t_2を求める

伸びを正、収縮を負として −1 mm

変形量　$\lambda=\alpha l(t_2-t_1)$　$\therefore t_2=t_1+\dfrac{\lambda}{\alpha l}$

$$=300+\frac{-1}{11.5\times10^{-6}\times1\times10^{3}}=213\ ^\circ\mathrm{C}$$

1 mm収縮したときの温度が200 ℃に達しないので、
$t_2=213$ ℃から$t_3=200$ ℃までの温度変化における熱応力を考える

熱応力　$\sigma=-E\alpha\,\Delta t=-E\alpha(t_3-t_2)$

$$=-206\times10^3\times11.5\times10^{-6}\times(200-213)=30.8\ \mathrm{MPa}$$

解 軸の収縮は拘束され、30.8 MPaの引張応力が発生する

2-15 熱を受ける組み合わせ部材の問題

2つの材質を組み合わせた部材の熱変形

例題 1 温度20 ℃で、①銅パイプと②鋼丸棒の両端を剛体板で固定して組み合わせた長さ500 mmの部材がある。全体の温度が100 ℃になったとき①と②に生じる応力を求めなさい。①と②の材質の諸元を表に示します。

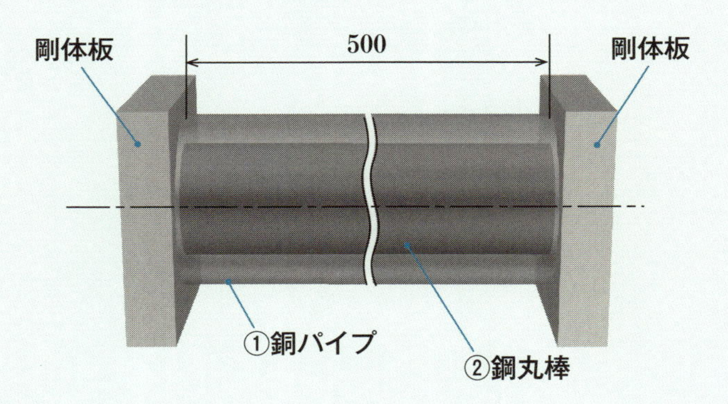

▼ ①銅パイプと②鋼丸棒の諸元

	①銅	②鋼
断面積 (mm^2)	$A_1 = 5000$	$A_2 = 3000$
縦弾性係数 (GPa)	$E_1 = 100$	$E_2 = 206$
線膨張係数 ($\times 10^{-6}$/K)	$\alpha_1 = 17.6$	$\alpha_2 = 11.5$

・①銅パイプと②鋼丸棒は拘束されているので、変形量が等しい。

・①銅パイプと②鋼丸棒の変形量は、自由変形量と拘束量の和。

・①銅パイプの軸力と②鋼丸棒の軸力の和はゼロでつり合う。

解答例

①銅パイプの変形量　$\lambda =$ ①銅パイプの自由変形量λ_1 + 拘束量λ_1'

②鋼丸棒の変形量　$\lambda =$ ②鋼丸棒の自由変形量λ_2 + 拘束量λ_2'

①と②が等しいのでこれを式に表すと

$$\boldsymbol{\lambda_1 + \lambda_1' = \lambda_2 + \lambda_2'} \quad \cdots (1)$$

それぞれの自由変形量を求める

$$\boldsymbol{\lambda_1 = \alpha_1 l \Delta t \quad \lambda_2 = \alpha_2 l \Delta t} \quad \cdots (2)$$

応力とひずみの関係から、それぞれの拘束量を求める

求めようとする熱応力が出てきた

$$\varepsilon = \frac{\lambda}{l} = \frac{\sigma}{E} \quad \therefore \lambda = \frac{\sigma}{E} l$$

$$\boldsymbol{\lambda_1' = \frac{\sigma_1}{E_1} l \quad \lambda_2' = \frac{\sigma_2}{E_2} l} \quad \cdots (3)$$

熱応力を求めるために式(1)に式(2)と式(3)を代入して整理する

$$\alpha_1 \cancel{l} \Delta t + \frac{\sigma_1}{E_1} \cancel{l} = \alpha_2 \cancel{l} \Delta t + \frac{\sigma_2}{E_2} \cancel{l}$$

応力を考えるとき、
長さは不要

$$\boldsymbol{\alpha_1 \Delta t + \frac{\sigma_1}{E_1} = \alpha_2 \Delta t + \frac{\sigma_2}{E_2}} \quad \cdots (4)$$

①銅パイプの軸力と②鋼丸棒の軸力がつり合うから

$$\sigma = \frac{P}{A} \quad \therefore P = \sigma A \text{から} \quad \sigma_1 A_1 + \sigma_2 A_2 = 0$$

垂直応力の定義

$$\therefore \boldsymbol{\sigma_2 = -\sigma_1 \frac{A_1}{A_2}} \quad \cdots (5)$$

式(5)を式(4)に代入してσ_2を消去し、σ_1を求める

$$\alpha_1 \Delta t + \frac{\sigma_1}{E_1} = \alpha_2 \Delta t - \frac{\sigma_1 A_1}{E_2 A_2}$$ σ_2が消去できた

σ_1を左辺に移項する

$$\frac{\sigma_1 A_1}{E_2 A_2} + \frac{\sigma_1}{E_1} = \alpha_2 \Delta t - \alpha_1 \Delta t$$

同類項を整理する

$$\sigma_1 \left(\frac{A_1}{E_2 A_2} + \frac{1}{E_1} \right) = \Delta t (\alpha_2 - \alpha_1)$$

$$\sigma_1 \frac{E_1 A_1 + E_2 A_2}{E_1 E_2 A_2} = \Delta t (\alpha_2 - \alpha_1)$$

$$\therefore \boldsymbol{\sigma_1 = \frac{E_1 E_2 A_2 \Delta t (\alpha_2 - \alpha_1)}{E_1 A_1 + E_2 A_2}} \quad \cdots (6)$$

式(6)を式(5)に代入してσ_2を求める

$$\sigma_2 = -\frac{E_1 E_2 A_2 \Delta t (\alpha_2 - \alpha_1)}{E_1 A_1 + E_2 A_2} \frac{A_1}{A_2}$$

$$\therefore \boldsymbol{\sigma_2 = -\frac{E_1 E_2 A_1 \Delta t (\alpha_2 - \alpha_1)}{E_1 A_1 + E_2 A_2}} \quad \cdots (7)$$

式(6)と式(7)に条件を代入してσ_1、σ_2を求める

$$\sigma_1 = \frac{100 \times 10^3 \times 206 \times 10^3 \times 3000 \times (100 - 20) \times (11.5 - 17.6) \times 10^{-6}}{100 \times 10^3 \times 5000 + 206 \times 10^3 \times 3000}$$

$$= -27.0 \text{ MPa}$$ 負号は圧縮応力

$$\sigma_2 = -\frac{100 \times 10^3 \times 206 \times 10^3 \times 5000 \times (100 - 20) \times (11.5 - 17.6) \times 10^{-6}}{100 \times 10^3 \times 5000 + 206 \times 10^3 \times 3000}$$

$$= 45.0 \text{ MPa}$$

別解

σ_1の値を式(5)に代入して

$$\sigma_2 = -\sigma_1 \frac{A_1}{A_2} = \frac{-27 \times 5000}{3000} = 45.0 \text{ MPa}$$

解 ①銅パイプ　圧縮応力27.0 MPa、②鋼丸棒　引張応力45.0 MPa

例題 2 例題1の組合わせ部材で、全体の温度が−10 ℃になったときの全体の変形量、部材①と部材②に生じる応力を求めなさい。

考え方
- 式(6)でσ_1、式(5)でσ_2を求めます。
- 式(3)で拘束量λ_1'を求めます。
- 式(2)で自由変形量λ_1を求めます。
- 式(1)で全体の変形量λを求めます。

解答例

式(6)からσ_1を求める

$$\sigma_1 = \frac{E_1 E_2 A_2 \Delta t(\alpha_2 - \alpha_1)}{E_1 A_1 + E_2 A_2}$$

$$= \frac{100 \times 10^3 \times 206 \times 10^3 \times 3000 \times (-10-20) \times (11.5-17.6) \times 10^{-6}}{100 \times 10^3 \times 5000 + 206 \times 10^3 \times 3000}$$

$= 10.1\ \mathrm{MPa}$ 引張応力

式(5)からσ_2を求める

$\sigma_2 = -\sigma_1 \dfrac{A_1}{A_2} = \dfrac{-10.1 \times 5000}{3000} = -16.8\ \mathrm{MPa}$ 圧縮応力

式(3)から拘束量λ_1'を求める

$$\lambda_1' = \frac{\sigma_1}{E_1} l = \frac{10.1 \times 500}{100 \times 10^3} = 0.05\ \mathrm{mm}$$

式(2)から自由変形量λ_1を求める

$$\lambda_1 = \alpha_1 l \Delta t = 17.6 \times 10^{-6} \times 500 \times (-10-20) = -0.26\ \mathrm{mm}$$

式(1)から全体の変形量λを求める

$$\lambda = \lambda_1 + \lambda_1' = -0.26 + 0.05 = -0.21\ \mathrm{mm}$$

解 全体の変形量　0.21 mm縮む

①銅パイプ　引張応力10.1 MPa、②鋼丸棒　圧縮応力16.8 MPa

2-16 薄肉円筒容器と球体容器

板厚が内径の約12%以下または外径の約10%以下の円筒を、薄肉円筒と呼びます。ガスなどの圧力流体を封入する容器を考えます。

フープ応力

容器に封入した流体の**圧力**を内圧と呼び、すべての方向に**等しい圧力**を及ぼします。内径D、内側の長さl、厚さtの薄肉円筒に封入した内圧pの流体は、軸と垂直な方向に内壁を引き離そうとする力P_rを与え、材料に引張応力σ_rが発生します。この応力を**フープ応力**と呼びます。

力P_rの大きさは、内圧pと内径D、長さlの長方形の面積の積で表され、材料は、この力を幅(厚さ)t、長さlの両側の長方形断面で受けます。

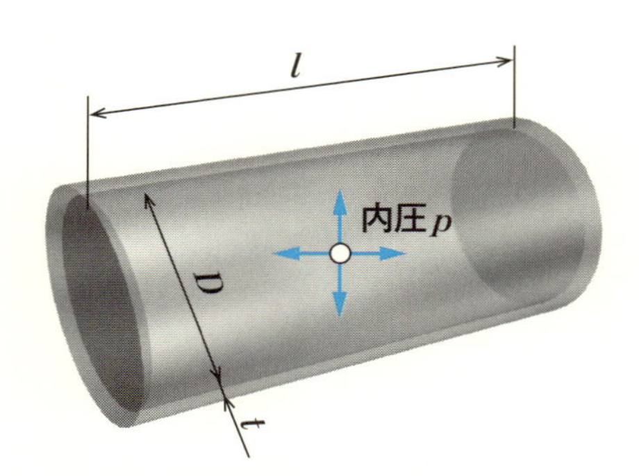

容器内の流体の圧力(内圧p)

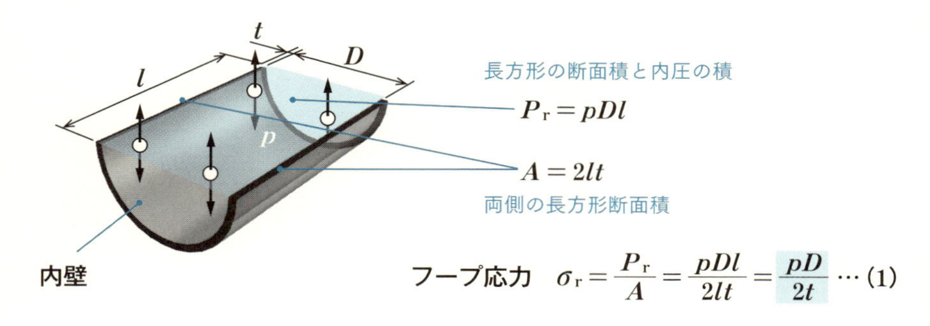

フープ応力　$\sigma_r = \dfrac{P_r}{A} = \dfrac{pDl}{2lt} = \dfrac{pD}{2t}$ ⋯ (1)

軸方向の応力

容器の軸方向には、両端の鏡板(かがみいた)を押す力P_zが発生します。力P_zの大きさは、内圧pと直径Dの鏡板の面積の積で、材料は、この力を軸に垂直な断面である直径Dの円周の長さπDと幅tの積で受けます。

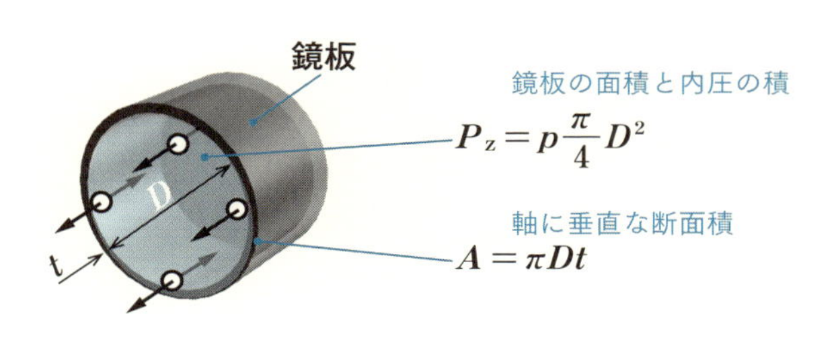

軸方向の応力

$$\sigma_z = \frac{P_z}{A} = p\frac{\pi}{4}D^2\frac{1}{\pi Dt} = \frac{pD}{4t} \cdots (2)$$

(フープ応力の半分)

球体容器の応力

内径D、厚さtの球体に内圧pの流体を密閉すると球体を半分に引き離そうとする力Pが発生します。力Pの大きさは、内圧pと直径Dの円の面積の積で、この力を直径Dの半球断面の円周の長さπDと幅tの積で受けます。薄肉円筒の軸方向に生じる応力と同じ式ができます。

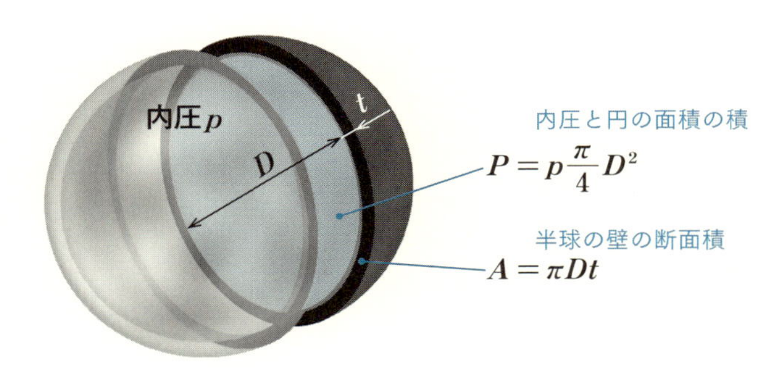

球体容器の応力

$$\sigma = \frac{P}{A} = p\frac{\pi}{4}D^2\frac{1}{\pi Dt} = \frac{pD}{4t} \cdots (3)$$

例題 1 圧力4 MPaの気体を封入する内径500 mmの円筒容器の厚さを求めなさい。許容引張応力を60 MPaとします。

解答例

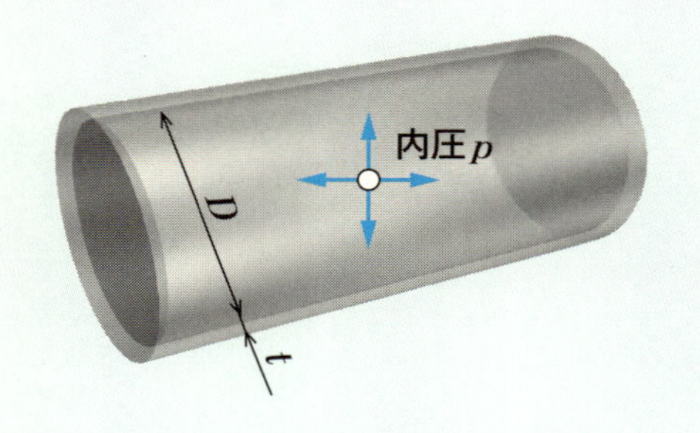

内圧$p = 4$ MPa
内径$D = 500$ mm
許容引張応力$\sigma_a = 60$ MPa

条件を薄肉円筒と仮定すると、式(1)と式(2)でフープ応力が大きいので、式(1)を使用して厚さtを算出する。

$$\sigma_a = \frac{pD}{2t} \qquad \therefore t = \frac{pD}{2\sigma_a} = \frac{4 \times 500}{2 \times 60} = 16.7 \text{ mm}$$

算出した板厚と内径を比較する。　$\dfrac{t}{D} = \dfrac{16.7}{500} \times 100 = 3.34\ \%$

板厚が内径の12 %以下なので薄肉円筒のフープ応力算出式が使用できる。

例題 2 内径500 mm、厚さ8 mmの薄肉球体容器に安全に封入できる気体の圧力を求めなさい。材料の許容引張応力を40 MPaとします。

解答例

式(3)からpを求めます。

$$\sigma = \frac{pD}{4t} \qquad \therefore p = \frac{4t\sigma}{D} = \frac{4 \times 8 \times 40}{500} = 2.56 \text{ MPa}$$

解 2.56 MPa

Column

圧力の大きさと圧力容器の形

皆さんは、例題2で求めた圧力2.56 MPaがどのような値か、見当が付きますか。圧力の身近な例として、自転車のタイヤには、多くの場合、適正空気圧300 kPaと表記されています。これは0.3 MPaです。自動車のタイヤの適正空気圧は、およそ0.2 MPa程度です。身近な圧力の例として覚えておきましょう。

また、圧力容器の形状には、スプレー缶や炭酸飲料の容器の底部のように丸みを付けたものが多く見られます。下図は筆者の愛用している小型コンプレッサーです。タンクの胴と溶接された皿形鏡板で丸みが作られています。2−12で説明したように、急激な形状変化を避けて応力集中を避けるための形です。

容器内壁の形状変化を最小にするものが球体です。ですから大型のガスタンクには球体が使われるのです。

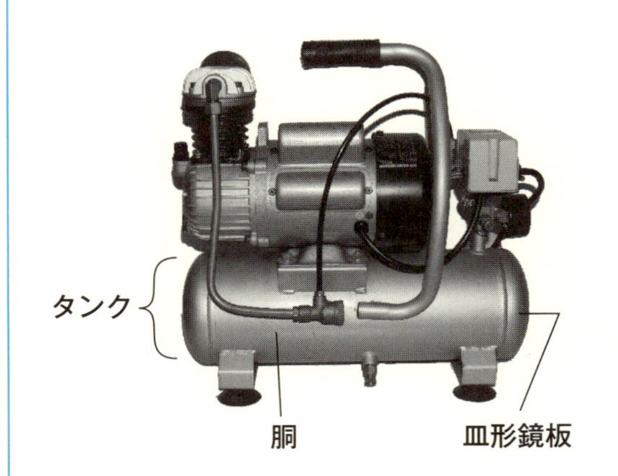

形状変化を緩やかにして
応力集中を避ける

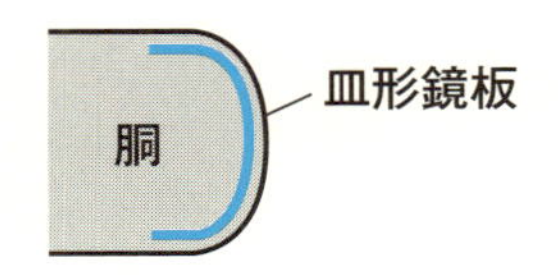

2-17 焼ばめと冷やしばめ

熱による金属の変形を利用して、軸状部品とリング状部品を組み付ける加工法について、薄肉円筒に生じるフープ応力と関連付けて考えます。

焼ばめ

軸よりも直径の小さな穴をもつ輪を加熱して、膨張させた穴に軸をはめあわせ、常温まで放熱させると穴が収縮して輪と軸が一体になります。このような加工法を**焼ばめ**と呼びます。

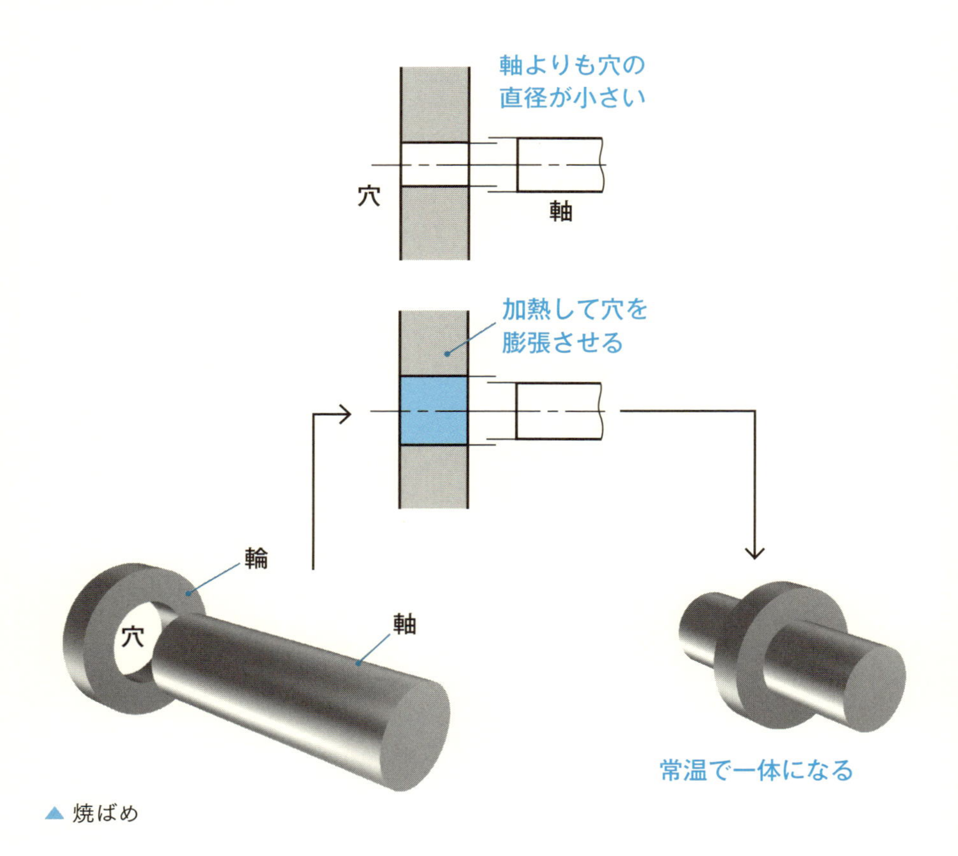

▲ 焼ばめ

冷やしばめ

穴径が極端に小さい輪を加熱すると輪の体積膨張が穴径を収縮させ、はめあわせができない場合があります。このようなとき、軸を冷却して収縮させた軸と穴をはめあわせ、常温に戻すと軸が膨張して輪と軸が一体になります。このような加工法を**冷やしばめ**と呼びます。

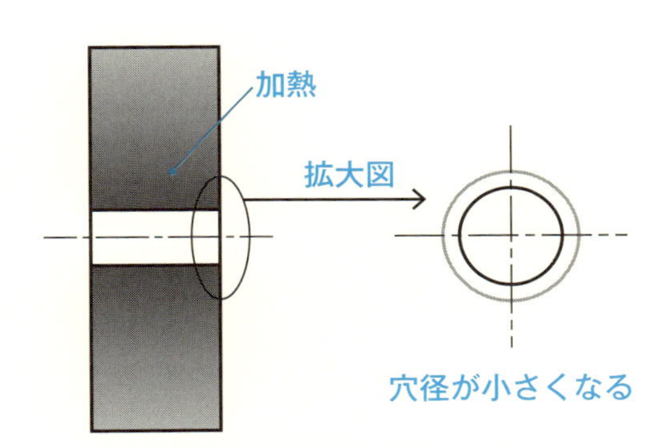

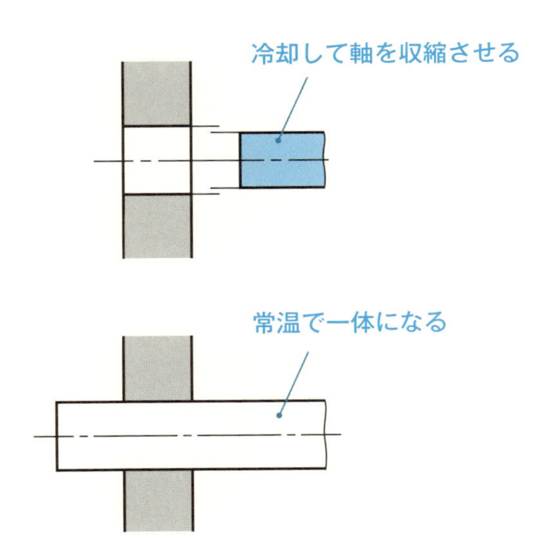

▲ 冷やしばめ

例題 内径80 mm、厚さ8 mmの中空軸の端部に、段付き軸を焼ばめではめあわせたい。軸のはめあわせ部分の直径と、焼ばめ後の中空軸と段付き軸の接合面に発生する圧力を求めなさい。中空軸の縦弾性係数206 GPa、許容引張応力40 MPaとします。

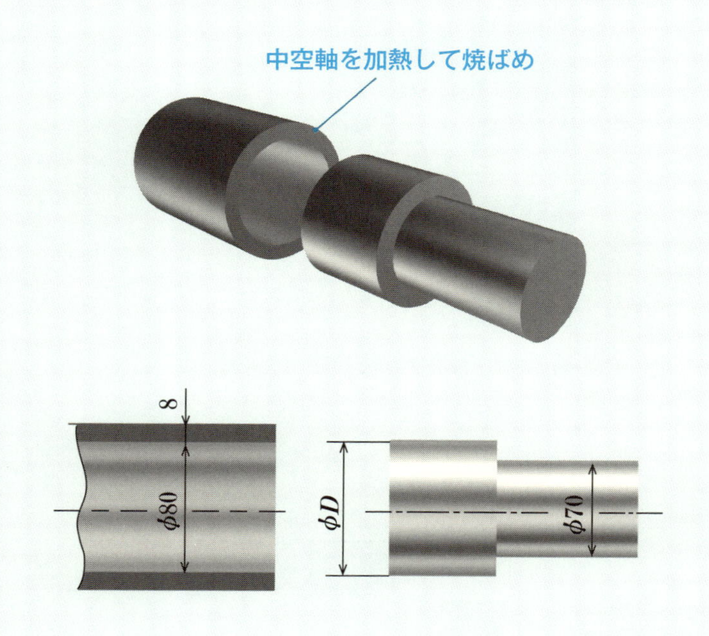

考え方

- 許容引張応力は、中空軸の内径がDになるときの応力と考える。
- 組み付け後の接合面の圧力は、薄肉円筒のフープ応力を適用する。
- 中空軸の内径をdとする。dの膨張量をδとする。

解答例

中空軸の膨張量$\delta=D-d$から応力を考える

横ひずみ

$$\varepsilon=\frac{\delta}{d}=\frac{\sigma_a}{E} \qquad \delta=D-d$$

$$\therefore \frac{\delta}{d}=\frac{D-d}{d}=\frac{D}{d}-1=\frac{\sigma_a}{E}$$

※この関係式を変形する

$$\frac{D}{d}=\frac{\sigma_a}{E}+1=\frac{\sigma_a+E}{E}$$

$$\therefore D=\frac{d(\sigma_a+E)}{E}$$

条件を代入して

$$D=\frac{80\times(40+206\times10^3)}{206\times10^3}=80.016\ \mathrm{mm}$$

接合面の圧力を内圧を受ける薄肉円筒のフープ応力から求める

$$\sigma_a=\frac{pD}{2t} \qquad \therefore p=\sigma_a\frac{2t}{D}=\frac{40\times2\times8}{80.016}=8.0\ \mathrm{MPa}$$

解 はめあわせ部分の直径　80.016 mm、接合面の圧力　8.0 MPa

練習問題

問題 1 **引張強さ410 MPaの材料で安全率5として、30 kNの圧縮荷重を受ける鋼製丸棒の直径を求めなさい。**

・圧縮荷重と引張荷重は軸荷重なので、引張強さを基準応力として使用できます。

・丸棒の断面積は直径で表します。

問題 2 **20 kNのせん断荷重を受ける断面寸法15 mm×40 mmの鋼板に発生するせん断ひずみを求めなさい。横弾性係数を80 GPaとします。**

・応力、ひずみ、弾性係数の関係は、軸荷重もせん断荷重も同じです。

・弾性領域内でのせん断ひずみは、極めて小さな値です。

問題 3 **温度20 ℃のとき、直径25 mmの鋼製丸棒の両端を間隔100 mmの剛体壁に固定した後、棒の温度が60 ℃になった。このときの熱応力と丸棒が壁に及ぼす力を求めなさい。線膨張係数 11.3×10^{-6}/K、縦弾性係数206 GPaとします。**

・熱応力の算出式に、長さは不要です。

・材料の内力は、応力と断面積の積です。

問題 4 **幅100 mm、厚さ6 mm、中央に直径18 mmの穴をもつ引張り荷重を受ける帯板で、発生する最大応力を40 MPaとしたい。応力集中を考慮して、加えることのできる最大荷重を求めなさい。**

・材料寸法から形状係数を求めます。

・次に平均応力を求め、平均応力の計算式から荷重を求めます。

解答例

解答1

$$\sigma_a = \frac{P}{A} = \frac{4P}{\pi d^2} = \frac{\sigma_s}{S}$$

$$\therefore d = \sqrt{\frac{4PS}{\pi \sigma_s}} = \sqrt{\frac{4 \times 30 \times 10^3 \times 5}{\pi \times 410}} = 21.6\ \text{mm}$$

解 21.6 mm

解答2

せん断応力　$\tau = \dfrac{P}{A} \cdots (1)$　　横弾性係数　$G = \dfrac{\tau}{\gamma} \cdots (2)$

式(1)と式(2)から $G = \dfrac{P}{A\gamma}$　$\therefore \gamma = \dfrac{P}{AG} = \dfrac{20 \times 10^3}{15 \times 40 \times 80 \times 10^3}$

$$= 4.17 \times 10^{-4} = 0.0417\ \%$$

解 4.17×10^{-4}、0.0417 %

解答3

熱応力　$\sigma = -E\alpha \Delta t = -206 \times 10^3 \times 11.3 \times 10^{-6} \times (60-20)$

$= -93.1$ MPa（圧縮応力）

壁に及ぼす力　$P = A\sigma = \dfrac{\pi d^2}{4}\sigma = \dfrac{\pi \times 25^2}{4} \times 93.1 = 45.7 \times 10^3\ \text{N}$

解 圧縮応力 93.1 MPa　壁に及ぼす力 45.7 kN

解答4

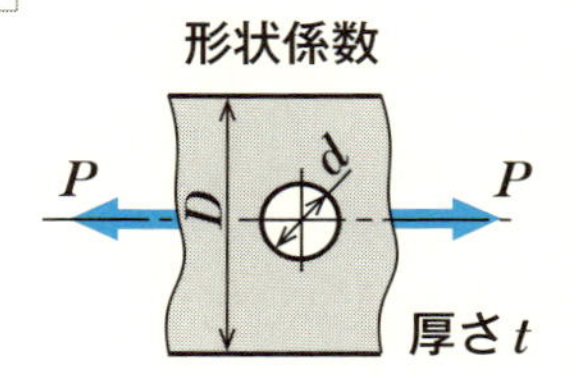

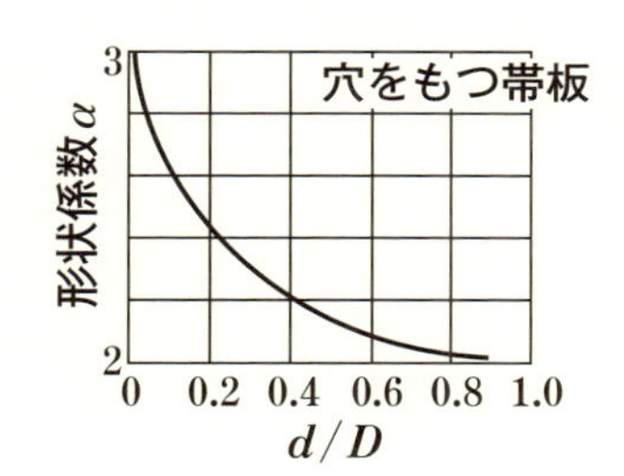

$$\sigma_n = \frac{P}{(D-d)t}$$

形状係数のグラフから $\dfrac{d}{D} = \dfrac{18}{100} = 0.18$ なので $\alpha = 2.46$ とする

$\alpha = \dfrac{\sigma_{max}}{\sigma_n}$ から平均応力 $\sigma_n = \dfrac{\sigma_{max}}{\alpha} = \dfrac{40}{2.46} = 16.3\ \text{MPa}$

$\sigma_n = \dfrac{P}{(D-d)t}$　$\therefore P = \sigma_n(D-d)t = 16.3 \times (100-18) \times 6 = 8020\ \text{N}$

解 8020 N

Column

「数値を体感しよう」

材料力学で扱う数値計算は、私たちの日常で、意外と体感することができます。ペットボトルと自転車のスポークの2つの例を考えてみます。

2リットルのペットボトルを、表面積100 mm×100 mmの板に載せて段ボール箱の上におけば何も起きません。ここで、板を先端にキリを付けた差し替えドライバーに換えてペットボトルを静かに支えると、たちまち段ボールに穴が開いてキリが沈み込みます。

子供に見せるデモンストレーションならば、これで終わりですが、第2章の終りに、これを数値計算してみてはいかがでしょうか。

ペットボトルと板の質量を合計2 kg。板を置いたのは、ペットボトルの底面が平面ではないので、接触面積を明確にするためです。キリの質量もペットボトルと合計2 kg。先端は、ほとんど点なので面積は難しいですが、0.3 mm×0.3 mmと仮定します。

もう一つは、自転車のスポークを1本取り出して、静かにぶら下がることができるとすると、どれほどの体重の人まで支えることができるでしょう。スポークの直径を2 mm、引張強さ450 MPaとします。すると、およその体重144 kg、大人2人分です。

さて、ペットボトルの計算ですが、σ板 = 1.96 kPa、σキリ = 218 MPaです。筆者は、6本入りペットボトルの段ボールを使いました。

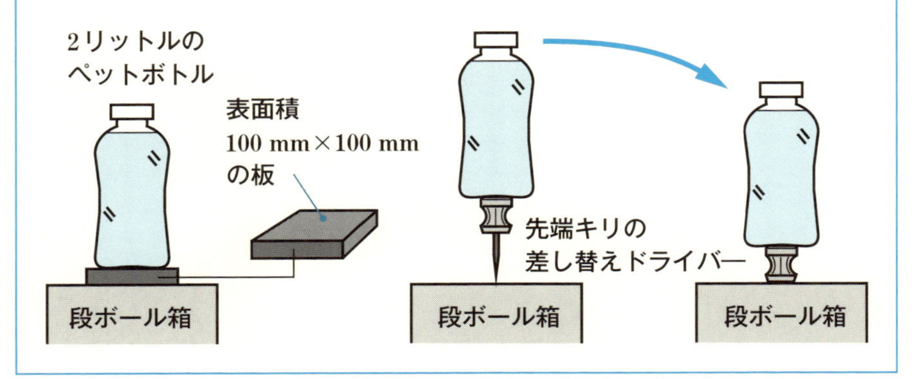

3章 はりと線図

棒状材料を曲げようとする荷重を受ける構造材をはりと呼びます。はりの問題は、最終的な本題に達するまでに解決しなければならない、いくつかの事柄があります。本章では、その前半となるせん断力図と曲げモーメント図のつくり方を説明します。

3-1 はりの種類と表し方

材料を曲げようとする曲げ荷重を受ける細長い部材を、はりと呼びます。はりの基本的な種類と表し方を考えます。曲げ荷重を W とします。

基本的なはり

荷重を受けるはりを支持する方法から、次のように分類します。

- **両端支持はり**……両端にある支点の間で荷重を受けるはり。単純支持はりとも呼ばれます。
- **片持ちはり**………一端を固定して荷重を受けるはり。

荷重には次のような種類があります。

- **集中荷重**…………一点または、一点とみなせる範囲に作用する荷重。
- **分布荷重**…………ある範囲に不規則に分布する荷重。
- **等分布荷重**………ある範囲に長さあたりに等しく分布する荷重。

支点の表し方

支点の支持方法には次のものがあります。一般に、支点は単純化して表します。本書でも簡略化した図示方法を使用します。

- **回転支点**…………支持点を中心に回転できるが移動できない支持方法。
- **移動支点**…………回転とともに、移動できる支持方法。
- **固定支点**…………回転も移動もしない、完全に固定する支持方法。

静定はり

両端支持はりと**片持ちはり**は、はりの形状と荷重条件が決まると、「力のつり合い」と「力のモーメントのつり合い」から、問題を解決することができます。このようなはりを**静定はり**と呼びます。

静定はりには、他の種類もあります。初めに**両端支持はり**と**片持ちはり**で基本的な解法を理解してから考えましょう。

▼ 基本的なはりの種類と荷重

	両端支持はり （単純支持はり）	片持ちはり
集中荷重		
分布荷重		
等分布荷重		

● 支点の種類

● 本書の、はりと支点の図示方法

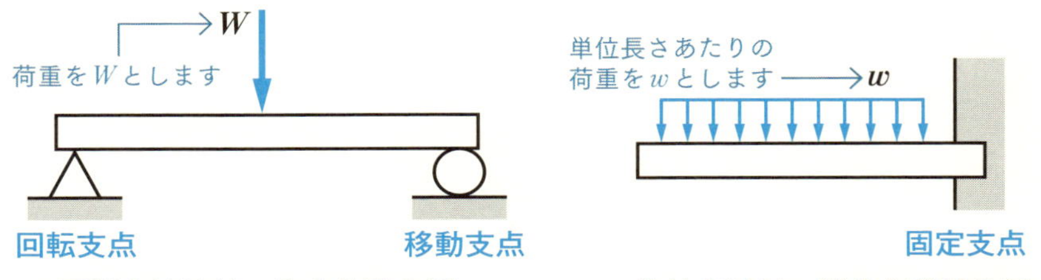

3-2 はりの解き方

はりの問題は、求める事柄が多いので順を追って考えましょう。力のつり合いと、モーメントのつり合いがポイントです。

両端支持はりの例

回転支点と移動支点で水平に支えた両端支持はりに、鉛直下向きの荷重が作用すると、はりは拘束されずに自由に変形できるので、荷重がはりに与える影響だけを考えることができます。これが**静定はり**です。

支点反力

両端支持はりの固定支点Aと移動支点Bは、**基礎**に支えられています。はりに外力として荷重 Wが作用すると、荷重は支点を介して基礎で受け止められます。基礎は、荷重 Wの反作用として、荷重と反対の向きの**反力**を支点からはりに与えます。支点に生じる反力を**支点反力**と呼び、はりにとっては外力となります。

図のように、支点反力 R_A と支点反力 R_B の和が荷重 Wとつり合って、はりは静止しています。

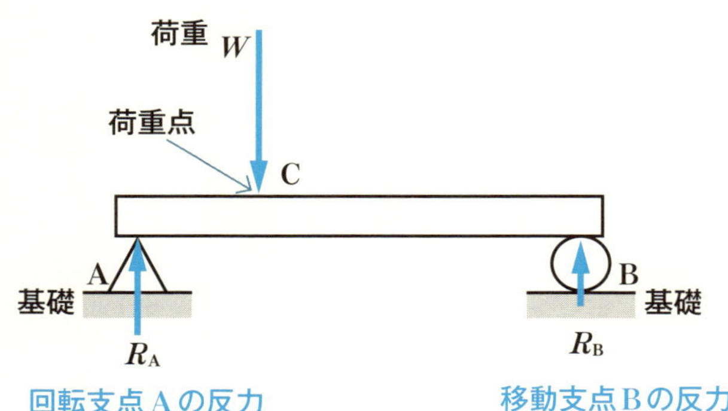

支点反力 R_A と R_B の和が荷重 Wとつり合う

$$R_A + R_B = W$$

回転支点と移動支点の組み合わせで、はりの変形を拘束しない静定はりができる。

▲ 支点反力

せん断力

荷重と支点反力の外力を受けながら静止状態を保っているはりでは、すべての任意の仮想断面の左右に、同じ大きさで平行逆向きの内力が生まれます。図のように、仮想断面の左右に生まれる内力は材料をせん断しようとするので、はりの内部には**せん断力**が発生します。

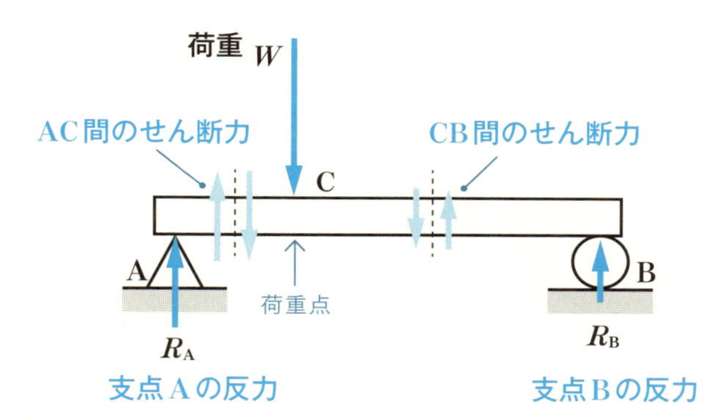

荷重と支点反力が外力として働き、はりの内部に**せん断力**が生まれる。

▲ せん断力

曲げモーメント

はりに作用する外力は、はりを回転させようとする力のモーメントを生みます。はりの内部では、すべての任意の仮想断面で反作用として逆向きのモーメントが発生します。はりの内部に生まれるモーメントは、はりが回転しないように静止させると同時に、はりを曲げるように働くので、曲げモーメントと呼びます。

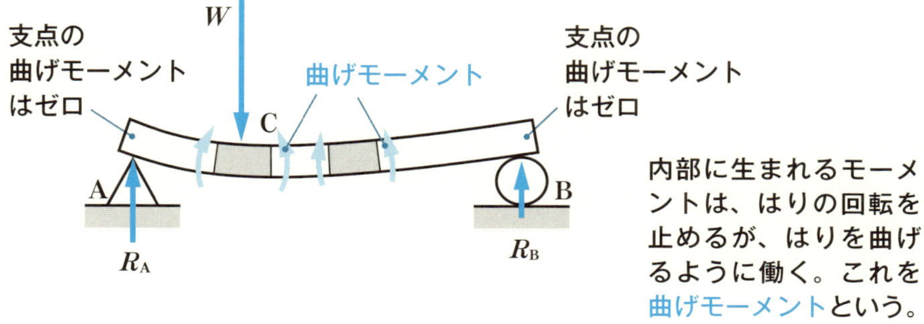

▲ 曲げモーメント

3-3 支点反力

はりの問題は、支点反力を求めることから始まります。力のつり合いと力のモーメントのつり合いに慣れましょう。

両端支持はりの支点反力

支点間の距離を**スパン**と呼びます。スパンl、支点Aから距離l_1の点に集中荷重Wが作用する両端支持はりの支点反力R_A、R_Bを求めます。

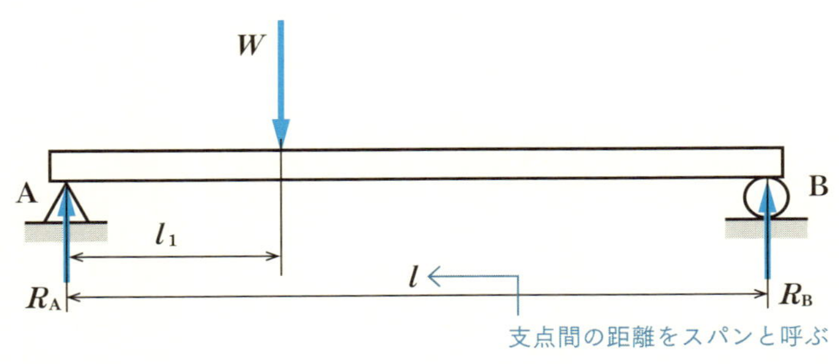

▲ はりの条件

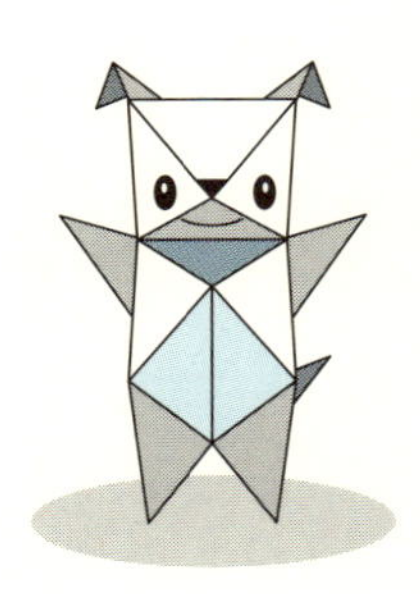

はりの静止条件

はりが静止するとは、変形しても、**移動も回転もしない**ということです。

はりが移動しない条件は、はりに作用する鉛直下向きの荷重と、鉛直上向きの支点反力の合計がゼロ、つまり**力の総和がゼロ**ということです。

荷重と支点反力は、はりを回転させようとする力のモーメントを生みます。はりが回転しないということは、はりに働く**力のモーメントの総和がゼロ**ということです。

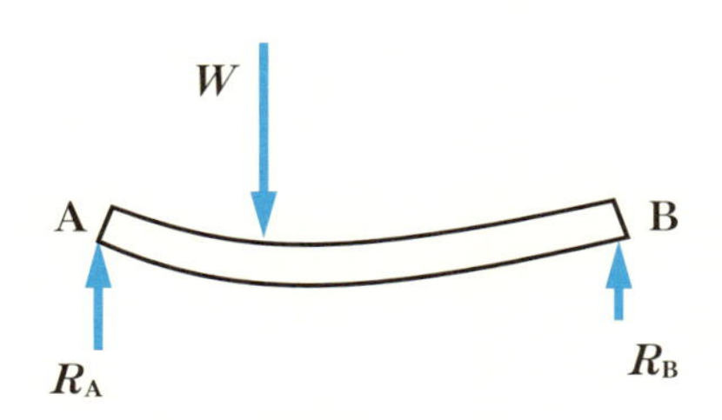

力の総和がゼロ
のとき移動しない

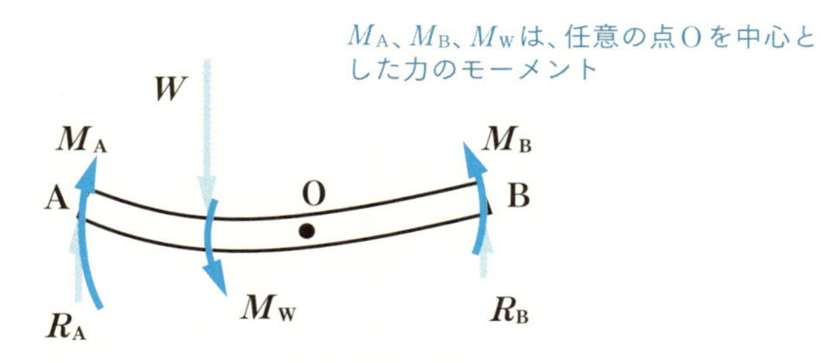

力のモーメントの総和がゼロ
のとき回転しない

▲ はりの静止条件

支点反力の計算の方法

力の総和がゼロ、力のモーメントの総和がゼロ、という2つの条件から、支点反力を求めます。ここでは、下向きの力を＋、反時計回りのモーメントを＋として、支点Aをモーメントの基準とします。

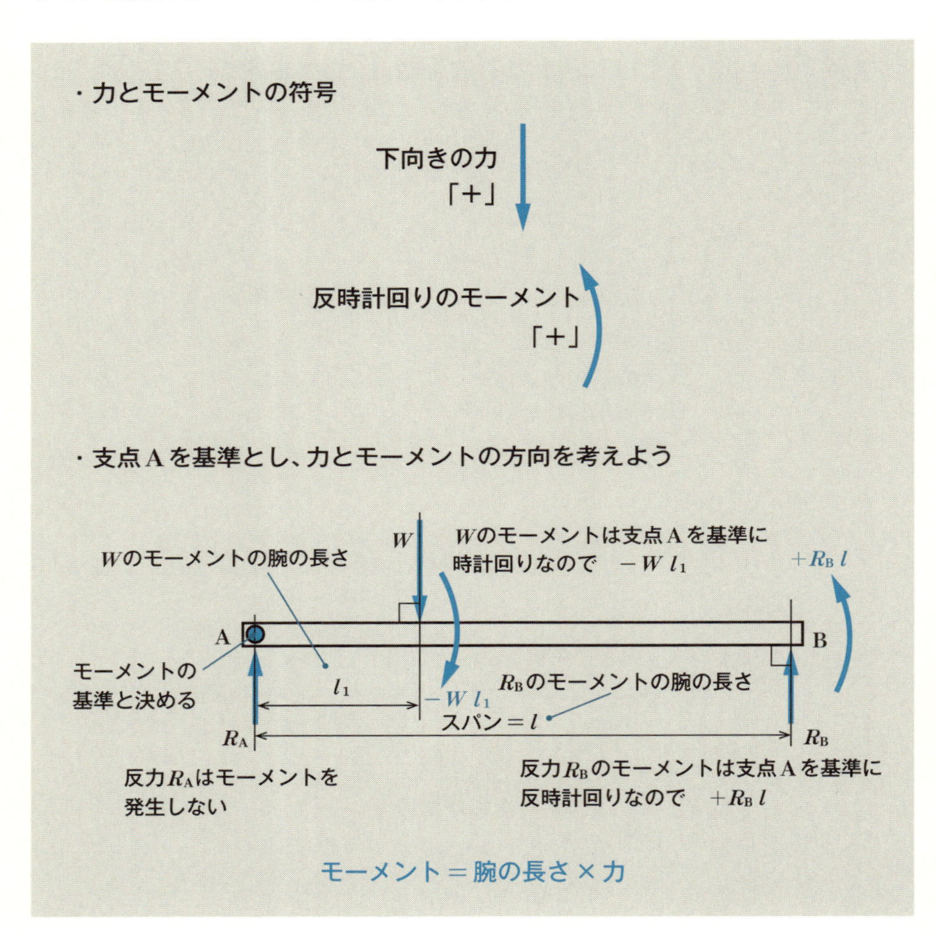

①力の総和がゼロから

下向きを＋としたので、上向きの支点反力は－。

↓

$$-(R_A + R_B) + W = 0$$

上向きの力と下向きの力を足すとゼロになるとして式をたてる。

$$\therefore R_A + R_B = W \quad \cdots (1)$$

上向き　上向き　下向き

← 力の総和がゼロということは、上向きの反力と下向きの荷重がつり合うということです。

② 支点Aを基準 として力のモーメントの総和がゼロから

基準は、任意の点に取れます。

$$R_A\,0 - W\,l_1 + R_B\,l = 0$$

↑ 支点Aを基準とすると、支点反力 R_A の腕の長さがゼロになり、モーメントを1つ消すことができます。

$$\therefore -W\,l_1 + R_B\,l = 0 \cdots (2)$$

時計回り　反時計回り

③式（2）から支点Bの反力 R_B を求める

$$R_B\,l = W\,l_1$$

$$\therefore R_B = \frac{W\,l_1}{l} \quad \cdots (3)$$

④式（1）から支点Aの反力 R_A を求める

式（3）の算出値を、式（1）に代入します。

$$R_A = W - R_B \quad \cdots (4)$$

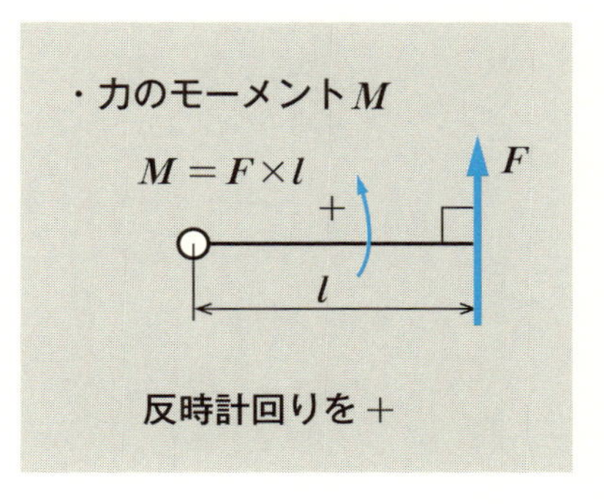

3-4 支点反力を求める

複数の荷重を受ける両端支持はりの支点反力

複数の集中荷重 (W_1、W_2、W_3) を受ける両端支持はりの支点反力を求めます。

支点反力の計算

下向きの力を＋、反時計回りのモーメントを＋として、支点Aを基準とします。力の総和と力のモーメントの総和がゼロより、支点Bの反力 R_B を求めてから支点Aの反力 R_A を求めます。

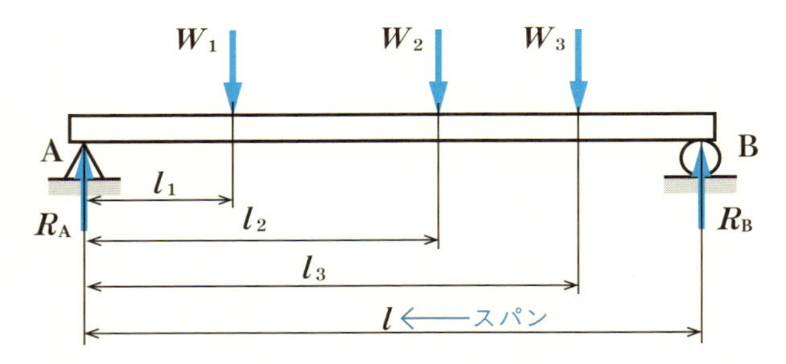

①力の総和がゼロと、支点Aを基準として力のモーメントの総和がゼロから

すべての外力と、モーメントのつり合いを取ります。

$$\begin{cases} R_A + R_B = W_1 + W_2 + W_3 & \cdots (1) \\ -(W_1 l_1 + W_2 l_2 + W_3 l_3) + R_B l = 0 & \cdots (2) \end{cases}$$

(1) 外力のつりあい。
(2) モーメントのつり合い。

②式 (2) から支点Bの反力 R_B を求める

$$R_B = \frac{W_1 l_1 + W_2 l_2 + W_3 l_3}{l} \qquad \cdots (3)$$

支点反力 R_B

③式 (1) から支点Aの反力 R_A を求める

$$R_A = W_1 + W_2 + W_3 - R_B \qquad \cdots (4)$$

支点反力 R_A

例題 1 次の両端支持はりの支点反力を求めなさい。力のベクトルの長さは概略です。

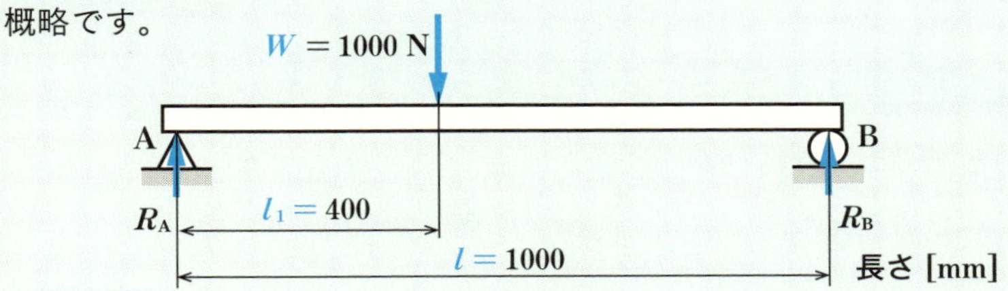

解答例

①力のモーメントの総和がゼロなので

式(3)より $R_B = \dfrac{W l_1}{l} = \dfrac{1000 \times 400}{1000} = 400\ \text{N}$

②力の総和がゼロなので

式(4)より $R_A = W - R_B = 1000 - 400 = 600\ \text{N}$

解 $R_A = 600\ \text{N}$、$R_B = 400\ \text{N}$

例題 2 複数の集中荷重の場合の両端支持はりの支点反力を求めなさい。力のベクトルの長さは概略です。

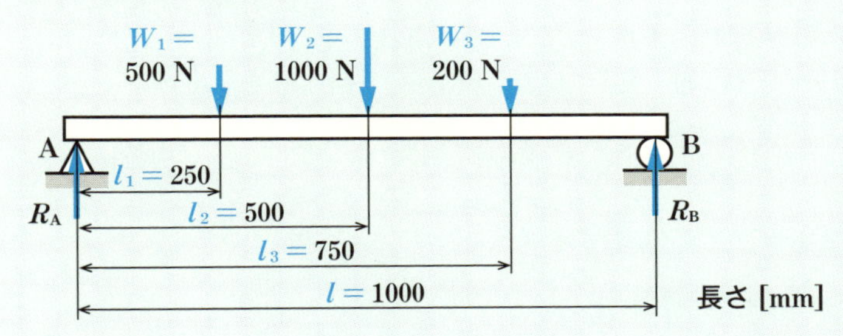

解答例

①力のモーメントの総和がゼロなので

式(3)より $R_B = \dfrac{W_1 l_1 + W_2 l_2 + W_3 l_3}{l}$

$= \dfrac{500 \times 250 + 1000 \times 500 + 200 \times 750}{1000} = 775\ \text{N}$

②力の総和がゼロなので

式(4)より $R_A = W_1 + W_2 + W_3 - R_B = 500 + 1000 + 200 - 775$

$= 925\ \text{N}$

解 $R_A = 925\ \text{N}$、$R_B = 775\ \text{N}$

3 はりと線図

3-5 せん断力

荷重と支点反力は、はりに対して垂直に作用する外力です。これらの外力によって、はりの内部に生まれるせん断力を求めます。

集中荷重を受ける両端支持はりの例

集中荷重1つを受ける両端支持はりの水平方向右向きを＋として、左側の支点Aから＋方向に支点Bまで移動する「仮想断面x－x′」を考えます。下向きの力を正として、荷重$+W$、支点反力$-R_A$、$-R_B$とします。

せん断力の大きさと向き

「断面x－x′」で切断した左右の部材ごとに、力のつり合いを考えます。集中荷重1つを受ける両端支持はりでは、図のように荷重点Cの左側のせん断力F_{AC}の大きさはR_A、荷重点の右側のせん断力F_{CB}の大きさはR_Bになります。

ここで、仮想断面をつなげて、せん断力F_{AC}とF_{CB}を観察すると、2つのせん断力の組み合わせの向きが逆になっていることが分かります。

せん断力の大きさは、図のように力のつり合いから求めることができますが、組み合わせの向きの違いを示す符号は現れません。

●集中荷重を受ける両端支持はり

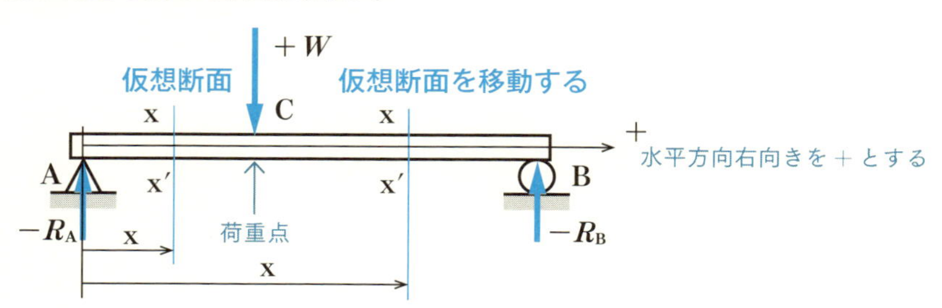

そこで、仮想断面を基準に右向きを正とした座標軸を考えます。そして、断面の左側の内力に「－」をかけて符号を反転してみます。すると$-F_{AC}$は、F_{AC}とな

り、F_{CB}は、$-F_{CB}$になります。

この規則性を利用して、断面の左側が上向きで右側が下向きのせん断力の組合せを**正のせん断力**、その逆を**負のせん断力**と決めます。

● **荷重点の左側AC間のせん断力F_{AC}を求める**

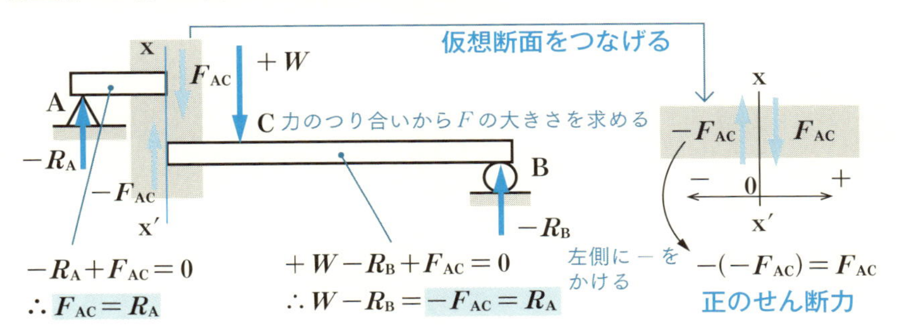

せん断力F_{AC}の大きさは支点反力R_Aと等しいが、組み合わせの向きの符号は現れない

● **荷重点の右側CB間のせん断力F_{CB}を求める**

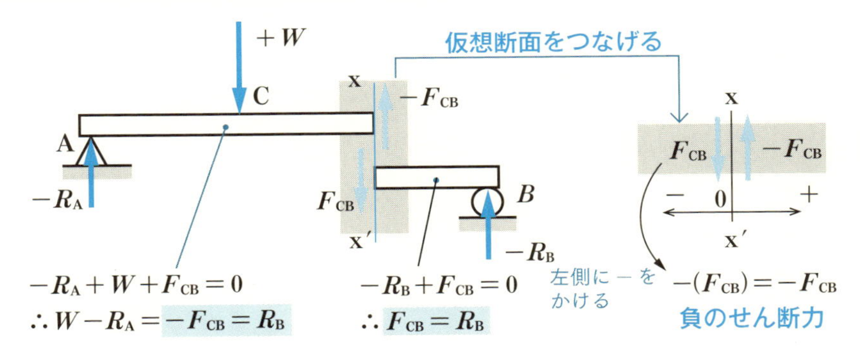

せん断力F_{CB}の大きさは支点反力R_Bと等しいが、組み合わせの向きの符号は現れない

せん断力の符号

以上のことから、仮想断面の左側の外力の合計が上向きで、右側の外力の合計が下向きになるときのせん断力を「＋」として、逆になる場合を「−」とする符号が、一般的に使用されています。

●せん断力の符号

仮想断面の左側が上向きで右側が下向きの力の組合わせを＋とする

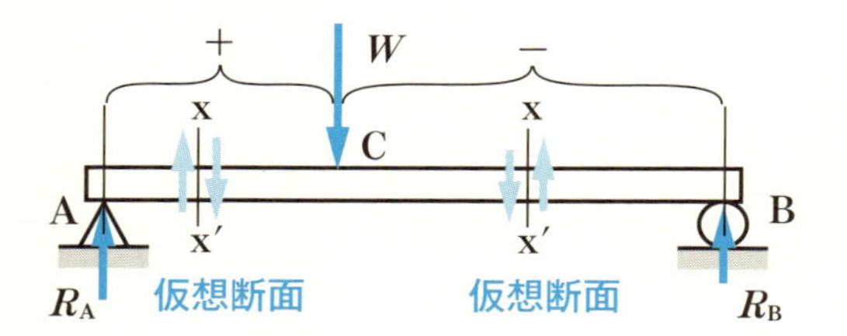

外力に挟まれた区間で、せん断力の符号と大きさは一定。

●せん断力は、ずれを与える力

せん断力を示す矢印が、互いに逆向きになるので材料を回転させるように見えるかもしれません。しかし、はりは支点に支えられて、移動も回転もしません。

せん断力は、材料にずれだけを与えます。

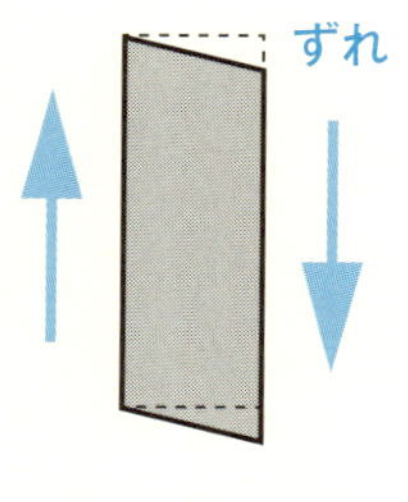

正のせん断力

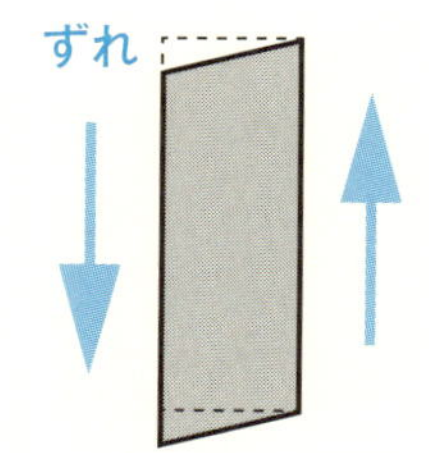

負のせん断力

Column

力の量記号

計算式は、面積A、垂直応力σなどのように、量を文字に置き換えて表します。この文字を量記号と呼びます。

材料力学で必ず必要となる力の量記号について考えると、2章で材料に作用する荷重を表す量記号Pを使いました。3章では、はりに作用する荷重を表す量記号Wを使って説明しています。そして、これまでの説明の中で、力を表す量記号としてFも使用しています。これらの量記号の使い分けには、絶対的なルールはありません。

2章では、軸荷重などのように、おもに材料の素材に作用する外力をPとしました。筆者は個人的に、Push（押す）、Pull（引く）の頭文字かなと思っています。

3章では、物体の重量や分布荷重など、はりに作用する鉛直下方に働く荷重をWとしています。Weight（重量）の頭文字が通説です。

量記号Fは、はりのせん断力や自転車のペダルを踏む力などに使用しています。Fは、Force（力）の頭文字が通説です。

SIでは、単位記号を制定していますが、具体的な量記号については触れていません。

JISでは、以前に、力F、重量G、P、Wの量記号（JIS Z8202:1985）があったのですが、現在では、改訂が加えられて力F、重量$F g$、Q(JIS Z800−4:2014)となっています。

本書は、機械工学系の材料力学を考えています。建築構造系の材料力学では、機械工学系とは異なる量記号も使われています。

3-6 せん断力を求める

3-5で考えたように、下向きの力を＋、仮想断面の左側の外力の総和に－をかけて、はりのせん断力Fを求めます。

例題 1　1つの集中荷重を受ける両端支持はり

図のように、支点反力R_AとR_Bを3－4の式(3)と式(4)より求めます。次に、支点Aから荷重点Cまでのせん断力F_1は、任意の仮想断面の左側で支点反力R_A（＝－600）、右側は荷重（＝1000）と支点反力R_B（＝－400）の和で、＋600 Nです。

荷重点Cから支点Bまでのせん断力F_2は、任意の仮想断面の左側で支点反力R_A（＝－600）と荷重（＝1000）の和、右側が支点反力R_B（＝－400）で、－400 Nです。

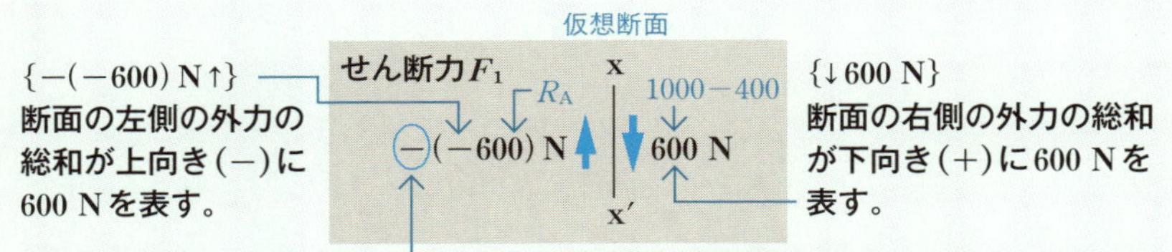

解答例　集中荷重1つ

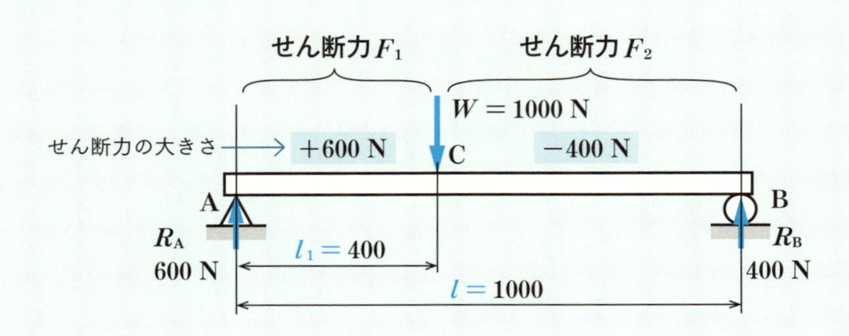

式(3)より

$$R_B = \frac{W\,l_1}{l} = \frac{1000 \times 400}{1000} = 400\ \mathrm{N}$$

式(4)より

$$R_A = W - R_B = 1000 - 400 = 600\ \mathrm{N}$$

せん断力F_1(荷重点の左の断面)

R_A → $-(-600)$ N ↑ | ↓ 600 N ← 1000−400 (x–x′)

せん断力F_2(荷重点の右の断面)

−600＋1000 → $-(400)$ N ↓ | ↑ −400 N ← R_B (x–x′)

例題 2 複数の集中荷重を受ける両端支持はり

支点Aから支点Bに向かって仮想断面を移動します。荷重点の間では仮想断面の左右の外力は変化しないので、せん断力は一定です。

図のように、両端支持はりに3つの集中荷重が作用すると、はりが4区間に分けられて4つのせん断力が発生します。せん断力の符号は、外力の総和によって決められます。

解答例 複数荷重

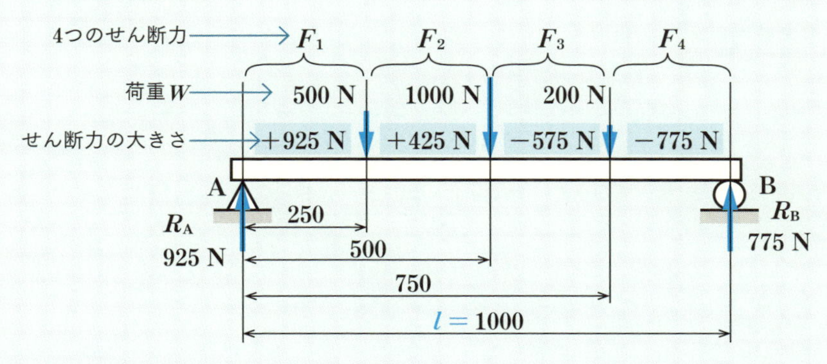

式(3)より

$$R_B = \frac{500 \times 250 + 1000 \times 500 + 200 \times 750}{1000} = 775\ \mathrm{N}$$

式(4)より

$$R_A = W - R_B = (500 + 1000 + 200) - 775 = 925\ \mathrm{N}$$

※各区間のせん断力は次のページで算出しています。

●例題2の各区間のせん断力

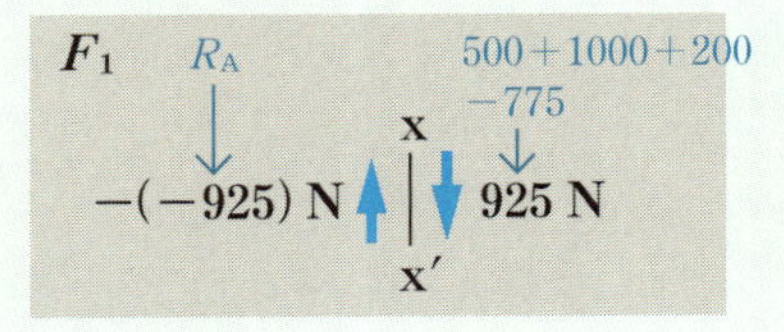

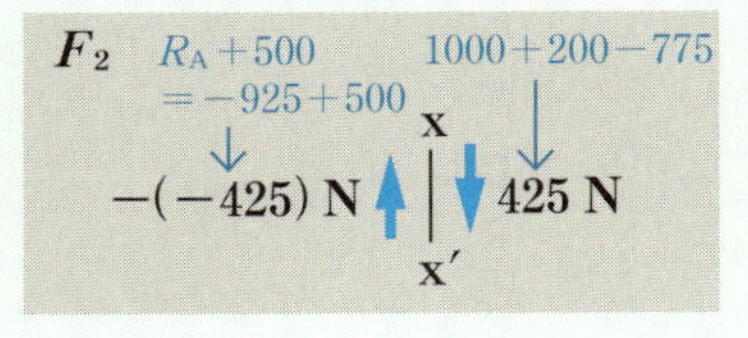

F3
−925＋500
＋1000
200−775
x
−(575) N
−575 N
x′

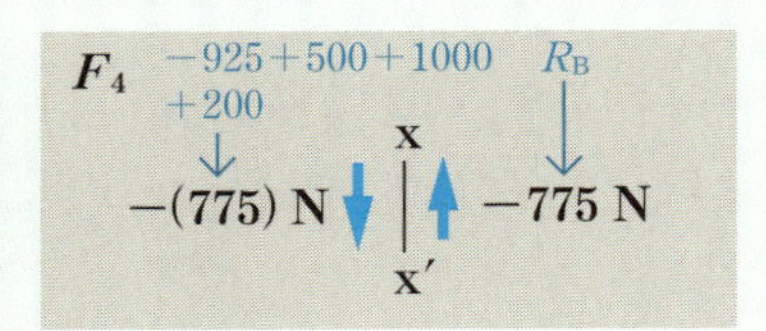

例題 3　複数の集中荷重を受ける片持ちはり

片持ちはりの固定されている端点を固定端、他方の端点を自由端と呼びます。固定端がすべての荷重を支え、荷重の総和が支点反力になります。

図のように、3つの集中荷重が作用すれば、はりは3区間に分けられて、3つのせん断力が発生します。固定端を右に取ると、どの区間でも断面の左側が下向きで右側が上向きになるので、すべてのせん断力は負になります。

解答例　片持ちはり

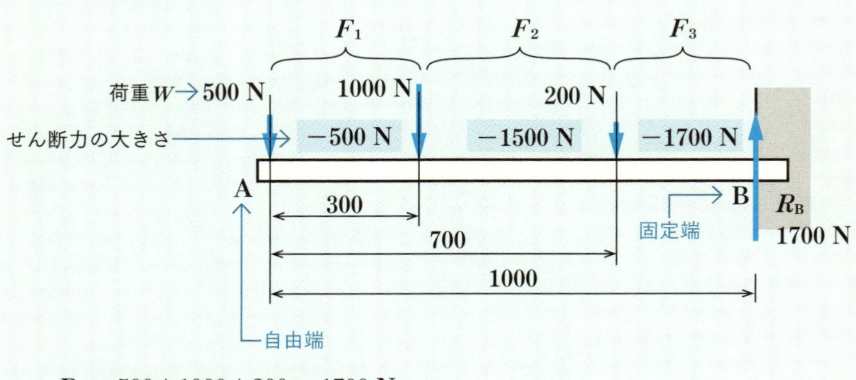

$$R_B = 500 + 1000 + 200 = 1700\ \mathrm{N}$$

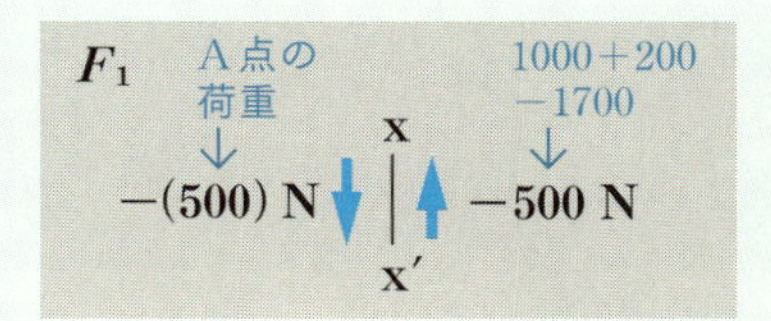

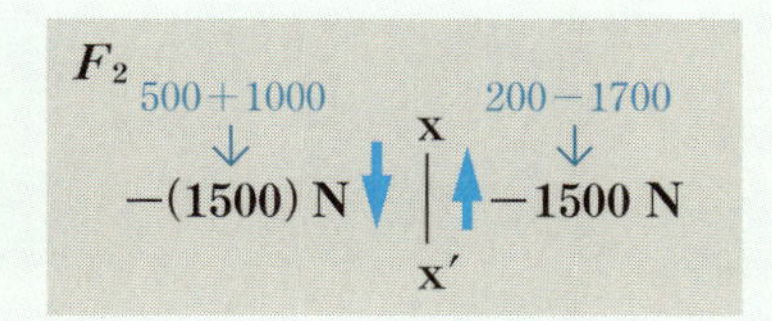

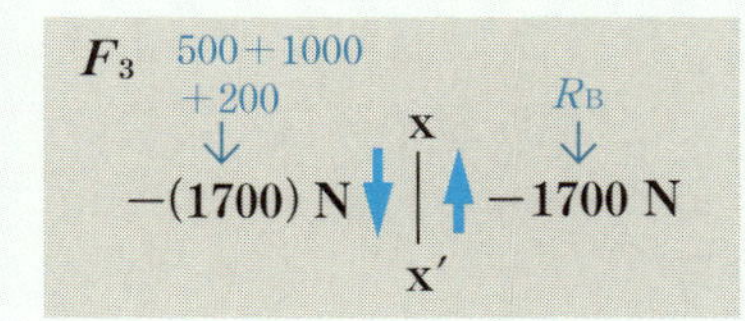

Column

このように計算できます

ここまでのはりの説明で、全般について、下向きの力を＋、上向きの力を－と統一しています。

はりのせん断力については、「仮想断面の左側では外力の合計の符号を反転する。右側では外力の合計の符号はそのままする」としました。

これは、表現を変えると「仮想断面の左側では下向きの力を－、上向きの力を＋として、右側では下向きの力を＋、上向きの力を－とする」ということと同じです。

以上のことが理解できれば、仮想断面の左右どちらか外力の数の少ない部材で、外力の代数和を計算して、仮想断面左側の外力の合計が上向きのせん断力を＋とする、としてせん断力を求めることができます。

はりの問題を解くには、多くの手順を必要とするので、過程を理解した上で、簡単な方法を採用する方がよいでしょう。

3-7 せん断力図

はりのせん断力を図に表したものをせん断力図**と呼びます。Shearing Force Diagram（せん断力図）を略して、**S.F.D.**と表します。後述する曲げモーメント図とともに、図を描くことで材料内部の荷重の影響が分かりやすくなります。**

せん断力図の例

せん断力の大きさが分かれば、せん断力図を描きます。3−6の例題1、2、3の**せん断力図**を次に示します。はりのそれぞれの位置におけるせん断力の大きさをグラフで表します。作図に厳密な規則はありません。支点反力と集中荷重のかかる点では、それぞれの大きさがせん断力の変化分になります。図の青い文字と線は説明用で、せん断力図には書きません。

●3−6例題1のS.F.D.（せん断力図）

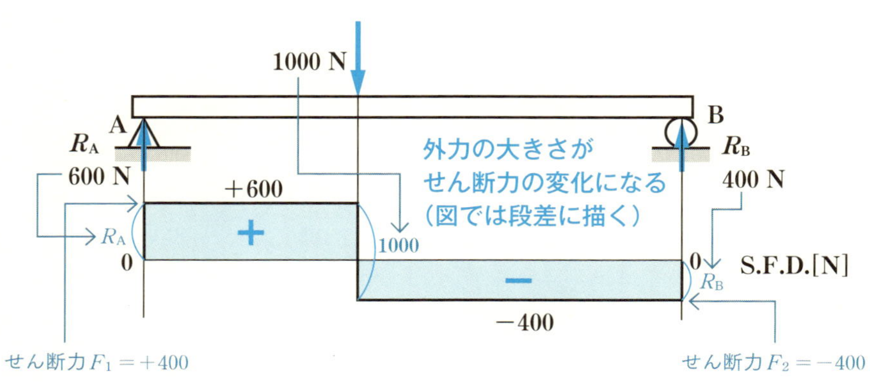

● 3－6 例題 2 の S.F.D.（せん断力図）

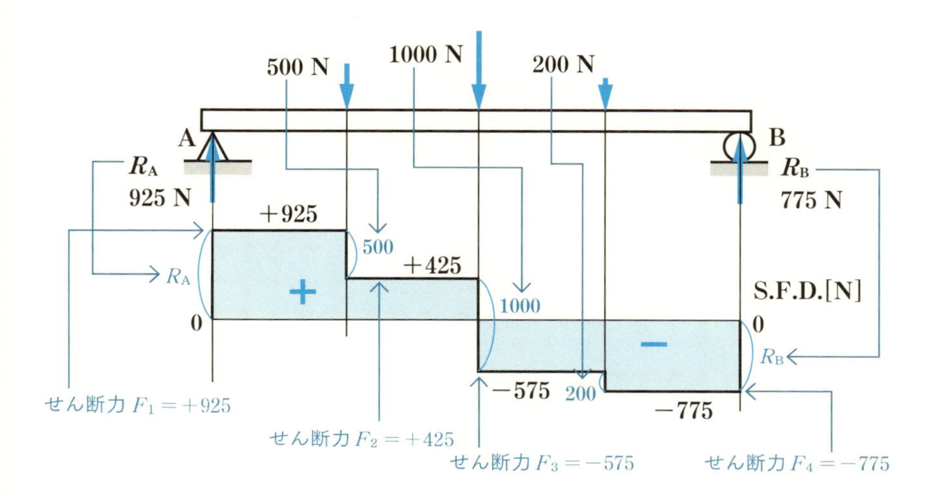

● 3－6 例題 3 の S.F.D.（せん断力図）

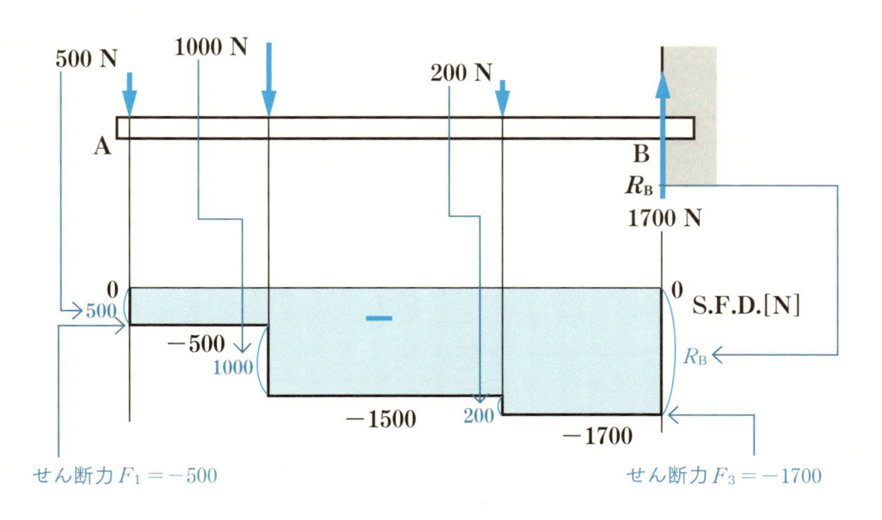

左端を固定した片持ちはり

前ページ例題3の片持ちはりの見方を変えて、左端を固定端にしたせん断力図を次に示します。すべての仮想断面で断面の左側の力の総和が上向き、右側の力の総和が下向きになり、せん断力の符号がすべて正になるため、せん断力図が上下方向で反転します。

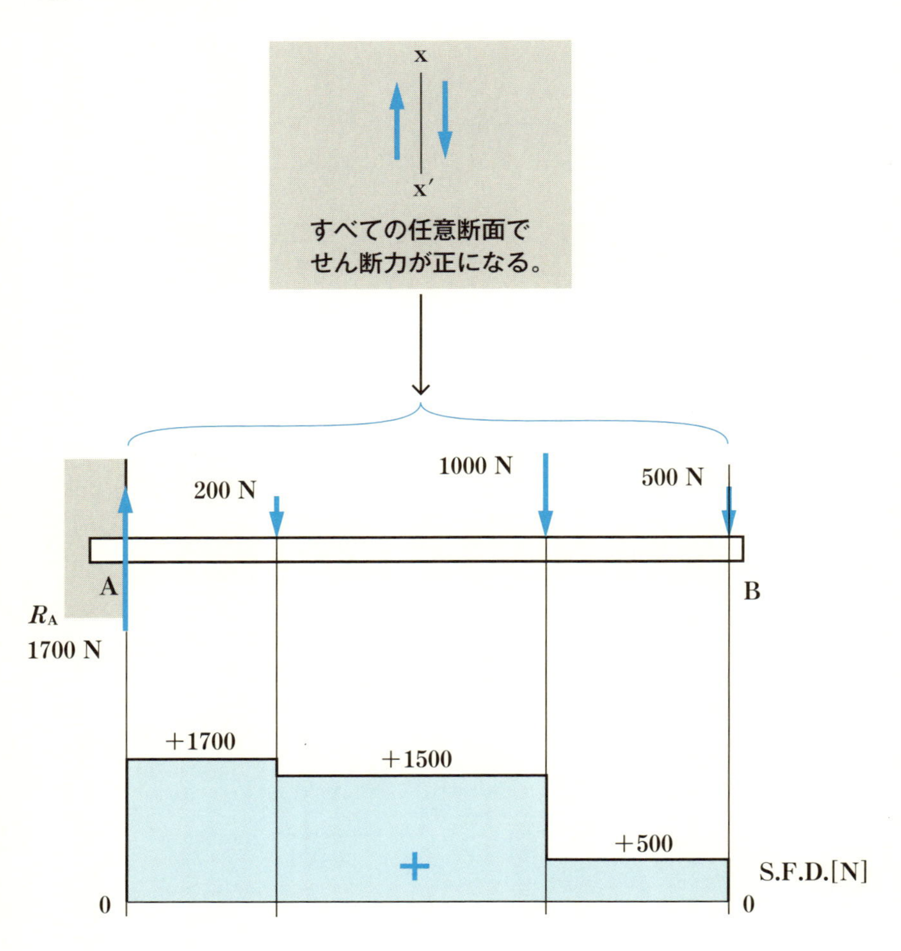

張出しはりのせん断力図

次の図のように、支点の外に荷重がかかるはりを張出しはりと呼びます。難しそうに思えるかもしれませんが、これまでと同様に力の符号を決めて、せん断力を求めることができます。

支点Aを中心に反時計回りのモーメントを＋として、モーメントの総和ゼロからR_Bを求めます。

支点反力を求める

$(+300\times200-500\times400-400\times600-100\times800)+500R_B=0 \qquad \therefore R_B=920\ \mathrm{N}$

$R_A=(300+500+400+100)-920=380\ \mathrm{N}$

●張出しはりのS.F.D.（せん断力図）

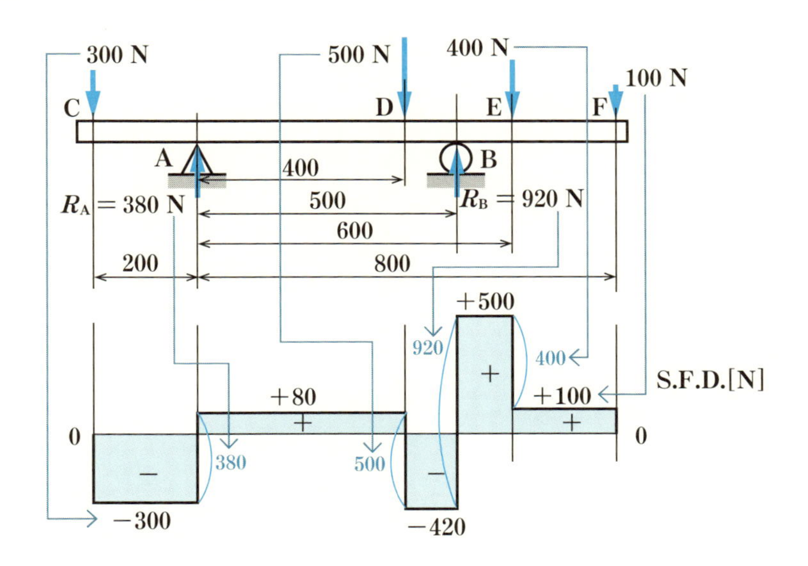

CA間のせん断力 −300 Nを基準に、F点まで荷重と支点反力を次々と力の向きに加えてせん断力図をつくる。

3-8 曲げモーメント

はりに作用する外力は、はりに力のモーメントを与えます。反作用としてはりの内部に生まれる曲げモーメントを求めます。

集中荷重を受ける両端支持はりの例

図のような両端支持はりにおいて、支点Aから距離xにある「仮想断面x−x′」を、支点Bに向けて移動させます。荷重W、支点Aから荷重点までの距離l_1、スパンlとして、「断面x−x′」に点Pを考え、**点Pを中心とした力のモーメント**のつり合いを考えます。

両端支持はり（仮想断面の移動）

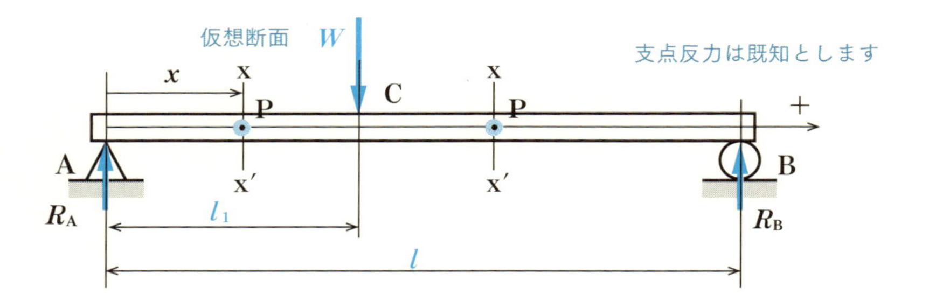

曲げモーメントを求める

図の両端支持はりの、AC間の曲げモーメントM_{AC}と、CB間の曲げモーメントM_{CB}を求めます。

力のモーメントの符号は、反時計回りを＋、時計回りを－とします。

●AC間の曲げモーメントM_{AC}は、$0 \leqq x \leqq l_1$の範囲で次のようになります。

下図のx－x′の左側部材で、点Pを中心としたモーメントは

（反時計回りを＋、時計回りを－なので）

$$-R_A x + M_{AC} = 0$$

$$\therefore M_{AC} = R_A x \qquad \cdots (1)$$ M_{AC}は＋（反時計回り）

x－x′の右側部材で

$$-W(l_1 - x) + R_B(l - x) + M_{AC} = 0$$

$$-W l_1 + W x + R_B l - R_B x + M_{AC} = 0$$

$$x(W - R_B) - (W l_1 - R_B l) + M_{AC} = 0 \qquad \cdots (2)$$

はりの静止条件から（力の総和とモーメントの総和はゼロ）

（$W = R_A + R_B$）より

$$W - R_B = R_A、W l_1 - R_B l = 0 \qquad \cdots (3)$$

式(3)を式(2)へ代入する

$$R_A x + M_{AC} = 0 \qquad \therefore -M_{AC} = R_A x \qquad \cdots (4)$$ M_{AC}は－（時計回り）

式(1)と(4)からM_{AC}の大きさは

$$M_{AC} = R_A x \qquad \cdots (5)$$

●AC間の曲げモーメントM_{AC}　($0 \leqq x \leqq l_1$)

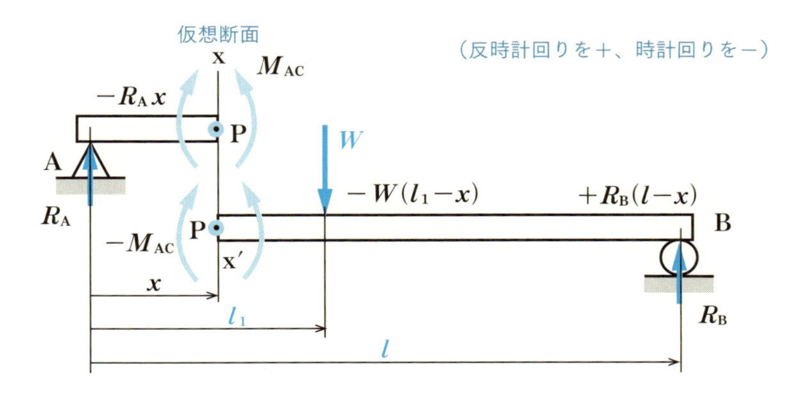

CB間の曲げモーメントM_{CB}は、$l_1 \leqq x \leqq l$の範囲で次のようになります。

下図のx－x′の左側部材で、点Pを中心としたモーメントは

（反時計回りを＋、時計回りを－なので）

$+W(x-l_1)-R_A x+M_{CB}=0$

$+W x-W l_1-R_A x+M_{CB}=0$

$x(W-R_A)-W l_1+M_{CB}=0$ …(6)

はりの静止条件から

$W-R_A=R_B$、$W l_1=R_B l$ …(7)

式(7)を式(6)へ代入する

$R_B x-R_B l+M_{CB}=0$

$\therefore M_{CB}=R_B(l-x)$ …(8)　M_{CB}は＋（反時計回り）

x－x′の右側部材で

$+R_B(l-x)+M_{CB}=0$

$\therefore -M_{CB}=R_B(l-x)$ …(9)　M_{CB}は－（時計回り）

式(8)と(9)からM_{CB}の大きさは

$M_{CB}=R_B(l-x)$ …(10)

CB間の曲げモーメントM_{CB} ($l_1 \leqq x \leqq l$)

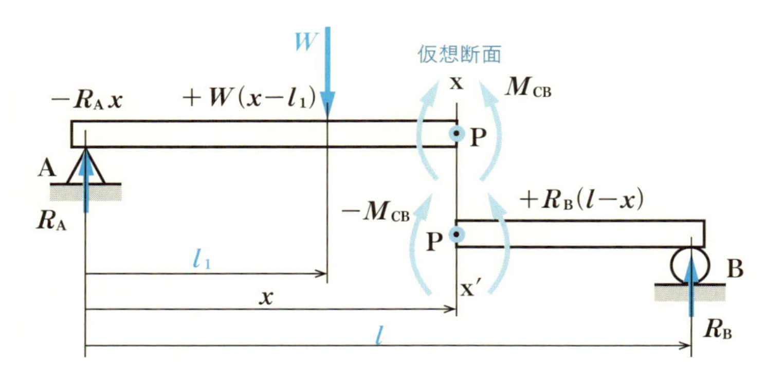

曲げモーメントの符号

せん断力の符号と同様に、「x－x′断面」の右側を「＋」、左側を「－」として、はりが下に凸となる場合を正、上に凸となる場合を負、と考えます。

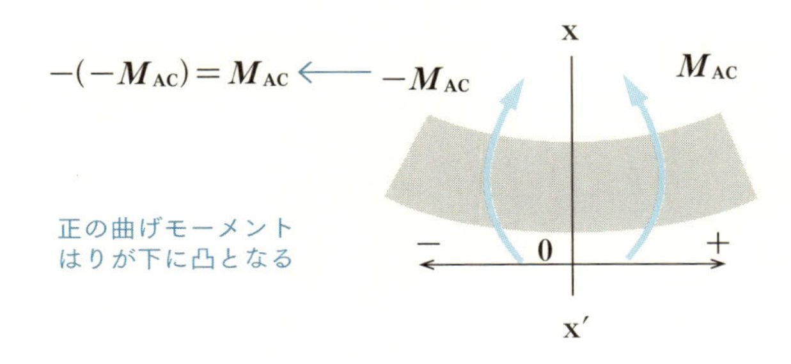

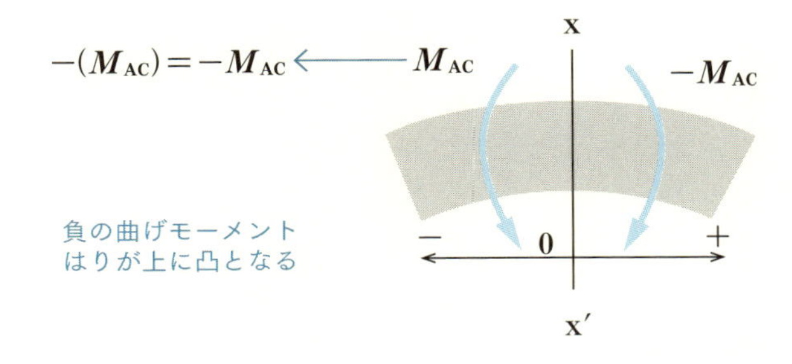

3-9 曲げモーメント図

曲げモーメントを図に表した曲げモーメント図をつくります。Bending moment Diagram（曲げモーメント図）を略して、B.M.D. と表します。

集中荷重1つの両端支持はり

3−6の例題1のはりについて、3−8で求めた曲げモーメントM_{AC}、M_{CB}の算出式（式(5)と式(10)）を使って、曲げモーメント図をつくります。

曲げモーメントの計算

荷重点Cの左側の曲げモーメントは、$M_{AC} = R_A x$　$(0 \leqq x \leqq 400)$です。

この式からわかるように　曲げモーメントM_{AC}は、支点反力R_Aを比例定数としたxの1次関数なので、B.M.D.は、xの最小値0と最大値400の曲げモーメントを結ぶ線分（右上がり）になります。

荷重点Cの右側の曲げモーメントは、$M_{CB} = R_B(l - x)$　$(400 \leqq x \leqq 1000)$です。

曲げモーメントM_{CB}は、支点反力R_Bを比例定数とした$-x$の1次関数なので、B.M.D.は、xの最小値400と最大値1000の曲げモーメントを結ぶ線分（右下がり）になります。

曲げモーメントの符号と単位

例題の曲げモーメントは、はりの全域にわたって、はりを下に凸にするように働くので、符号は正です。

曲げモーメントは、力と距離の積なので、力を「N」、距離を「mm」で表すと、単位は「N mm（ニュートンミリメートル）」です。数値が大きくなる場合は、10の指数を使い「$\times 10^5$ N mm」のように表します。

長さを「m」とした場合は、「N m（ニュートンメートル）」で表します。

曲げモーメント図の描き方は、せん断力図と同様に、厳密な規則はありません。図のように、せん断力図の下に曲げモーメント図を描きます。

●3－6例題1のS.F.D.の下にB.M.D.を描きます

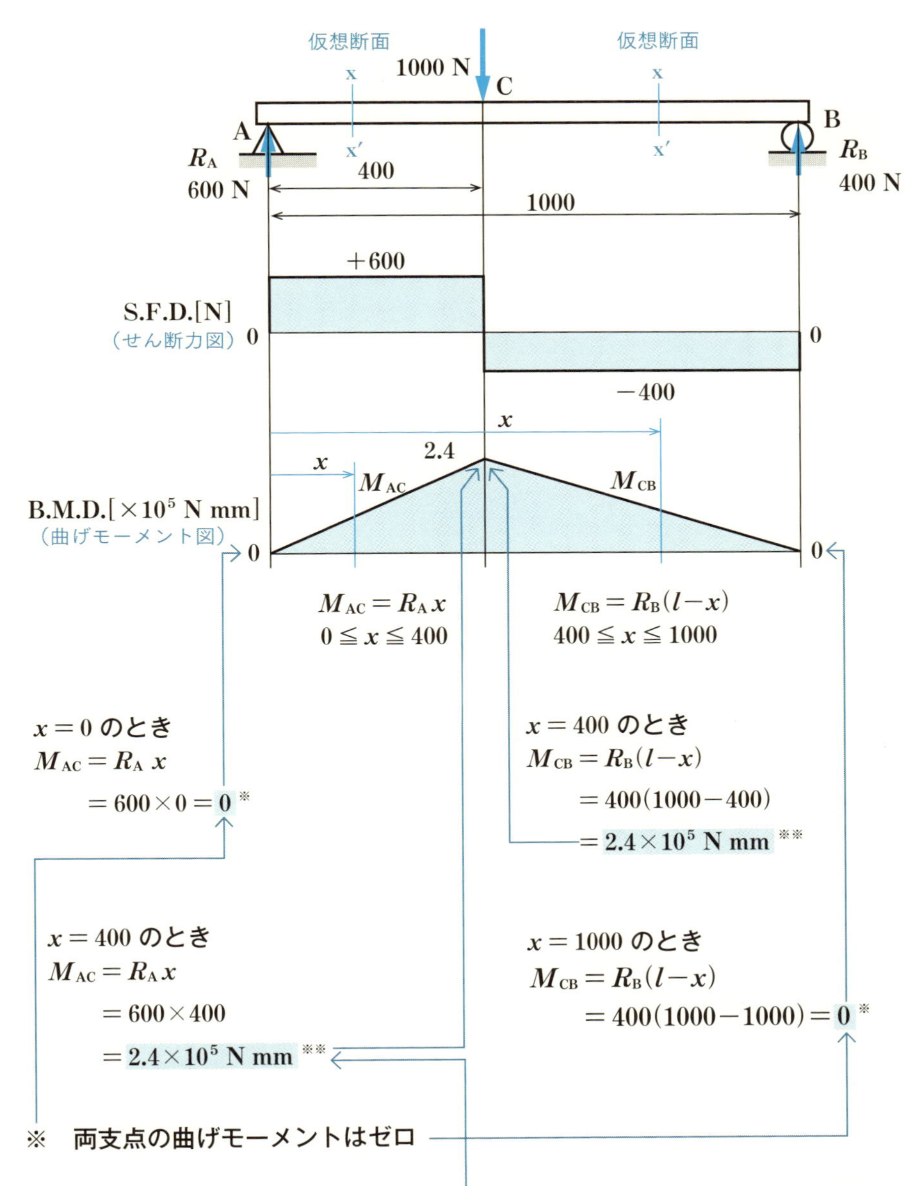

$x = 0$ のとき

$M_{AC} = R_A x$

$= 600 \times 0 = 0$ ※

$x = 400$ のとき

$M_{CB} = R_B(l - x)$

$= 400(1000 - 400)$

$= 2.4 \times 10^5$ N mm ※※

$x = 400$ のとき

$M_{AC} = R_A x$

$= 600 \times 400$

$= 2.4 \times 10^5$ N mm ※※

$x = 1000$ のとき

$M_{CB} = R_B(l - x)$

$= 400(1000 - 1000) = 0$ ※

※　両支点の曲げモーメントはゼロ

※※　荷重点では左右の領域から求めた曲げモーメントが等しいので、M_{AC}の最大値だけを求めればよいでしょう

3-10 両端支持はりのS.F.D.とB.M.D.

複数の荷重を受ける両端支持はりの曲げモーメントから、曲げモーメント図（B.M.D.）の描き方を考えます。

複数の集中荷重を受ける両端支持はり

3−6の例題2のはりについて、曲げモーメント図を求めましょう。

最初に、荷重と距離に記号を付けて一般式を立てて、曲げモーメントを考えます。

曲げモーメントを求め、B.M.D.を描く

両支点の曲げモーメントはゼロなので、荷重点（C、D、E）の曲げモーメント（M_C、M_D、M_E）を求めます。任意の仮想断面「x−x′」に点Pを考え、各断面の左側部材で力のモーメントのつり合いから、曲げモーメントを求めます。

両支点と曲げモーメントM_C、M_D、M_Eを結んだ図形が曲げモーメント図（B.M.D.）です。

(1) AC間の曲げモーメントをM_{AC}として、$0 \leqq x \leqq 250$の範囲で一般式をつくり、$x = 250$の最大値M_Cを求めます。

$$-R_A x + M_{AC} = 0 \qquad \therefore M_{AC} = R_A x \qquad \cdots(1)$$

M_{AC}の一般式

$x = 250$のとき式(1)より

$$\therefore M_C = 925 \times 250 = 2.31 \times 10^5 \text{ N mm}$$

(2) CD間の曲げモーメントをM_{CD}として、$250 \leqq x \leqq 500$の範囲で一般式をつくり、$x = 500$の最大値M_Dを求めます。

M_{CD}の一般式

$$+W_1(x - l_1) - R_A x + M_{CD} = 0 \qquad \therefore M_{CD} = R_A x - W_1(x - l_1) \qquad \cdots(2)$$

$x = 500$のとき式(2)より

$$\therefore M_D = 925 \times 500 - 500 \times (500 - 250) = 3.38 \times 10^5 \text{ N mm}$$

(3) DE間の曲げモーメントをM_{DE}として、$500 \leqq x \leqq 750$の範囲で一般式をつくり、$x = 750$の最大値M_Eを求めます。

$$+W_2(x - l_2) + W_1(x - l_1) - R_A x + M_{DE} = 0$$

$$\therefore M_{DE} = R_A x - W_1(x - l_1) - W_2(x - l_2) \qquad \cdots(3)$$

M_{DE}の一般式

$x = 750$のとき式(3)より

$$\therefore M_E = 925 \times 750 - 500 \times (750 - 250) - 1000 \times (750 - 500)$$

$$= 1.94 \times 10^5 \text{ N mm}$$

● 左ページで求めたM_C、M_D、M_EをプロットしてB.M.Dを描きます。
3－6例題2のS.F.D.の下にB.M.D.を描きます

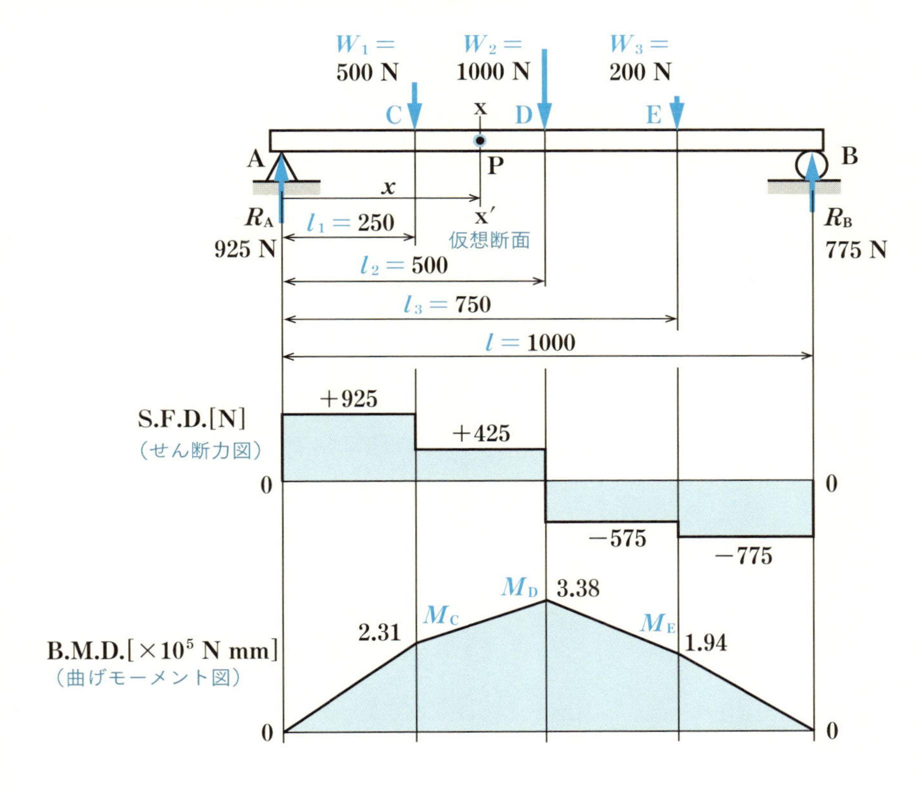

曲げモーメントを直接求めてB.M.D.を描く

上の例では、点Pを基準として仮想断面の左側部材で力のモーメントのつり合いから一般式を立てて、曲げモーメントを求めました。

B.M.D.は、荷重点の曲げモーメントが分かれば、一般式を立てなくてもつくることができます。

仮想断面の左右どちらの部材でも曲げモーメントは同じなので、曲げモーメントM_Eは仮想断面の右側部材でとれば、次のように簡略になります。

（曲げモーメントM_E）　$M_E = R_B(l - l_3)$

$$= 775 \times (1000 - 750) = 1.94 \times 10^5 \text{ N mm}$$

3-11 片持ちはりのS.F.D.とB.M.D.

集中荷重を受ける片持ちはりの曲げモーメント図（B.M.D.）をつくります。

曲げモーメントの符号

鉛直下向きの荷重を受ける片持ちはりは、上に凸の変形を受けるので、曲げモーメントの符号は、はり全体にわたって負になります。

集中荷重１つの片持ちはり

はりの自由端から距離xにある仮想断面上の点Pを中心として、力のモーメントのつり合いを考え、曲げモーメントを求め、B.M.D.を描きます。

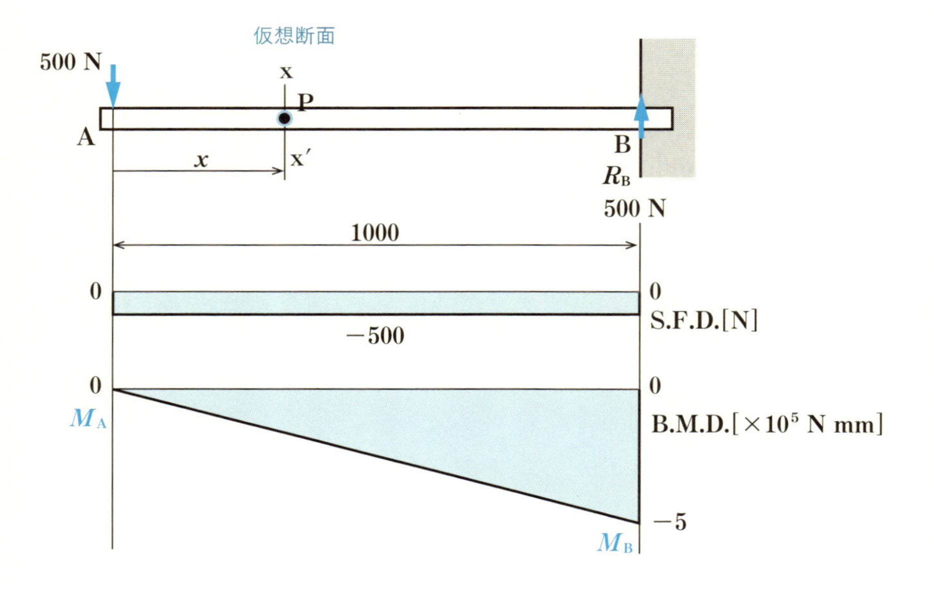

● **AB間の曲げモーメントは、$M_{AB} = -500x$で、$0 \leqq x \leqq 1000$の範囲**

点Aの曲げモーメント　$M_A = -500 \times 0 = 0$

点Bの曲げモーメント　$M_B = -500 \times 1000 = -5 \times 10^5$ N mm

複数の集中荷重を受ける片持ちはり

3−6の例題3のはりについて、曲げモーメント図を求めましょう。荷重点の曲げモーメントを直接求めて、B.M.D. を描きます。

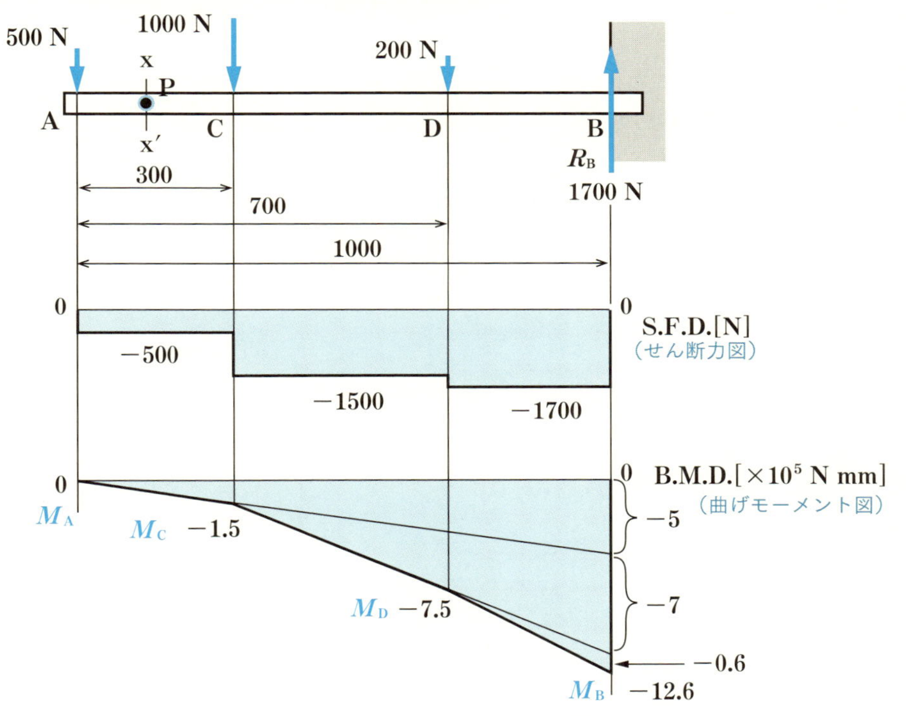

- **AC間について、$M_{AC}=-500x$ で、$0 \leqq x \leqq 300$ の範囲**

$M_A=-500\times0=0$

$M_C=-500\times300=-1.5\times10^5$ N mm

参考として求めています。項の少ない方がよいでしょう。

- **CD間について、$M_{CD}=-500x-1000(x-300)$ で、$300 \leqq x \leqq 700$ の範囲**

$M_C=-500\times300-1000\times(300-300)=-1.5\times10^5$ N mm

$M_D=-500\times700-1000\times(700-300)=-7.5\times10^5$ N mm

- **DB間について、$M_{DB}=-500x-1000(x-300)-200(x-700)$ で、$700 \leqq x \leqq 1000$ の範囲**

$M_D=-500\times700-1000\times(700-300)-200\times(700-700)=-7.5\times10^5$ N mm

$M_B=-500\times1000-1000\times(1000-300)-200\times(1000-700)=-12.6\times10^5$ N mm

3-12 等分布荷重を受ける両端支持はり（1）

等分布荷重を受ける両端支持はりの、S.F.D. とB.M.D. を考えます。

支点反力

等分布荷重の場合、全荷重が集中荷重として**等分布荷重の中央に作用**すると考え、力のモーメントと力のつり合いから支点反力を求めます。

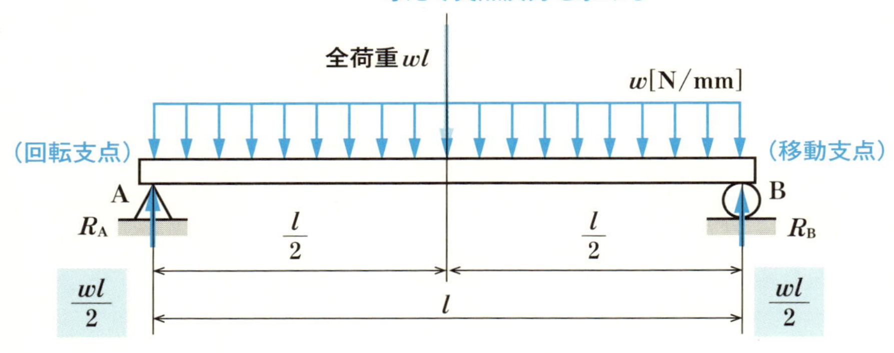

● **支点Aを中心として力のモーメントの総和ゼロから**

$$-wl\frac{l}{2}+R_B l=0$$

（全荷重 $w1$）（Aからの距離）

$$R_B l=wl\frac{l}{2}$$

$$R_B l=\frac{wl\cdot l}{2}$$

$$\therefore R_B=\frac{wl}{2}$$

● **力の総和ゼロから**

$$R_A+R_B=wl$$

$$\therefore R_A=wl-R_B=\frac{wl}{2}$$

せん断力

支点Aからxにある仮想断面「x−x′」の左側部材のせん断力F_xの一般式を求めます。断面を$0 \leqq x \leqq l$の範囲で移動させて**せん断力**を求めます。

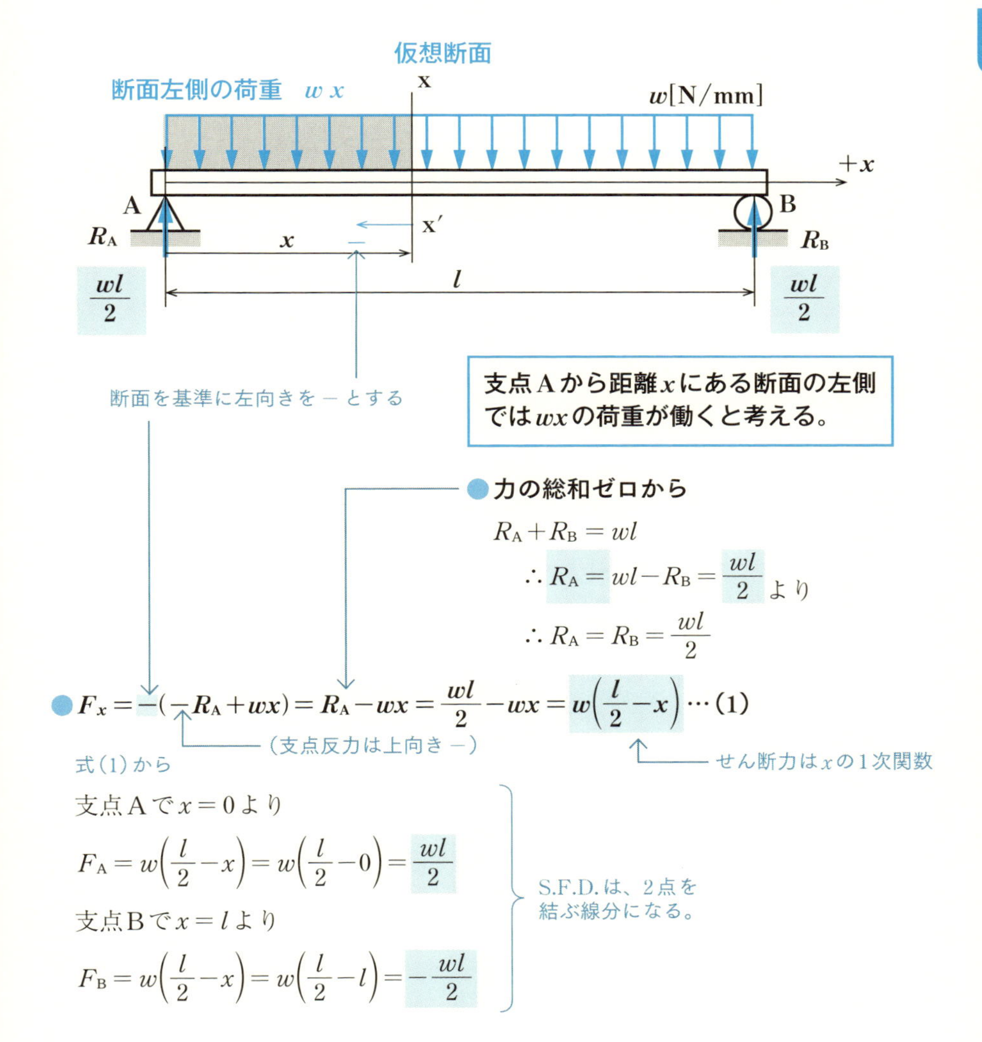

仮想断面
断面左側の荷重 wx
x
w[N/mm]
+x
A
B
R_A
R_B
x′
x
−
l
$\frac{wl}{2}$
$\frac{wl}{2}$
断面を基準に左向きを − とする
支点Aから距離xにある断面の左側ではwxの荷重が働くと考える。
力の総和ゼロから
$R_A + R_B = wl$
$\therefore R_A = wl - R_B = \frac{wl}{2}$ より
$\therefore R_A = R_B = \frac{wl}{2}$
$F_x = -(-R_A + wx) = R_A - wx = \frac{wl}{2} - wx = w\left(\frac{l}{2} - x\right) \cdots (1)$
(支点反力は上向き −)
せん断力はxの1次関数
式(1)から
支点Aで$x=0$より
$F_A = w\left(\frac{l}{2} - x\right) = w\left(\frac{l}{2} - 0\right) = \frac{wl}{2}$
支点Bで$x=l$より
$F_B = w\left(\frac{l}{2} - x\right) = w\left(\frac{l}{2} - l\right) = -\frac{wl}{2}$
S.F.D.は、2点を結ぶ線分になる。

曲げモーメント

断面「x－x′」の左側の荷重wxは、仮想断面上の点Pから$\frac{x}{2}$の点に作用する集中荷重に等しいとして、曲げモーメントMの一般式を考えます。

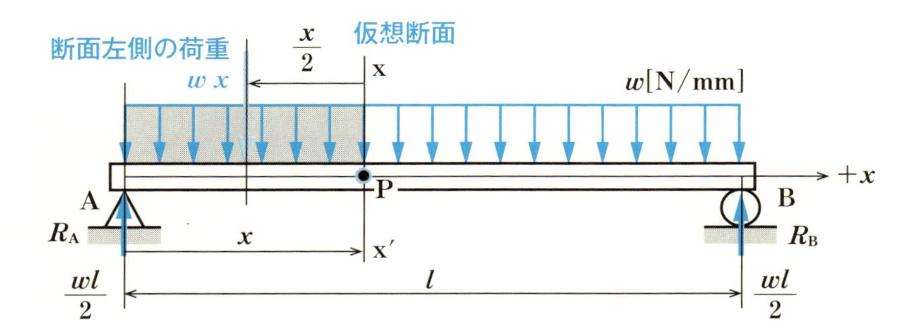

● $-R_A x + wx\frac{x}{2} + M = 0$から

$$M = R_A x - wx\frac{x}{2} = \frac{wl}{2}x - \frac{wx^2}{2} = \frac{w}{2}(lx - x^2) \cdots (2)$$

曲げモーメントは
上に凸のxの2次関数

式(2)から

支点Aで$x=0$より　$M_A = \frac{w}{2}(lx - x^2) = \frac{w}{2}(l \times 0 - 0^2) = 0$

支点Bで$x=l$より　$M_B = \frac{w}{2}(lx - x^2) = \frac{w}{2}(l \times l - l^2) = 0$

最大値は$x=\frac{l}{2}$より　$M_m = \frac{w}{2}(lx - x^2) = \frac{w}{2}\left(l \times \frac{l}{2} - \left(\frac{l}{2}\right)^2\right) = \frac{wl^2}{8}$

S.F.D. とB.M.D.

以上の結果をS.F.DとB.M.D.にまとめます。

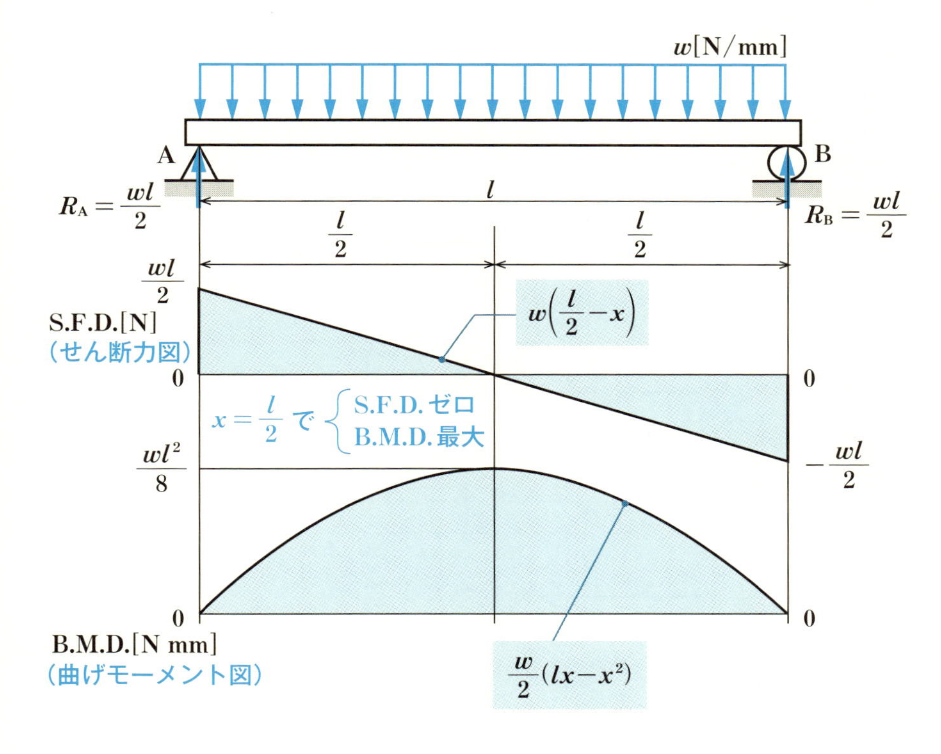

3-13 等分布荷重を受ける両端支持はり（2）

両端支持はりの一部に、等分布荷重を受けるときのS.F.D.とB.M.D.を考えます。

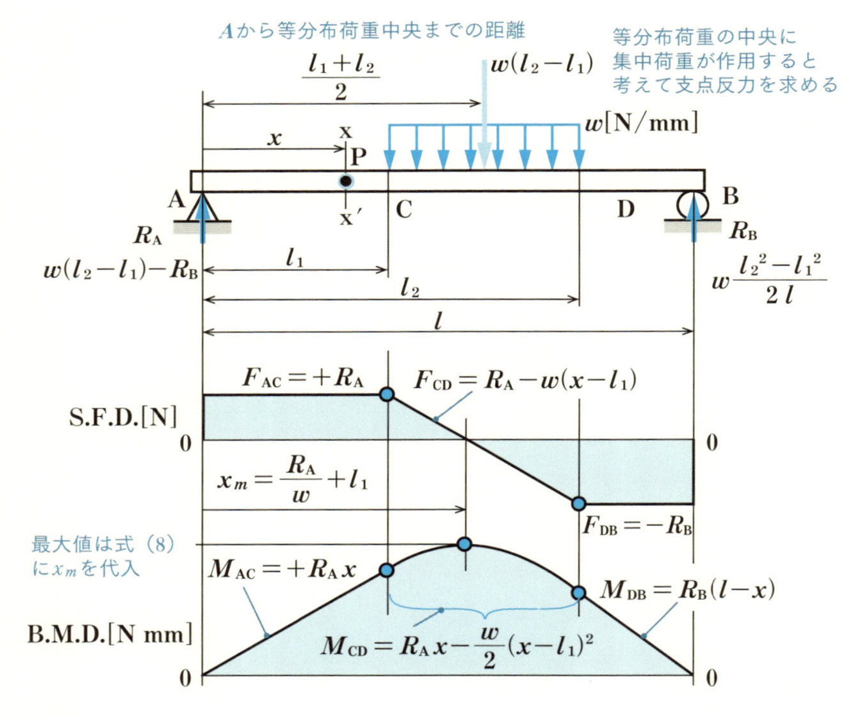

支点反力

等分布荷重の中央に集中荷重が作用すると考え、力のモーメントと力のつり合いから支点反力を求めます。

●支点Aを中心として力のモーメントの総和ゼロから

等分布荷重による力のモーメント

$$-w(l_2-l_1)\frac{l_1+l_2}{2}+R_B l=0$$

$$\frac{-w(l_2-l_1)(l_1+l_2)}{2}+R_B l=0$$

$$\frac{-w(l_2^2-l_1^2)}{2}+R_B l=0$$

$$\therefore R_B=w\frac{l_2^2-l_1^2}{2l} \quad \cdots (1)$$

● **力の総和ゼロから**

式(1)のR_Bを既知数として使います

$w(l_2-l_1)-R_B-R_A=0$　　$\therefore R_A=w(l_2-l_1)-R_B$ …(2)

せん断力

等分布荷重が作用する区間と、作用しない区間に分け、支点Aから支点Bに向けて仮想断面「x−x′」を移動させ、せん断力を求めます。

● **AC間のせん断力F_{AC}は、断面x−x′の左側が支点反力R_Aだけなので、$0 \leqq x \leqq l_1$で一定。**　$F_{AC}=+R_A$ …(3)

● **CD間のせん断力F_{CD}は、$l_1 \leqq x \leqq l_2$で**　$F_{CD}=R_A-w(x-l_1)$ …(4)

● **DB間のせん断力F_{DB}は、断面x−x′の左側の外力が一定、右側は支点反力R_Bだけなので**　$F_{DB}=-R_B$ …(5)

● **CD間でせん断力がゼロになる点x_m**

式(4)が0より

$R_A-w(x_m-l_1)=0$　　$w(x_m-l_1)=R_A$　　$x_m-l_1=\dfrac{R_A}{w}$

この点で曲げモーメントが最大になります

$$\therefore x_m=\frac{R_A}{w}+l_1 \quad \cdots (6)$$

曲げモーメント

曲げモーメントは、**せん断力が一定の区間では直線になり、せん断力が1次関数で変化する区間では2次関数**の放物線になります。

● **AC間の曲げモーメントM_{AC}は、$0 \leqq x \leqq l_1$の範囲で生じる。断面x−x′の左側の外力は支点反力R_Aだけなので、**　$M_{AC}=+R_A x$ …(7)

● **CD間の曲げモーメントM_{CD}は、$l_1 \leqq x \leqq l_2$の範囲で生じる。支点反力R_Aと等分布荷重による力のモーメントの和を求める。**

$$M_{CD}=R_A x-w(x-l_1)\frac{x-l_1}{2}=R_A x-\frac{w}{2}(x-l_1)^2 \quad \cdots (8)$$

● **DB間の曲げモーメントM_{DB}は、$l_2 \leqq x \leqq l$の範囲で生じる。断面x−x′の右側の外力が支点反力R_Bだけなので、**　$M_{DB}=R_B(l-x)$ …(9)

S.F.D.とB.M.D.

以上の結果をまとめた線図が左ページのS.F.D.とB.M.D.です。

3-14 等分布荷重を受ける両端支持はりの例

例題 1 等分布荷重を全長に受ける両端支持はり

はりの全長にわたって、1 N/mm の等分布荷重を受けるスパン1000 mmの両端支持はりのS.F.D.とB.M.D.を描きなさい。

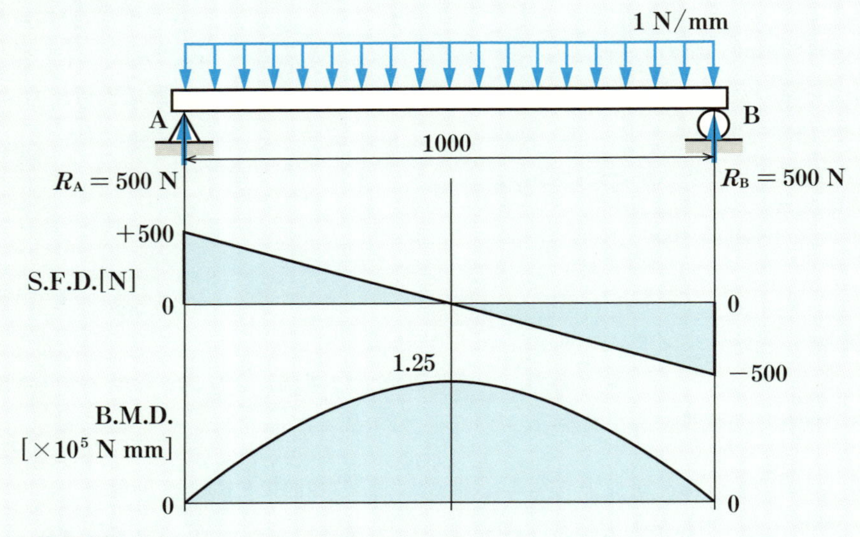

解答例 3−12で求めた結果を使います。

・支点反力　$R_A = R_B = \dfrac{w\,l}{2} = \dfrac{1 \times 1000}{2} = 500$ N

・せん断力　支点Aのせん断力　$F_A = R_A = +500$ N

　　　　　　支点Bのせん断力　$F_B = -R_B = -500$ N

・曲げモーメント　支点Aの曲げモーメント　$M_A = 0$

　　　　　　　　　支点Bの曲げモーメント　$M_B = 0$

・最大曲げモーメント*　$M_m = \dfrac{w\,l^2}{8} = \dfrac{1 \times 1000^2}{8} = 1.25 \times 10^5$ N mm

＊最大曲げモーメント：曲げモーメントの最大値。両端支持はりでは、せん断力の符号が変化する位置に、片持ちはりでは、固定端に発生する。

例題 2 **等分布荷重を一部分に受ける両端支持はり**

はりの一部分に1 N/mmの等分布荷重を受けるスパン1000 mmの両端支持はりのS.F.D.とB.M.D.を描きなさい。

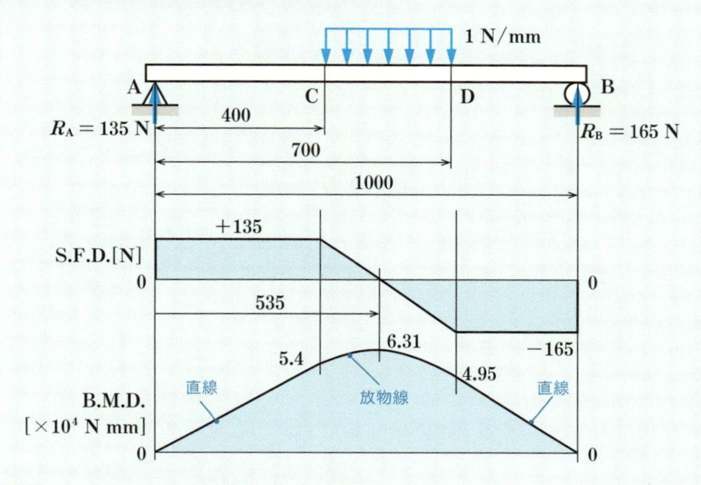

解答例 3−13で求めた結果を使います。

・支点反力 式(1)(2)より $R_B = w\dfrac{l_2{}^2 - l_1{}^2}{2l} = 1\times\dfrac{700^2 - 400^2}{2\times1000} = 165$ N

$$R_A = w(l_2 - l_1) - R_B = 1\times(700-400) - 165 = 135 \text{ N}$$

・せん断力

式(3)(5)(6)より

AC間のせん断力 $F_{AC} = +R_A = +135$ N

DB間のせん断力 $F_{DB} = -R_B = -165$ N

（CD間は、点Cと点Dを結ぶ）

せん断力がゼロになる点

$$x_m = \frac{R_A}{w} + l_1 = \frac{135}{1} + 400 = 535 \text{ mm}$$

最大曲げモーメントで使用

・曲げモーメント 式(7)(9)より

点Cの曲げモーメント $M_C = R_A\,x = 135\times400 = 5.4\times10^4$ N mm

点Dの曲げモーメント $M_D = R_B(l-x) = 165\times(1000-700)$

$$= 4.95\times10^4 \text{ N mm}$$

・最大曲げモーメント 式(8)より

$$M_m = R_A\,x_m - \frac{w}{2}(x_m - l_1)^2 = 135\times535 - \frac{1}{2}(535-400)^2$$

$$= 6.31\times10^4 \text{ N mm}$$

3-15 等分布荷重を受ける片持ちはり（1）

等分布荷重を全長に受ける片持ちはり

はりの全長1000 mmにわたって1 N/mmの等分布荷重を受ける片持ちはりのS.F.D.とB.M.D.を描きなさい。

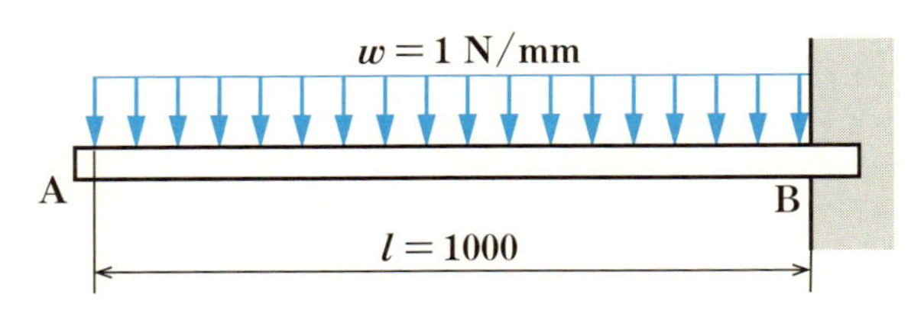

解答例

・支点反力

等分布荷重w、長さlによる全荷重を支点Bで受けるので

点Bの支点反力　$R_B = wl = 1 \times 1000 = 1000$ N

・せん断力

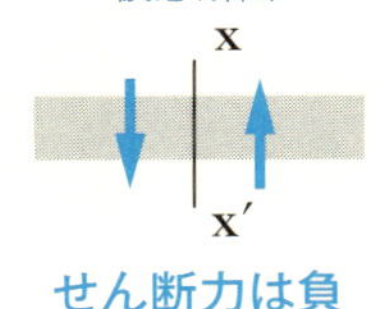

自由端Aから距離xにある仮想断面x－x′の左側の荷重wxが、$0 \leqq x \leqq l$の範囲で負のせん断力Fとして作用する。

一般式は　$F = -wx$

点Aのせん断力　$F_A = -wx = -1 \times 0 = 0$

点Bのせん断力　$F_B = -wx = -1 \times 1000 = -1000$ N

・曲げモーメント

仮想断面
x
x′
曲げモーメントは負

仮想断面左側の荷重wxは、点Pから$\frac{x}{2}$の点に作用する集中荷重と等しいとして、$0 \leqq x \leqq l$でモーメントが変化すると考える。

一般式は　$M = -\frac{wx^2}{2}$

点Aの曲げモーメント

$$M_A = -\frac{wx^2}{2} = -\frac{1 \times 0^2}{2} = 0$$

点Bの曲げモーメント

$$M_B = -\frac{wx^2}{2} = -\frac{1 \times 1000^2}{2} = -5 \times 10^5 \text{ N mm}$$

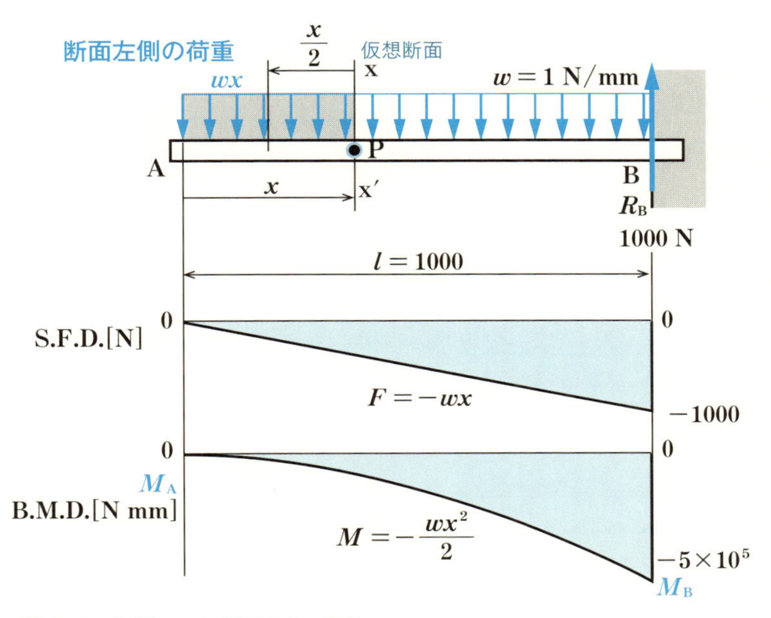

左端を固定端した片持ちはり

左端を固定端とすると、S.F.D.の符号とB.M.D.の向きが逆になります。

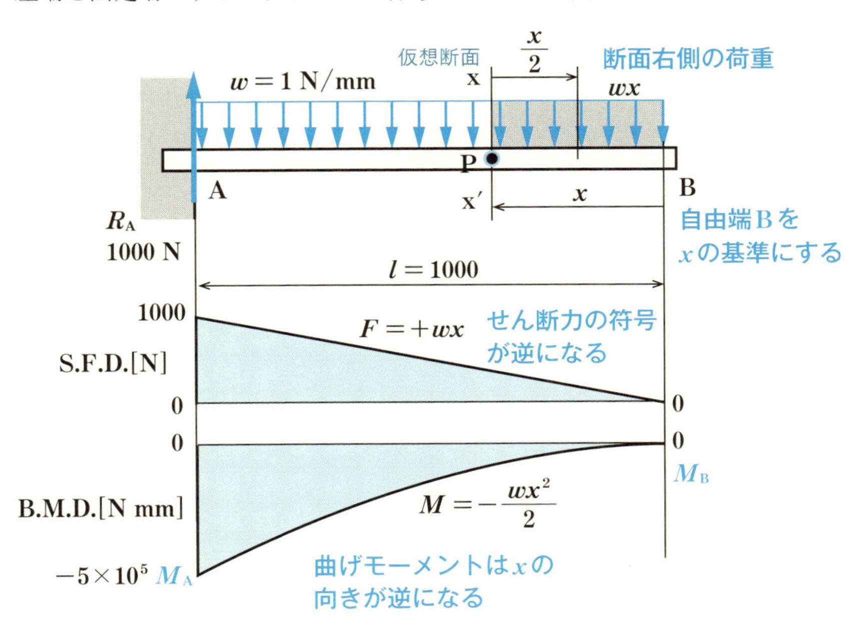

3-16 等分布荷重を受ける片持ちはり（2）

等分布荷重を一部分に受ける片持ちはり

はりの一部分に1 N/mmの等分布荷重を受ける片持ちはりのS.F.D.とB.M.D.を描きなさい。

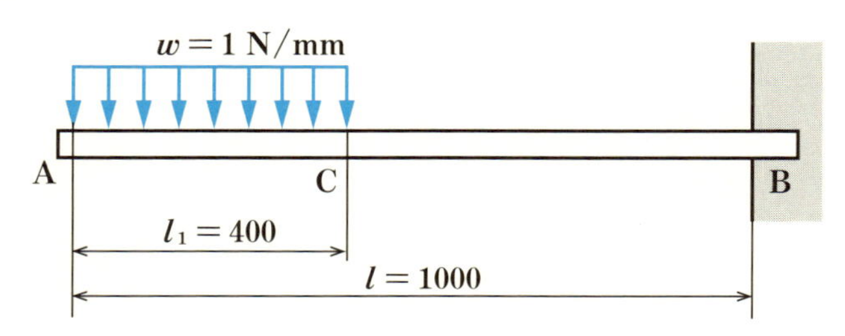

解答例

・支点反力

等分布荷重w、長さl_1による全荷重を支点Bで受けるので

$R_B = w\,l_1 = 1 \times 400 = 400$ N

・せん断力

自由端Aから固定端Bに向けて仮想断面x－x′を移動させます。AC間は等分布荷重を受け、CB間では荷重変化がないので、2つの区間に分けてせん断力を考えます。

- AC間のせん断力F_{AC}は、$0 \leqq x \leqq l_1$で、一般式は　$F_{AC} = -wx$

  点Aのせん断力　$F_A = -1 \times 0 = 0$

  点Cのせん断力　$F_C = -1 \times 400 = -400$ N

  （↑ xの1次関数なので、右下がりの直線）

- CB間のせん断力F_{CB}は、$l_1 \leqq x \leqq l$で外力に変化がないので、等分布荷重の全荷重と等しくなる。

  $F_{CB} = -w\,l_1 = -1 \times 400 = -400$ N ←― 定数なので、水平線

・曲げモーメント

せん断力と同様に、等分布荷重を受けるAC間と荷重変化のないCB間に分けて曲げモーメントを考えます。

● AC間の曲げモーメントM_{AC}は、$0 \leqq x \leqq l_1$で、一般式は $M_{AC} = -\dfrac{w\,x^2}{2}$

xの2次関数なので、上に凸の放物線

点Aの曲げモーメント　$M_A = -\dfrac{1 \times 0^2}{2} = 0$

点Cの曲げモーメント　$M_C = -\dfrac{1 \times 400^2}{2} = -0.8 \times 10^5$ N mm

● CB間の曲げモーメントM_{CB}は、$l_1 \leqq x \leqq l$で、一般式は

xの1次関数なので、右下がりの直線 → $M_{CB} = -w\,l_1\left(x - \dfrac{l_1}{2}\right)$

$$M_C = -1 \times 400 \times \left(400 - \frac{400}{2}\right)$$

$$= -0.8 \times 10^5 \text{ N mm}$$

$$M_B = -1 \times 400 \times \left(1000 - \frac{400}{2}\right)$$

$$= -3.2 \times 10^5 \text{ N mm}$$

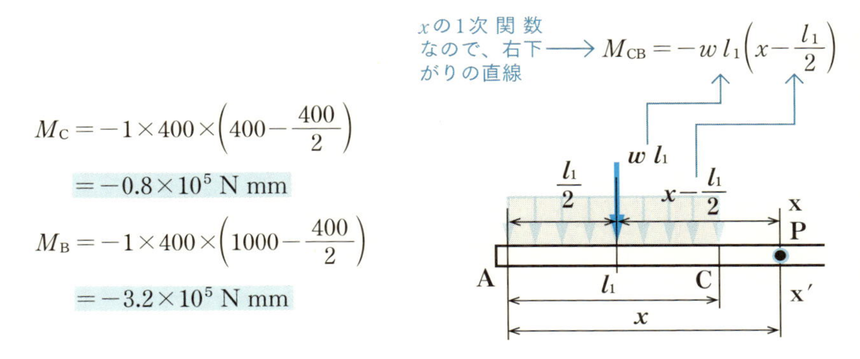

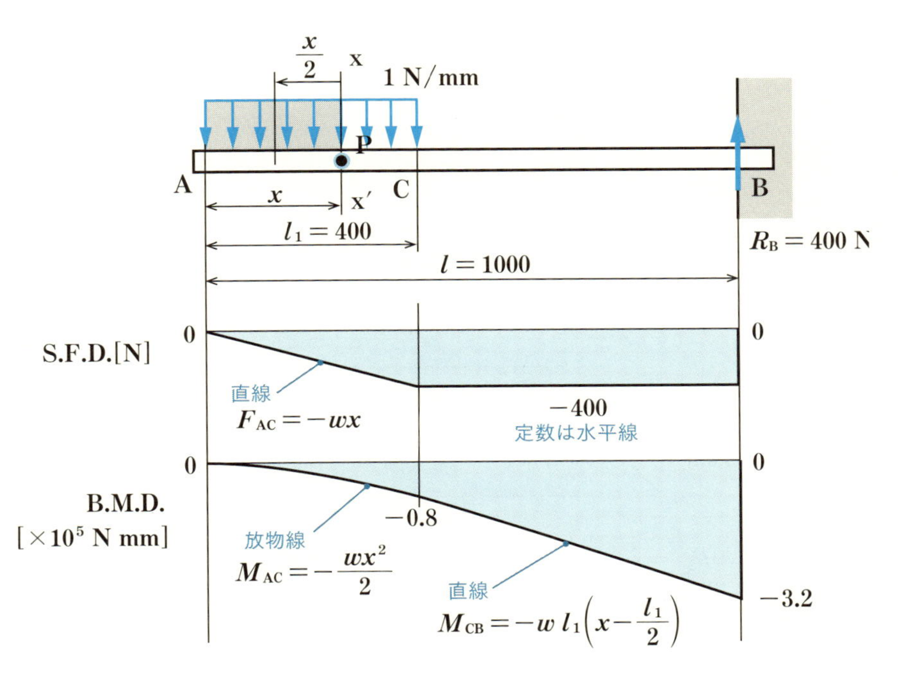

3-17 組み合わせ荷重を受ける両端支持はり（1）

下に示す両端支持はりのS.F.D.とB.M.D.を描きます。初めに、集中荷重を受けるはりと等分布荷重を受ける2つのはりに分解します。

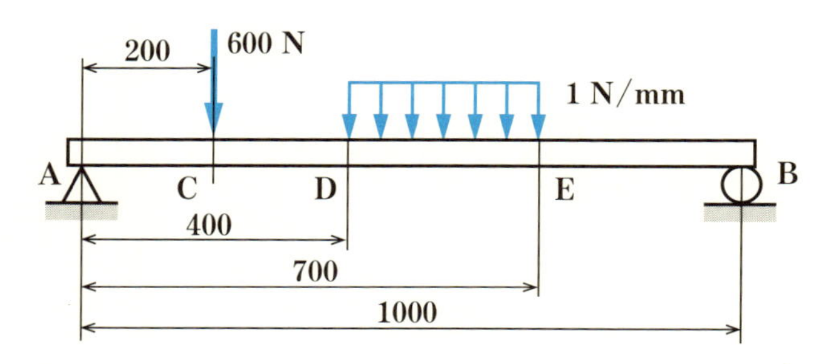

集中荷重を受けるはり

初めに、集中荷重を受けるはりとして求めた値を、添え字1で分類します。

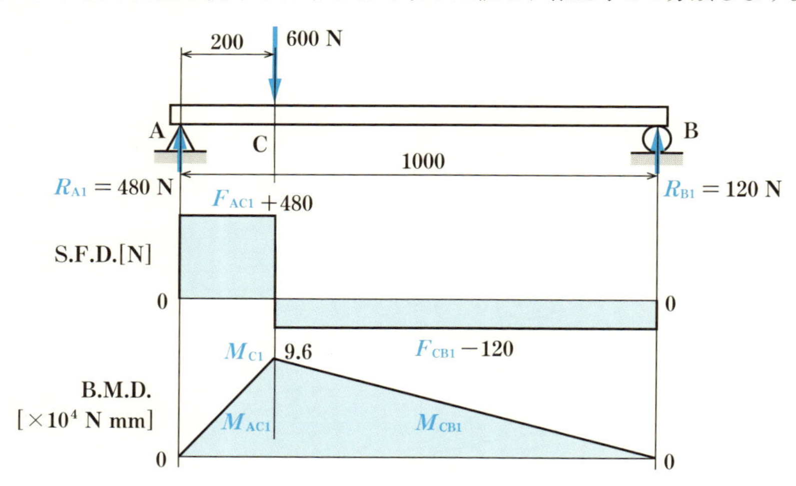

・支点反力　$R_{B1}=\dfrac{600\times200}{1000}=120\ \mathrm{N}$　　$R_{A1}=600-120=480\ \mathrm{N}$

・せん断力　AC間のせん断力　$F_{AC1}=+R_{A1}=+480\ \mathrm{N}$

CB間のせん断力　$F_{CB1}=-R_{B1}=-120\ \mathrm{N}$

・曲げモーメント

AC間の曲げモーメント　$M_{AC1} = R_{A1}\,x = 480x$

CB間の曲げモーメント　$M_{CB1} = R_{B1}(l - x) = 120 \times (1000 - x)$　支点Bから考える

点Cの曲げモーメント　$M_{C1} = R_{A1}\,x = 480 \times 200 = 9.6 \times 10^4$ N mm

等分布荷重を受けるはり

次に、等分布荷重を受けるはりとして求めた値を、添え字2で分類します。この部分は3−14の例題2を使用しています。

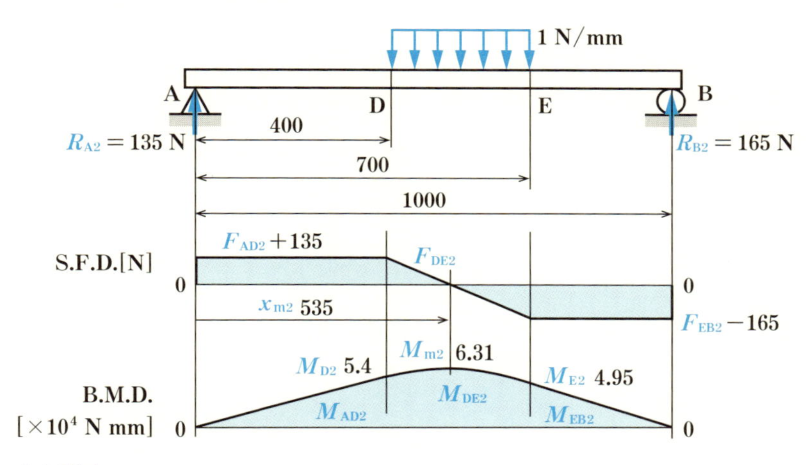

・せん断力

AD間のせん断力　$F_{AD2} = +135$ N　EB間のせん断力　$F_{EB2} = -165$ N

DE間のせん断力　$F_{DE2} = 135 - 1 \times (x - 400) = 535 - x$

せん断力がゼロになる点　$x_{m2} = 535$ mm　最大曲げモーメントの発生点

・曲げモーメント

AD間の曲げモーメント　$M_{AD2} = 135x$　（$x = 400$）

DE間の曲げモーメント　$M_{DE2} = 135 \times -\dfrac{1}{2}(x - 400)^2$

EB間の曲げモーメント　$M_{EB2} = 165 \times (1000 - x)$　（$x = 700$）

点Dの曲げモーメント　$M_{D2} = 135 \times 400 = 5.4 \times 10^4$ N mm　点B側の曲げモーメント

点Eの曲げモーメント　$M_{E2} = 165 \times (1000 - 700) = 4.95 \times 10^4$ N mm

・最大曲げモーメント　DE間で $x = x_{m2}$ のとき $M_{m2} = 6.31 \times 10^4$ N mm

3-18 組み合わせ荷重を受ける両端支持はり（2）

2つのはりに分解して求めたS.F.D.とB.M.D.を合成します。

支点反力とせん断力図

2つのはりのS.F.D.を合成します。

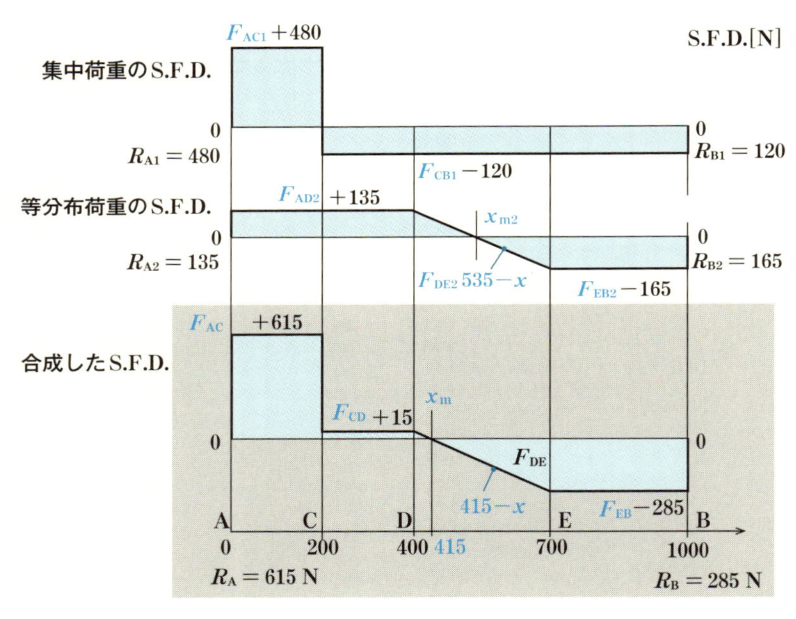

・支点反力　$R_A=R_{A1}+R_{A2}=480+135=615\ \mathrm{N}$

$R_B=R_{B1}+R_{B2}=120+165=285\ \mathrm{N}$

・せん断力

AC間のせん断力　$F_{AC}=F_{AC1}+F_{AD2}=480+135=+615\ \mathrm{N}$

CD間のせん断力　$F_{CD}=F_{CB1}+F_{AD2}=-120+135=+15\ \mathrm{N}$

DE間のせん断力　$F_{DE}=F_{CB1}+F_{DE2}=-120+535-x=415-x$

EB間のせん断力　$F_{EB}=F_{CB1}+F_{EB2}=-120-165=-285\ \mathrm{N}$

この点で曲げモーメントが最大

DE間でせん断力がゼロになる点x_m　$F_{DE}=415-x_m=0$　$x_m=415\ \mathrm{mm}$

曲げモーメント図

2つのはりのB.M.D.を合成します。

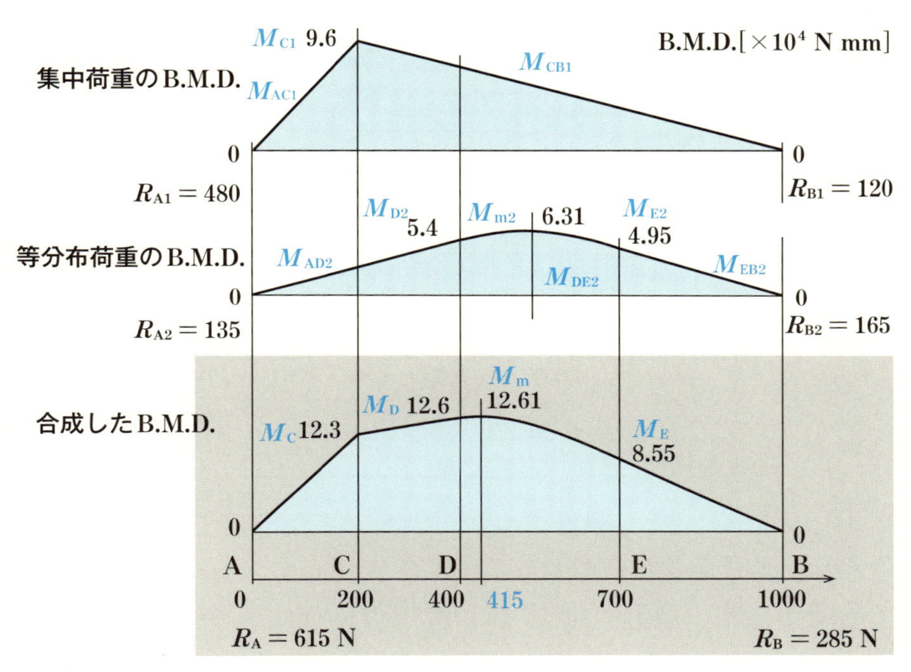

・曲げモーメント

点Cの曲げモーメント

$$M_C = M_{C1} + M_{AD2} = 9.6 \times 10^4 + 135 \times 200 = 12.3 \times 10^4 \text{ N mm}$$

点Dの曲げモーメント

$$M_D = M_{CB1} + M_{D2} = 120 \times (1000 - 400) + 5.4 \times 10^4 = 12.6 \times 10^4 \text{ N mm}$$

DE間の曲げモーメント

$$M_{DE} = M_{CB1} + M_{DE2} = 120 \times (1000 - x) + 135x - \frac{1}{2}(x - 400)^2$$

点Eの曲げモーメント

$$M_E = M_{CB1} + M_{E2} = 120 \times (1000 - 700) + 4.95 \times 10^4 = 8.55 \times 10^4 \text{ N mm}$$

・最大曲げモーメント　DE間で$x = x_m$のとき、最大曲げモーメントとなる

$$M_m = 120 \times (1000 - 415) + 135 \times 415 - \frac{1}{2}(415 - 400)^2$$

$$= 12.61 \times 10^4 \text{ N mm}$$

3-19 組み合わせ荷重を受ける片持ちはり

等分布荷重と集中荷重を受ける片持ちはり

3−16の等分布荷重を受ける片持ちはりに、集中荷重を1つ加えたはりのS.F.D.とB.M.D.を点Aを基準として考えます。

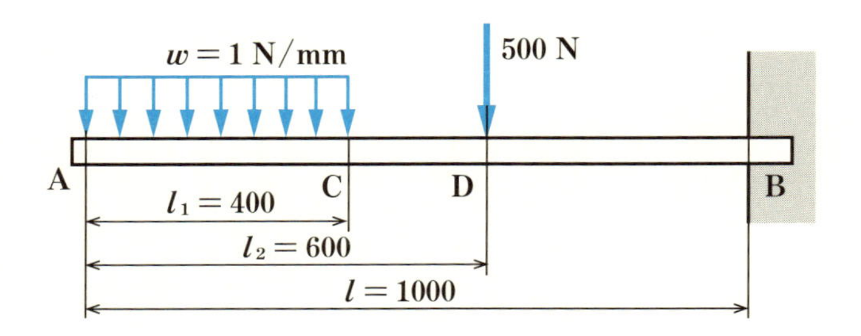

等分布荷重を受けるはり

等分布荷重として考える部分は、3−16の結果をそのまま使い、添え字を1とします。

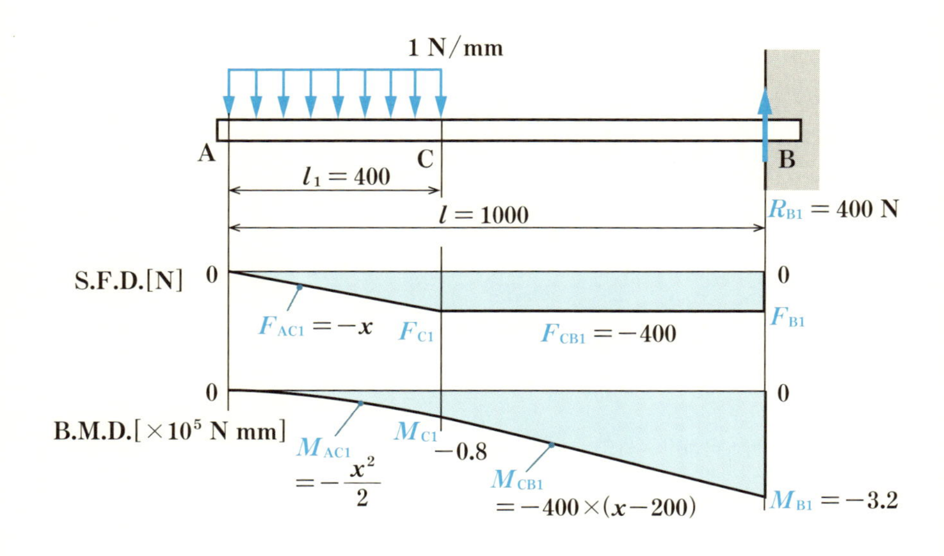

集中荷重を受けるはり

集中荷重の添え字を2とします。支点Aから荷重点Dまで、集中荷重は影響しません。

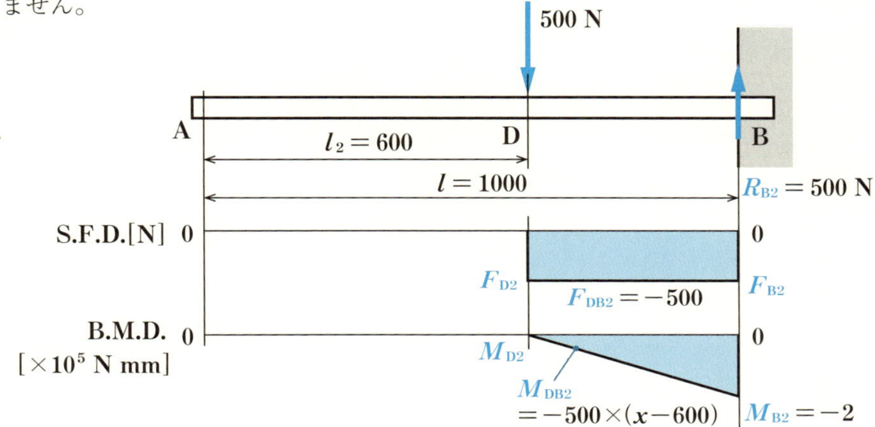

S.F.D. とB.M.D.

2つのS.F.D. とB.M.D. を合成します。

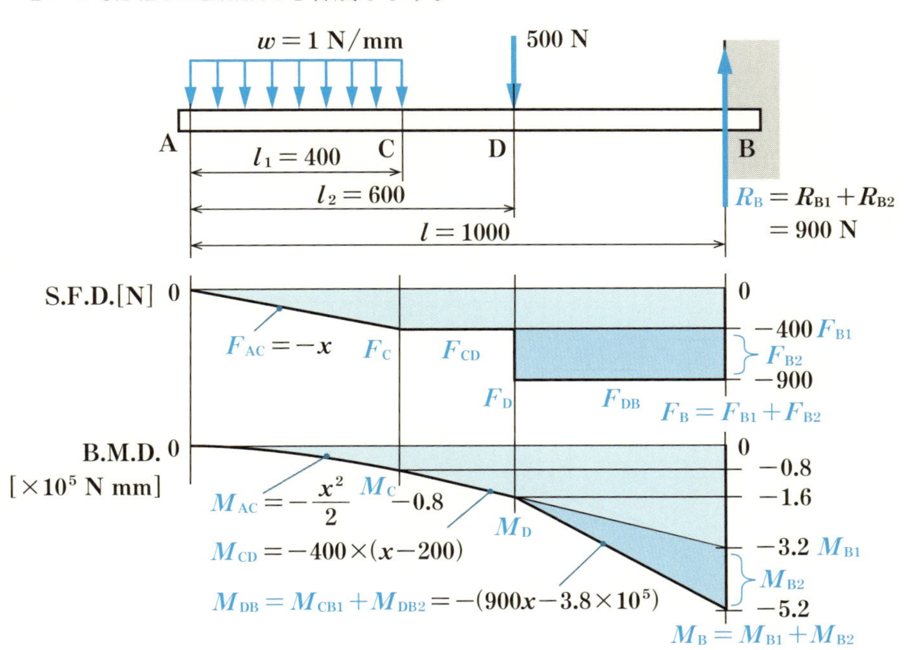

3-20 S.F.D.とB.M.D.の関係

これまで、せん断力と曲げモーメントの定義からS.F.D.とB.M.D.を考えましたが、2つの図を関連するグラフとして描くことができます。

B.M.D.の高さはS.F.D.の面積

B.M.D.の高さを、S.F.D.の面積から求めることができます。

次の例題1で、M_Dの大きさは、M_Cを基準としてせん断力F_{CD}とC−x間の長さの積となる面積変化分を加えた値として求めることができます。他の荷重点でも同様にして曲げモーメントと一般式を求めることができます。

せん断力の符号が「＋」の場合は、面積変化分を「＋」として、せん断力の符号が「−」の場合は、面積変化分を「−」とします。

モーメントの定義式から次のように考えます。

例題 1 両端支持はり

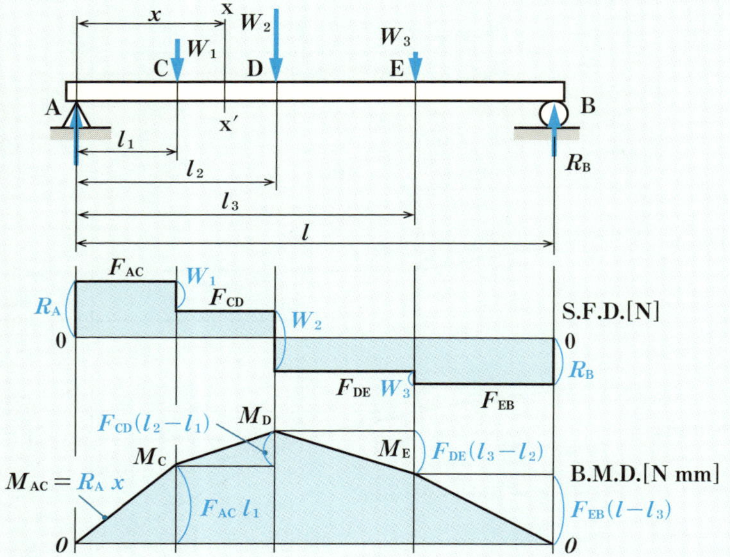

例題1で定義から

・AC間の曲げモーメント　$M_{AC} = R_A x$ …(1)

・CD間の曲げモーメント　$M_{CD} = R_A x - W_1(x - l_1)$ …(2)

・DE間の曲げモーメント　$M_{DE} = R_A x - W_1(x - l_1) - W_2(x - l_2)$ …(3)

曲げモーメントの定義から
$M_{CD} = R_A x - W_1(x - l_1)$の意味

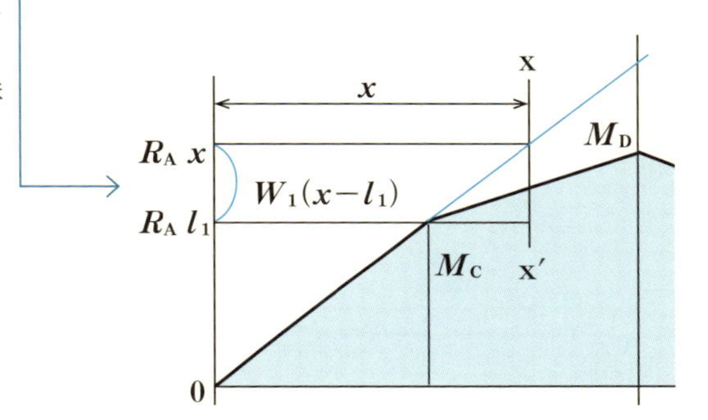

式(2)を次のように変形します。

$$M_{CD} = R_A x - W_1(x - l_1)$$
$$= R_A(l_1 + (x - l_1)) - W_1(x - l_1)$$
$$= R_A l_1 + R_A(x - l_1) - W_1(x - l_1)$$
$$= R_A l_1 + (R_A - W_1)(x - l_1)$$
$$= M_C + F_{CD}(x - l_1)$$

$x = l_1 + (x - l_1)$

$R_A l_1$は、点Cのモーメント
$R_A - W_1$は、せん断力F_{CD}

モーメントM_Cを基準にして、せん断力F_{CD}の面積変化分を加える

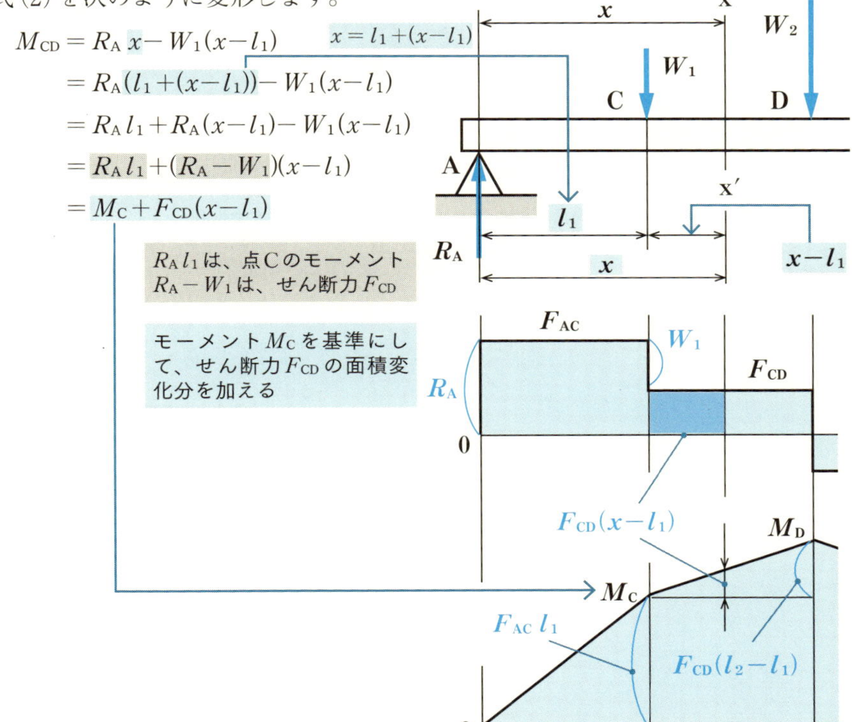

同様に式(3)のM_{DE}と区間EBのM_{EB}も求めることができます。

$$\left.\begin{aligned} M_{DE} &= M_D + F_{DE}(x - l_2) \\ M_{EB} &= M_E + F_{EB}(x - l_3) \end{aligned}\right\}$$ 例題1でF_{DE}、F_{EB}の符号は「－」

M_Eは、せん断力F_{DE}が－なので　$M_E = M_D - F_{DE}(l_3 - l_2)$

M_Eを支点Bから考えて　$M_E = F_{EB}(l - l_3)$ ← 実際の計算では、こちらが簡単

M_Bは、せん断力F_{EB}が－なので　$M_B = M_E - F_{EB}(l - l_3)$

点Bは支点なので、$M_B = 0$

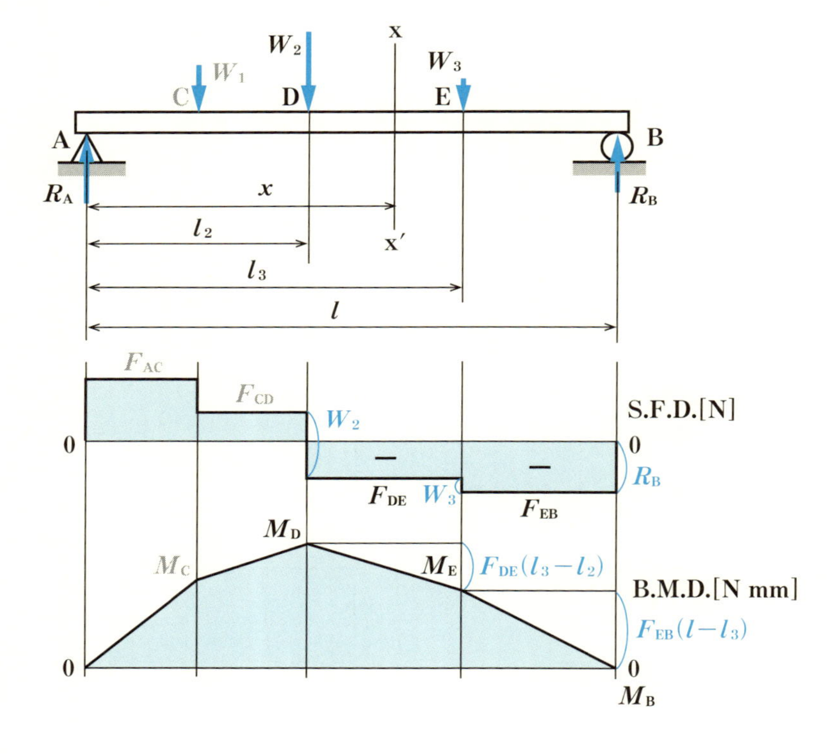

次の例題2に示す片持ちはりでも同様にして、

(1) M_Cを求める

(2) M_CにF_{CD}とC−D間の距離の積を加えてM_Dを求める

(3) M_DにF_{DE}とD−E間の距離の積を加えてM_Eを求める

(4) M_EにF_{EB}とE−B間の距離の積を加えてM_Bを求める

という手順で、S.F.DからB.M.D.を求めることができます。

例題 2 片持ちはり

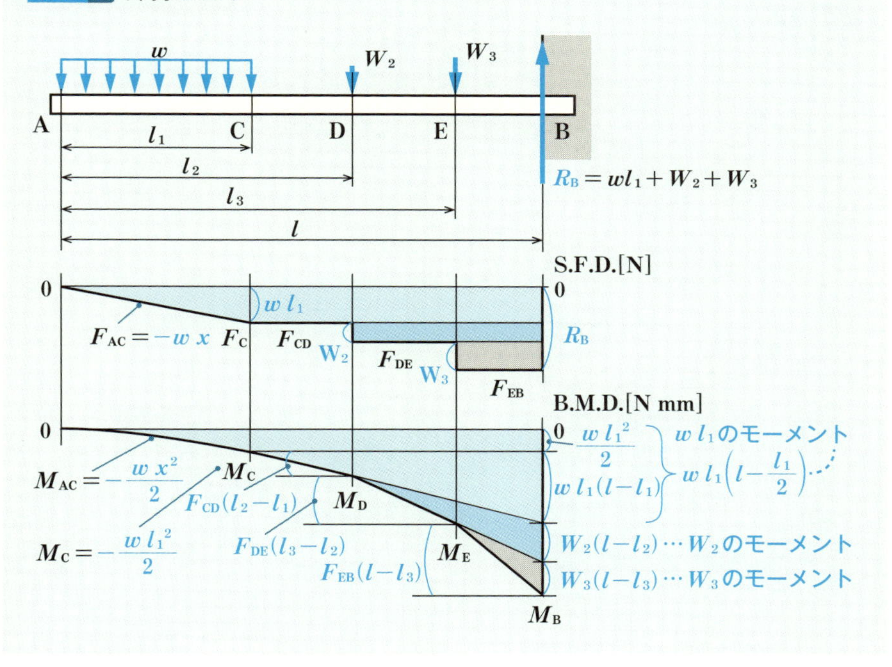

3-21 張出しはりの例

支点の外側に荷重のかかる張出しはりのS.F.D.とB.M.D.を求めます。3-20で説明した方法で曲げモーメントを求めてB.M.D.を描きます。

例題 1

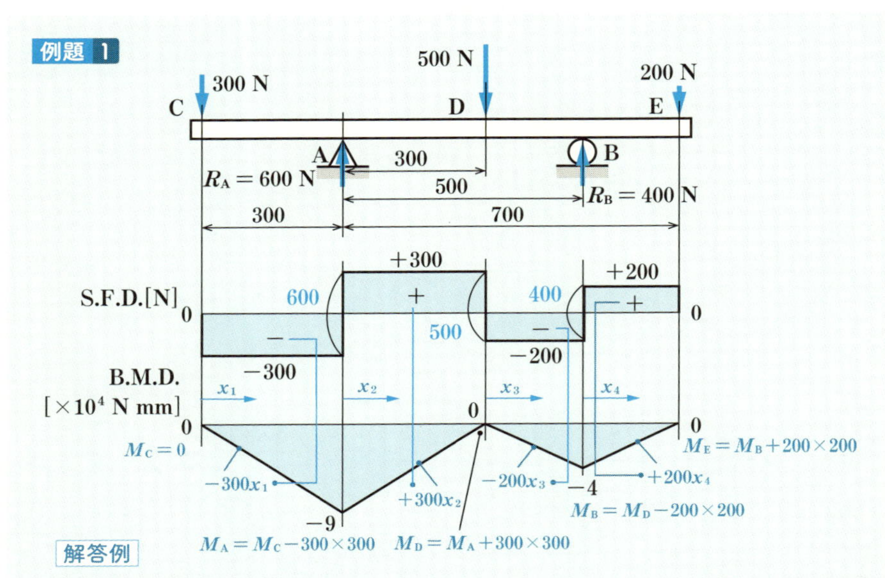

解答例

・支点反力　支点Aを中心に反時計回りのモーメントを「＋」として、モーメントの総和ゼロからR_Bを求めます。

$$(+300 \times 300 - 500 \times 300 - 200 \times 700) + 500R_B = 0 \qquad \therefore R_B = 400\ \mathrm{N}$$

下向きの力を「＋」として力の総和ゼロからR_Aを求めます。

$$(300 + 500 + 200 - R_B) - R_A = 0 \qquad \therefore R_A = 600\ \mathrm{N}$$

・S.F.D.　C端の荷重300 Nを起点として仮想断面を右向きに移動させ、断面の左側の外力の和が上向きを「＋」としてS.F.D.を描きます。

・B.M.D.　C端を起点にせん断力図の面積の増減から、せん断力「－」を曲げモーメント減少、せん断力「＋」を曲げモーメント増加としてB.M.D.を描きます。それぞれの範囲ごとの距離をx_1、x_2…としました。

例題 2

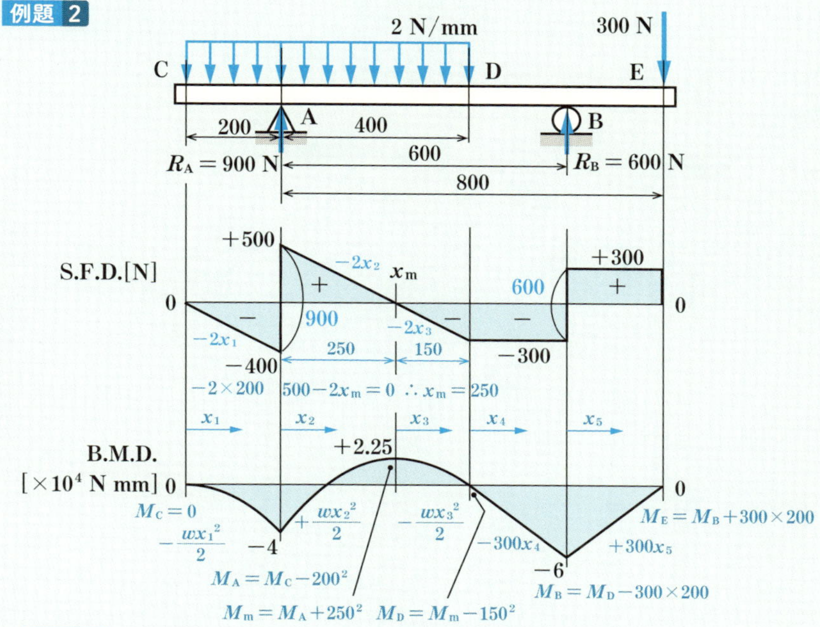

解答例

・支点反力　等分布荷重は、全荷重が集中荷重として等分布荷重の中央に働くと考え、支点Aを中心に反時計回りのモーメントを「＋」として、モーメントの総和ゼロからR_Bを求めます。

$$(-2 \times 600 \times 100 - 300 \times 800) + 600R_B = 0 \qquad \therefore R_B = 600 \text{ N}$$

下向きの力を「＋」として力の総和ゼロからR_Aを求めます。

$$(2 \times 600 + 300 - R_B) - R_A = 0 \qquad R_A = 900 \text{ N}$$

・S.F.D.　左端の等分布荷重は比例定数−2 N/mmで右下がりの直線となり、支点Aで−400 Nとなります。この点で上向きに900 Nの支点反力を受けます。以降の区間で同様に各点における外力の和を求めてS.F.D.を描きます。AD間でせん断力がゼロになる点をx_mとして求めると250 mmになります。

・B.M.D.　S.F.D.が1次関数の範囲は、B.M.D.が2次関数になります。AD間のB.M.D.の頂点は$x_m = 250$ mmで発生するので、この値を一般式のx_2に代入して2.25×10^4 N mmを得ます。

練習問題

次のはりのS.F.D.とB.M.D.の値を求めなさい。

問題 1

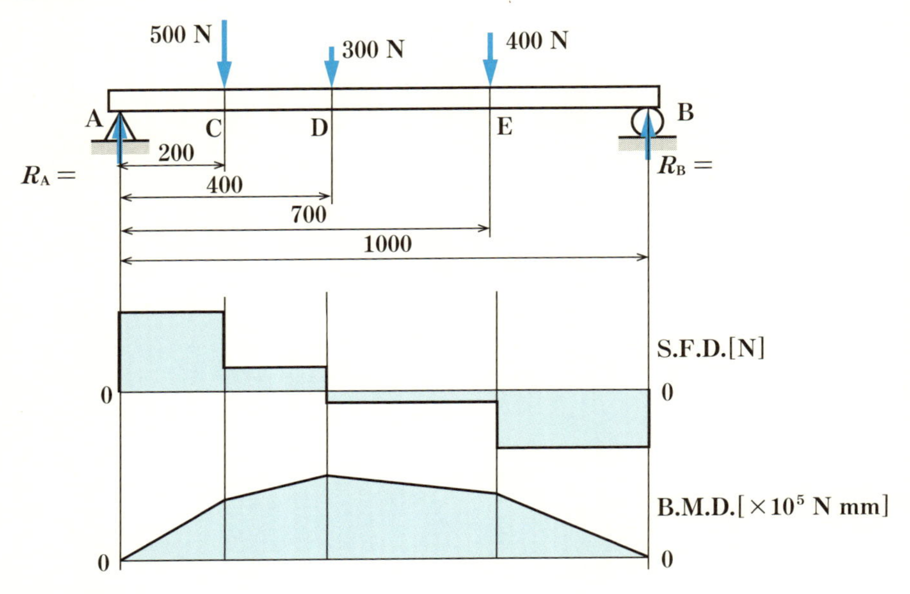

問題 2

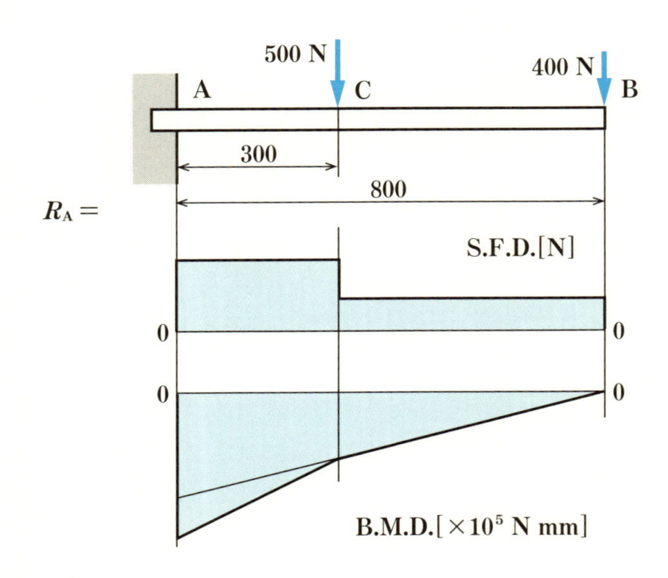

問題 3

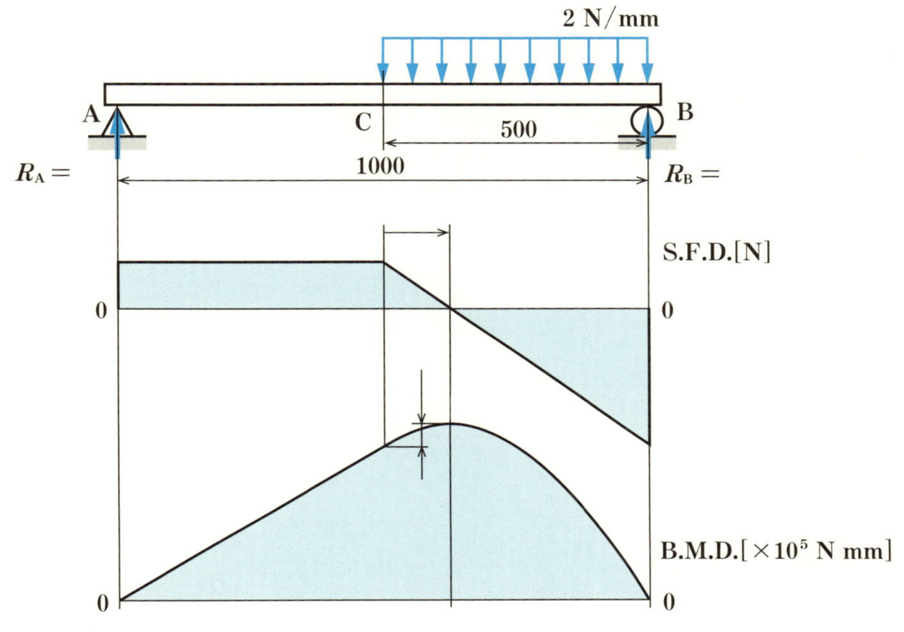
2 N/mm
A
C
B
500
R_A =
1000
R_B =
S.F.D.[N]
0
0
B.M.D.[×10⁵ N mm]
0
0

問題 4

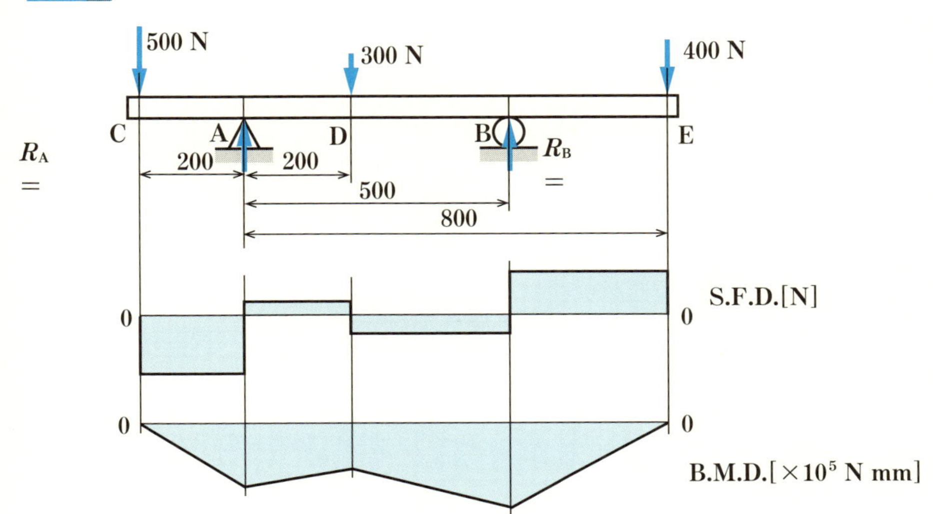
500 N
300 N
400 N
C
A
D
B
E
R_A =
200
200
R_B =
500
800
0
S.F.D.[N]
0
0
0
B.M.D.[×10⁵ N mm]

解答例

解答1

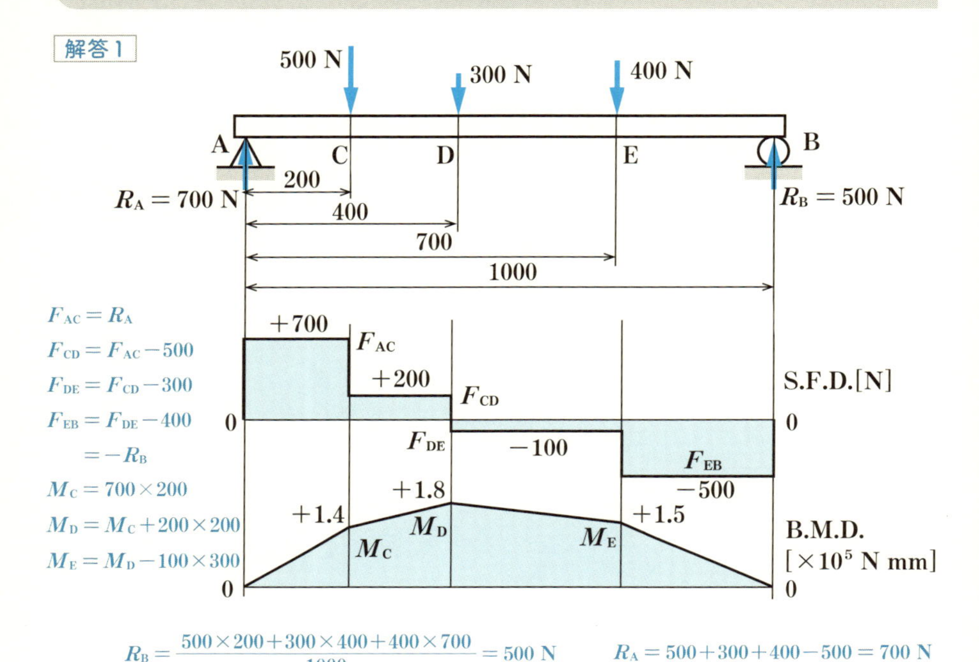

$$R_B = \frac{500 \times 200 + 300 \times 400 + 400 \times 700}{1000} = 500 \text{ N}$$

$$R_A = 500 + 300 + 400 - 500 = 700 \text{ N}$$

解答2

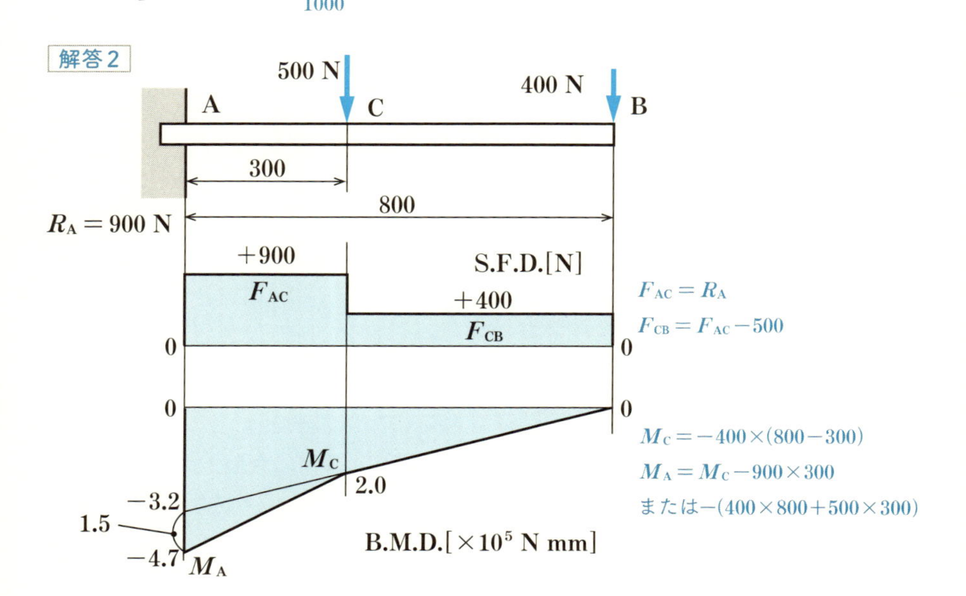

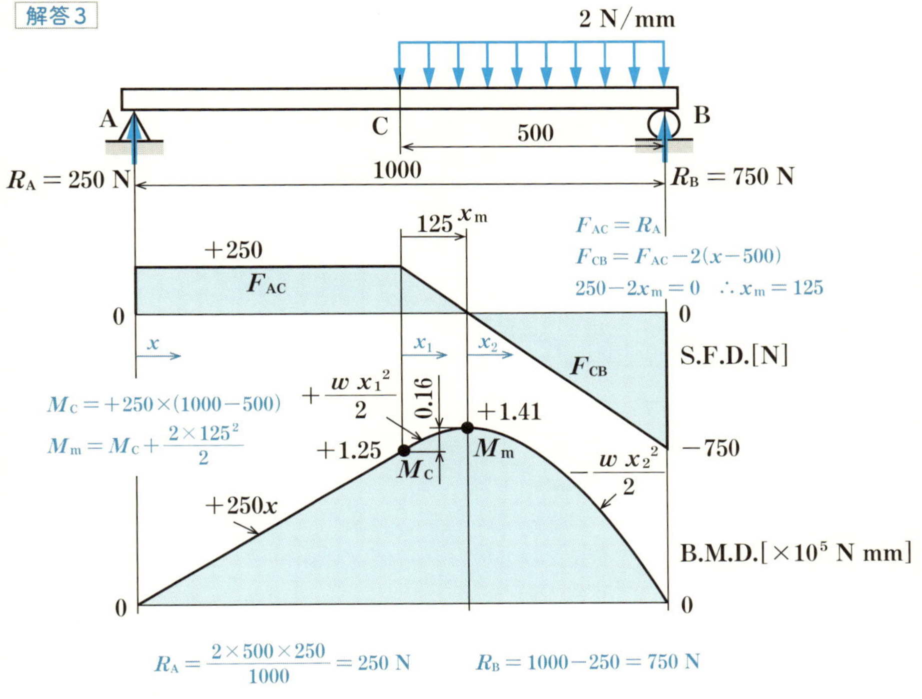

解答3
2 N/mm
A
C
B
500
1000
$R_A = 250$ N
$R_B = 750$ N
125
x_m
$F_{AC} = R_A$
$F_{CB} = F_{AC} - 2(x-500)$
$250 - 2x_m = 0 \quad \therefore x_m = 125$
+250
F_{AC}
0
0
x
x_1
x_2
F_{CB}
S.F.D.[N]
-750
$M_C = +250 \times (1000-500)$
$M_m = M_C + \frac{2 \times 125^2}{2}$
$+\frac{w x_1^2}{2}$
0.16
+1.41
+1.25
M_m
M_C
$-\frac{w x_2^2}{2}$
$+250x$
B.M.D.[$\times 10^5$ N mm]
0
0
$R_A = \frac{2 \times 500 \times 250}{1000} = 250$ N
$R_B = 1000 - 250 = 750$ N

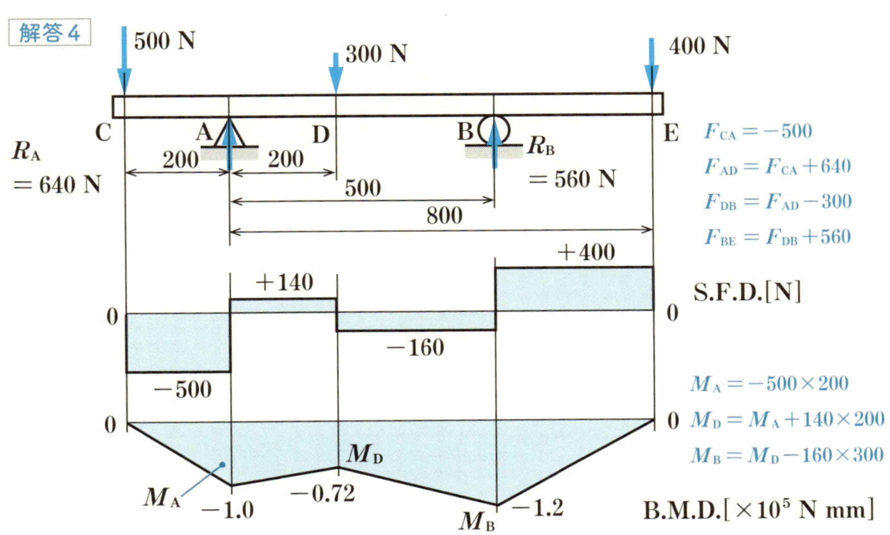

解答4
500 N
300 N
400 N
C
A
D
B
E
R_A
$= 640$ N
R_B
$= 560$ N
200
200
500
800
$F_{CA} = -500$
$F_{AD} = F_{CA} + 640$
$F_{DB} = F_{AD} - 300$
$F_{BE} = F_{DB} + 560$
+400
+140
S.F.D.[N]
0
0
-160
-500
$M_A = -500 \times 200$
$M_D = M_A + 140 \times 200$
$M_B = M_D - 160 \times 300$
0
0
M_D
M_A
-1.0
-0.72
M_B
-1.2
B.M.D.[$\times 10^5$ N mm]
$R_B = \frac{500 \times 200 - 300 \times 200 - 400 \times 800}{500} = 560$ N
$R_A = 500 + 300 + 400 - 560 = 640$ N

Column

「街で見つけよう B.M.D. の形」

はりという言葉を聞きなれない方がいるかもしれません。しかし、日常では必ずお世話になっていて、縁の下の力持ちや裏方という言葉がぴったりする部材です。ビルや駅舎や一般の住宅をはじめとする、さまざまな構造物に使われ、なくてはならないものです。

第3章で、はりのS.F.D.とB.M.D.を描きました。これは、次の章ではりの強さと変形を求めるために必要な第一歩です。

作図のポイントは、3−20でまとめた「B.M.D.の高さはS.F.D.の面積」です。S.F.D.を正確に描いて、あとは面積を求めるということです。

ところで、日本三大奇橋といわれる橋をご存じだと思います。

山口県岩国市錦川に架かる「錦帯橋」、山梨県大月市桂川に架かる「甲斐の猿橋」、現在では存在しない長野県木曽郡木曽川に架かっていたといわれる「木曽の桟(かけはし)」です。現存する2つの橋は、奇橋と呼ぶにはもったいない美しい外観をしています。

錦帯橋は、筆者の仕事の関係で、猿橋は筆者の趣味で現地を訪ねましたが、機能美に驚きを感じました。とくに晴天の下で河原から見上げた錦帯橋の壮大さは、技術の伝承とともに橋と周囲との景観美に感動したことを覚えています。

錦帯橋と猿橋は、構造的に相違はありますが、部材をアーチ状に組み上げて、中間の橋脚をもたない点で共通しています。

これらの橋の外観は、第3章で描いた両端支持はり集中荷重や等分布荷重のB.M.D.とよく似ています。

B.M.D.は、はりを曲げるように働くモーメントの大きさを表すので、この曲線の輪郭に似たアーチ形状は、はりに働く曲げ作用に抵抗する効果をもつのです。

このような形状は、私たちの近くに珍しいものではありません。日常で探してみてはいかがでしょうか。

4章 はりの強さと変形

3章で求めたはりのS.F.D.とB.M.D.をもとに、はりの強さと変形を考えます。同じ材料でも使い方によって強さが変わるということが定量的に理解できると思います。本章で、材料のかたちと強さを考えましょう。

4-1 はりの強さと変形

S.F.D. とB.M.D. を描くことは、はりの問題を解く手順の第一歩です。本章ではS.F.D. とB.M.D. を基に、はりの強さと形状、変形を考えます。

はりの変形と曲げ応力

はりに荷重が作用すると、はりの内部に**せん断力**と**曲げモーメント**が発生して、はりを曲げるように働きます。

S.F.D.は、はりに垂直に発生するせん断力を表します。はりの長手方向に薄い層状の部分を考えると、曲げ変形の**内側は圧縮**、**外側は引張**を受け、材料にずれを与えて変形させるせん断力を発生します。

材料の内部では、せん断力によるせん断応力と曲げモーメントによる曲げ応力が発生します。しかし、せん断応力は曲げ応力に比べてはるかに小さいため、材料力学では一般的に、はりの強さと曲げ応力の関係を考えます。

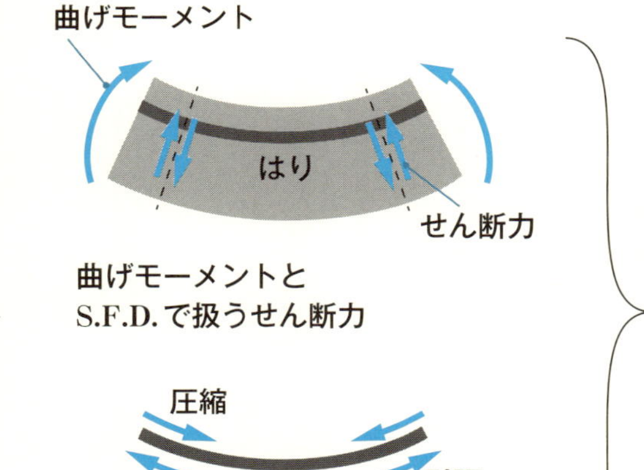
曲げモーメント
はり
せん断力
曲げモーメントと
S.F.D.で扱うせん断力
圧縮
引張
圧縮と引張は、材料にずれを与えるせん断力を生むが曲げモーメントと比べると極めて小さい

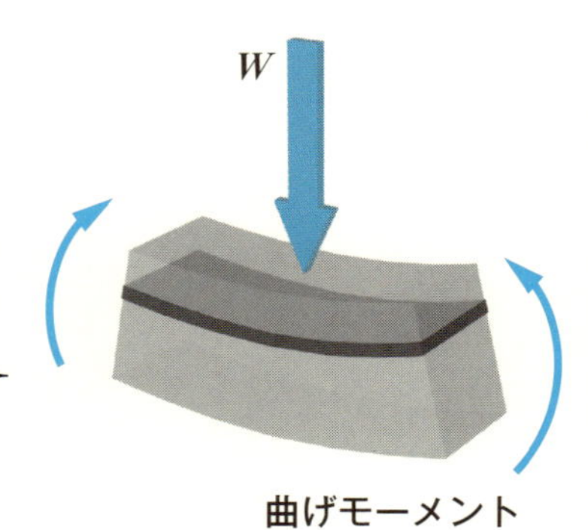
W
曲げモーメント
はりの曲げ変形は、曲げモーメントによるものと考える

はりの断面形状

はりの荷重条件が限定されれば、断面積が大きいほど強いと考えられます。また、長方形断面の材料では、荷重に対して横長断面で使用するより、縦長断面で使用する方が強いことが経験から想像できます。

はりの断面積と断面形状から、荷重を受けるはりに発生する曲げ応力が決まり、はりの強さを知ることができます。

はりに許容できる曲げ応力を設定すれば、荷重条件からはりの断面寸法を決定することができます。

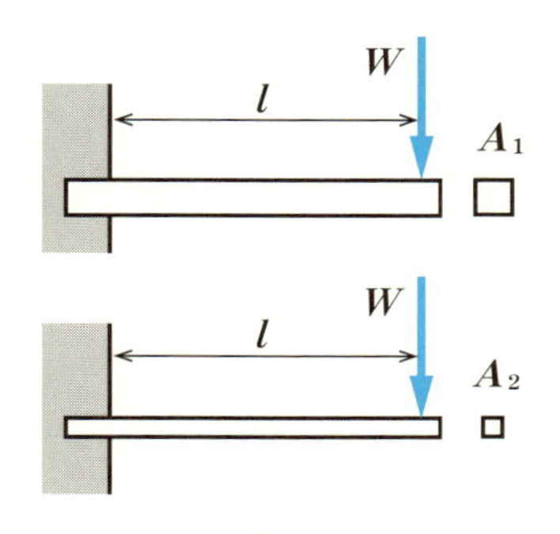

同じ荷重条件ならば、断面積の大きなはりの方が強い

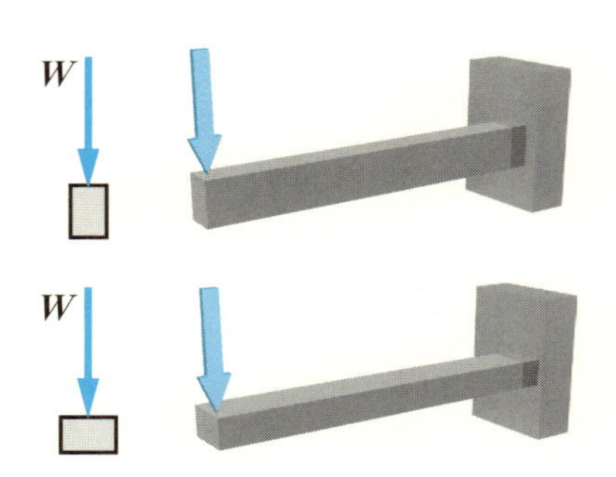

長方形断面ならば、縦長に使った方が強い

はりの変形

はりは材料内部では、引張りや圧縮の作用を受けますが、はり全体として緩やかに曲げられるように変形します。はりの変形や変形量を**たわみ**と呼び、変形してできた曲線を**たわみ曲線**と呼びます。断面形状からたわみを予測したり、たわみから断面寸法を決定することができます。

たわみは、荷重条件とはりの断面形状から求めることができる

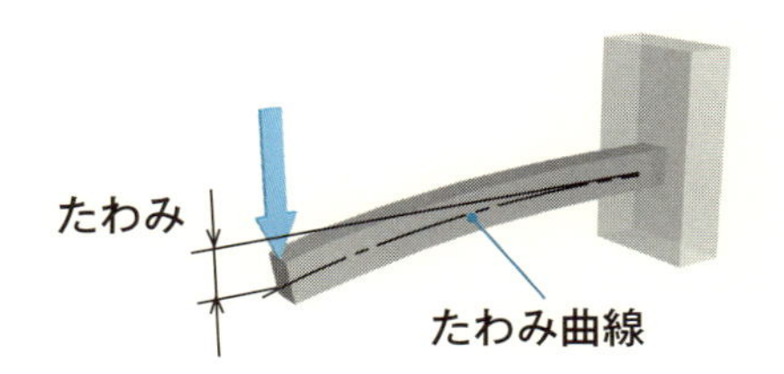

4-2 曲げ応力

曲げを受けたはりの凹側には圧縮応力が発生し、凸側には引張応力が発生します。この2つの応力を総称して曲げ応力と呼びます。

中立面

曲げられたはりの内側の距離ABは**縮み**、外側の距離CDは**伸び**ます。この内と外の両面からはりの内部に近づくにつれて、変形量は減少するので、縮みも伸びもない変形量ゼロの面MNが考えられます。この面を**中立面**と呼びます。はりの断面と中立面の交線を**中立軸**と呼び、任意の断面の重心をつないだ線を**縦主軸**と呼びます。たわみ曲線は、中立面で考えます。

ひずみと曲げ応力

はりは、**円弧状**に変形すると考えます。中立面MNの長さは一定なので、中立面から距離yの面PQでは、PQの長さからMNの長さを引いた寸法変化が生まれます。これを元の長さMNで割った値が式(1)の**ひずみ**εです。

MNとPQは、円弧の長さなので、中心角θ radと半径の積として式(2)で求められます。式(2)を式(1)に代入して式(3)のひずみεを求めます。応力とひずみの定義から求めた式(4)が中立面から距離yにある面に生じる**曲げ応力**です。

曲げ応力の大きさ

式(4)は、中立面から任意の距離yにある面に発生する曲げ応力の大きさが、距離yに**比例**することを表します。

仮想断面Y－Y′で、中立面を基準として、凸側のyの値を「＋」、凹側の値を「－」、yを$-e_2 \leqq y \leqq e_1$とします。yの値は材料の表面で最大なので、それぞれの表面における曲げ応力を引張り側σ_t、圧縮側σ_cとすると、この値が図のように曲げ応力の最大値になります。この応力は**縁応力**と呼ばれます。

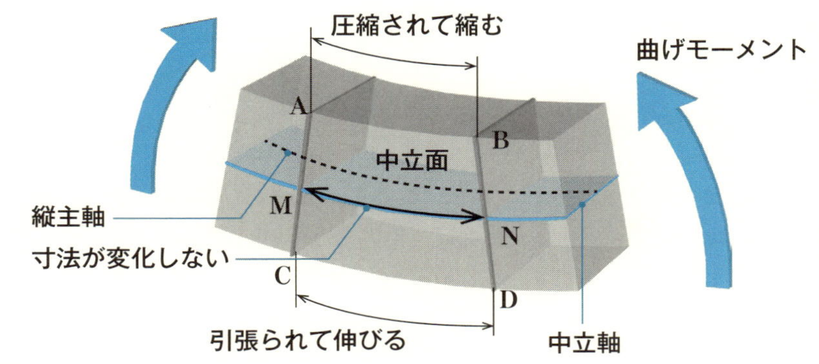

▲ 中立面

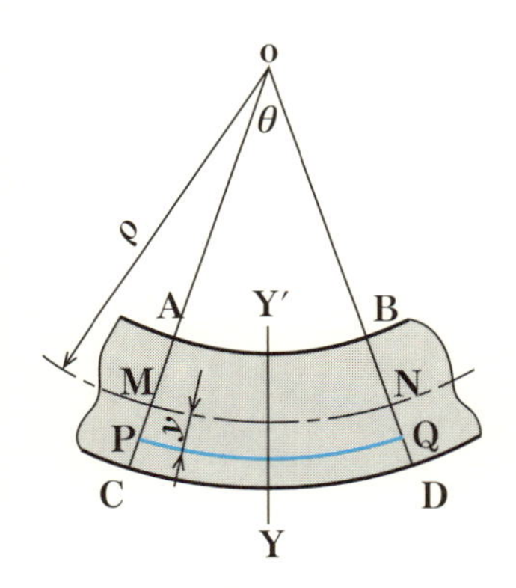

▲ ひずみと曲げ応力

面PQのひずみεを求めます。

$$\varepsilon = \frac{\lambda}{l} = \frac{PQ-MN}{MN} \quad \cdots(1)$$

$$\left.\begin{array}{l} MN = \rho\theta \\ PQ = (\rho+y)\theta \end{array}\right\} \quad \cdots(2)$$

式 (2) を式 (1) へ代入すると

$$\varepsilon = \frac{(\rho+y)\theta-\rho\theta}{\rho\theta} = \frac{y\theta}{\rho\theta} = \frac{y}{\rho} \quad \cdots(3)$$

応力とひずみの定義から

曲げ応力は　$\sigma = E\varepsilon = E\dfrac{y}{\rho}$　$\cdots(4)$

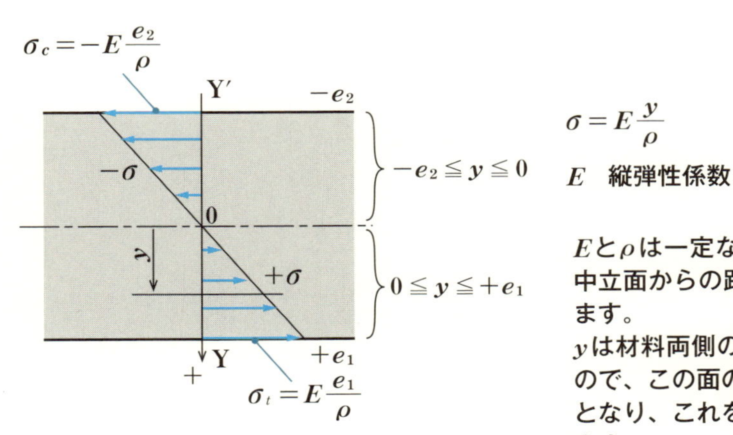

▲ 曲げ応力の大きさ

$$\sigma = E\frac{y}{\rho}$$

E　縦弾性係数

Eとρは一定なので、応力は中立面からの距離yに比例します。
yは材料両側の表面で最大なので、この面の応力が最大値となり、これを縁応力と呼びます。

4 はりの強さと変形

4-3 断面二次モーメントと断面係数

はりの曲がり難さとはりの強さは、はりの断面形状によって決まります。曲げモーメント、断面形状、曲げ応力の関係を考えます。

断面二次モーメントと曲げ剛性

断面二次モーメントは、断面形状からはりの変形のようすを表す係数で、**曲げ剛性**は、材質と断面形状からはりの曲げにくさを考える目安となります。

中立面から任意の距離yで、曲げ応力σの発生している面が中立軸に及ぼすモーメントから**断面二次モーメント**と**曲げ剛性**を考えます。

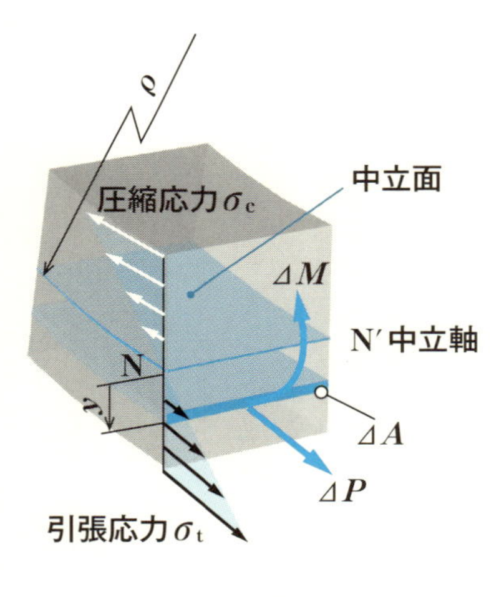

・曲げ応力σ、微小面積ΔAの内力ΔP

$\Delta P = \sigma \Delta A$

・中立軸N－N′まわりのΔPのモーメントΔM

$\Delta M = y \Delta P = y \sigma \Delta A$

・断面全体のΔMを集めた曲げモーメントM

$M = \sum \Delta M = \sum y \sigma \Delta A$ …(1)

・式(1)に曲げ応力$\sigma = E\dfrac{y}{\rho}$を代入して、

$M = \sum y E \dfrac{y}{\rho} \Delta A = \sum E \dfrac{y^2}{\rho} \Delta A$

Eとρは定数なので、Σの前へ出します。

$M = \sum E \dfrac{y^2}{\rho} \Delta A = \dfrac{E}{\rho} \sum y^2 \Delta A$

ここで、$\sum y^2 \Delta A$は断面形状によって決まる値で、これをIとして、

$$M = \frac{EI}{\rho} \quad \cdots (2)$$

E　はり材料の縦弾性係数

・$I = \sum y^2 \Delta A$を「断面二次モーメント」と呼び、断面形状の特性を表す係数。
・EIを「曲げ剛性」と呼び、曲がり難さの目安となります。

式(2)は、はりの曲げ半径が一定のとき、曲げモーメントMが曲げ剛性$E\ I$に**比例**することを表します。縦弾性係数Eは材質で決定されるので、はりの形状から決まる断面二次モーメントIの値が、はりの曲げモーメントと変形の関係を決定します。

断面係数

断面係数は、曲げモーメントMと曲げ応力σの関係を、はりの材質に関係せずに、はりの断面形状から表すことのできる係数です。

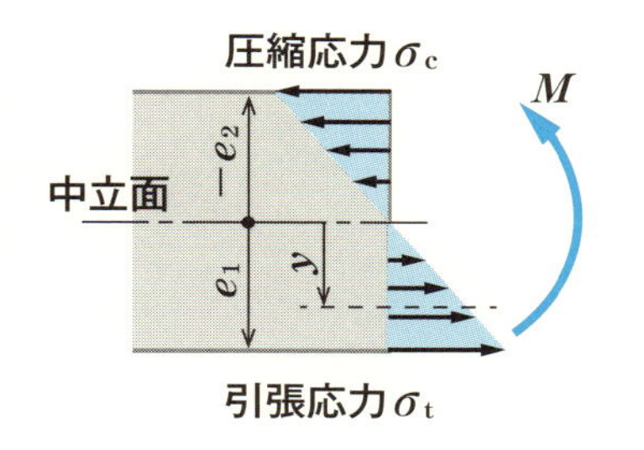

はりの変形と曲げ応力の関係から

$$\sigma = E\frac{y}{\rho} \qquad \therefore \frac{1}{\rho} = \frac{\sigma}{E\,y} \cdots (3)$$

式(3)を式(2)に代入してEを消去します。

$$M = \frac{E\,I}{\rho} = \frac{E\,I\,\sigma}{E\,y} = \sigma\frac{I}{y}$$

$$\therefore \sigma = M\frac{y}{I} \cdots (4)$$

式(4)は、曲げ応力σが、材質に関係なく曲げモーメントと断面形状で決まり、中立面からの距離yに比例し、はりの凹凸の両表面で最大になることを表します。

距離yに、はりの凸面までの距離e_1、凹面までの距離$-e_2$を代入すると

引張応力 $\sigma_t = M\dfrac{e_1}{I}$　　**圧縮応力** $\sigma_c = -M\dfrac{e_2}{I}$

ここで、$\dfrac{I}{e_1} = Z_1$　　$\dfrac{I}{e_2} = Z_2$**とすれば、**$\sigma_t = \dfrac{M}{Z_1}$　　$\sigma_c = \dfrac{M}{Z_2}$

これを一般式にして

$$\sigma = \frac{M}{Z} \cdots (5)$$

Zを断面係数と呼び、はりに発生する曲げ応力σが断面係数Zに反比例することを表します。
断面係数Zが大きいと、一定の曲げモーメントMに対して、発生する曲げ応力σが小さくなるので、はりの強度が高くなります。

4-4 断面に関する係数の計算式

はりに使用される一般的な断面形状の、断面二次モーメントIと断面係数Zの算出法を考えます。

断面二次モーメントと断面係数の例

代表的な断面の断面二次モーメントと、断面係数を次の表に示します。

断面形状	面積 A	断面二次モーメント I	断面係数 Z
h, b	bh	$\frac{1}{12}bh^3$	$\frac{1}{6}bh^2$
d	$\frac{\pi}{4}d^2$	$\frac{\pi}{64}d^4$	$\frac{\pi}{32}d^3$
h	h^2	$\frac{1}{12}h^4$	$\frac{\sqrt{2}}{12}h^3$
h, e_2, e_1, b	$\frac{1}{2}bh$	$\frac{1}{36}bh^3$	$e_1=\frac{1}{3}h$、$Z_1=\frac{1}{12}bh^2$ $e_2=\frac{2}{3}h$、$Z_2=\frac{1}{24}bh^2$
d_2, d_1	$\frac{\pi}{4}(d_2^2-d_1^2)$	$\frac{\pi}{64}(d_2^4-d_1^4)$	$\frac{\pi}{32}\frac{d_2^4-d_1^4}{d_2}$
h_2, h_1, $b_1/2$, $b_1/2$, b_2	$b_2h_2-b_1h_1$	$\frac{1}{12}(b_2h_2^3-b_1h_1^3)$	$\frac{1}{6}\frac{b_2h_2^3-b_1h_1^3}{h_2}$

断面二次モーメントの加減算

断面二次モーメントは、基本的な形状の断面二次モーメントを組み合わせて求めることができます。

下のI形断面の断面二次モーメントIは、(A) 長方形のI_2から2つの長方形のI_1を引いたもの、あるいは(B) 2つの長方形のI_3と１つの長方形のI_4を加えたもの、として求めることができます。

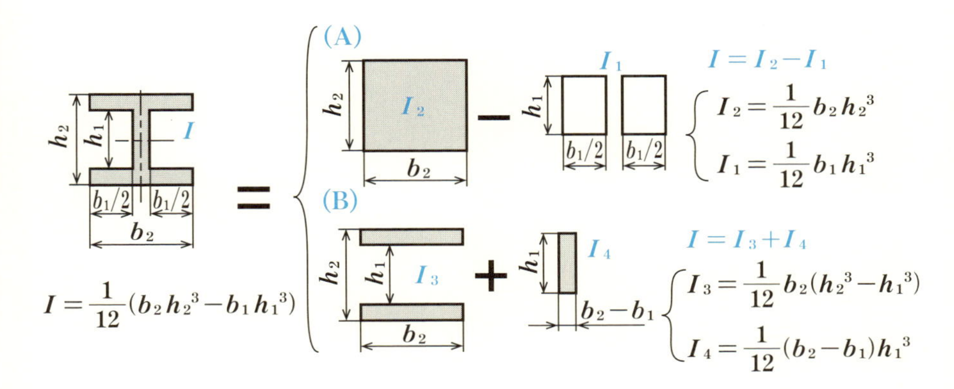

$$I=\frac{1}{12}(b_2h_2^3-b_1h_1^3)$$

断面二次モーメントと断面係数の関係

断面係数Zは、断面二次モーメントIを中立面からの距離で割ったものです。三角形断面のように、中立面から引張・圧縮両表面までの距離が異なる場合は、それぞれの断面係数が異なります。

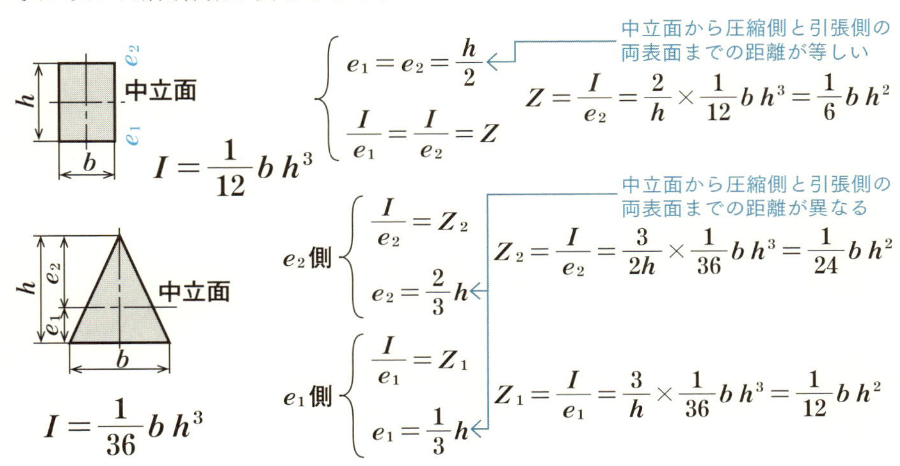

4-5 断面係数の計算

はりの曲げ応力は、曲げモーメントと断面係数から求めます。断面係数が大きければ、はりに発生する応力が小さく、はりは強くなります。

断面係数を求める

下図の中空長方形断面の断面係数を求めます。形状は長方形断面の中実材から中空部分を抜いたものです。断面係数は、断面二次モーメントのように直接加減算できないので、初めに断面二次モーメントIを求めてから断面係数Zを求めます。

(1) 断面二次モーメントIを求める

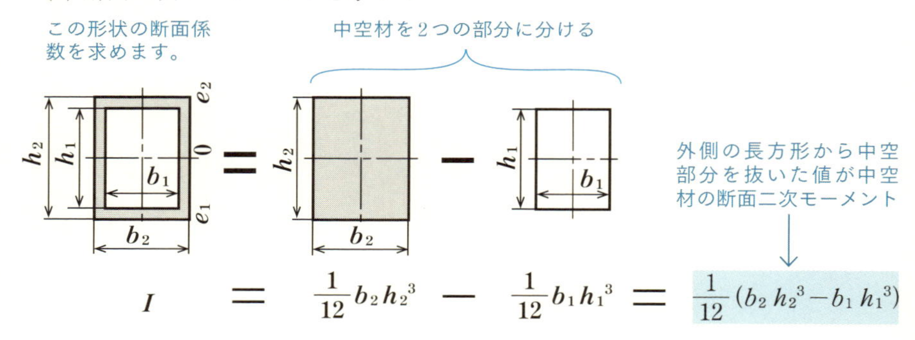

(2) 中立面からの距離$e_1 = e_2$から、断面係数を求める

$$e_1 = e_2 = \frac{h_2}{2}$$ ← 中立面から圧縮側と引張側の両表面までの距離が等しい

$$\frac{I}{e_1} = \frac{I}{e_2} = Z \quad Z = \frac{I}{e_2} = \frac{2}{h_2} \times \frac{1}{12}(b_2 h_2^3 - b_1 h_1^3) = \frac{1}{6} \frac{b_2 h_2^3 - b_1 h_1^3}{h_2}$$

上の結果は、下の左側に示す4－4のI形断面材と同じです。右側の形状も分解した2つの部分が同じなので、等しい式になります。

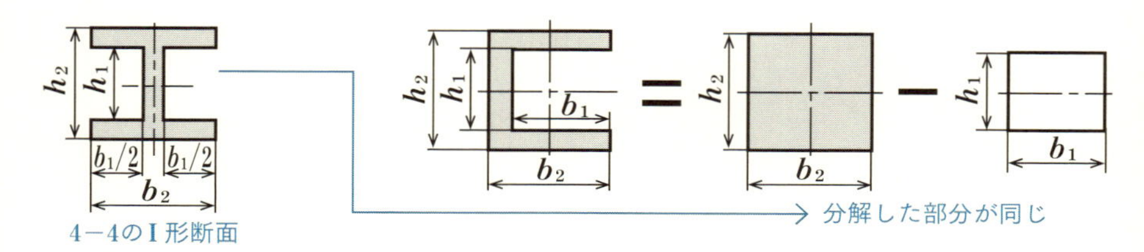

例題 1　縦長断面が強い理由

辺の長さ1：2の長方形断面の部材は、曲げ荷重に対して横長よりも縦長で使用する方が強いと考えられます。これを説明しなさい。

解答例

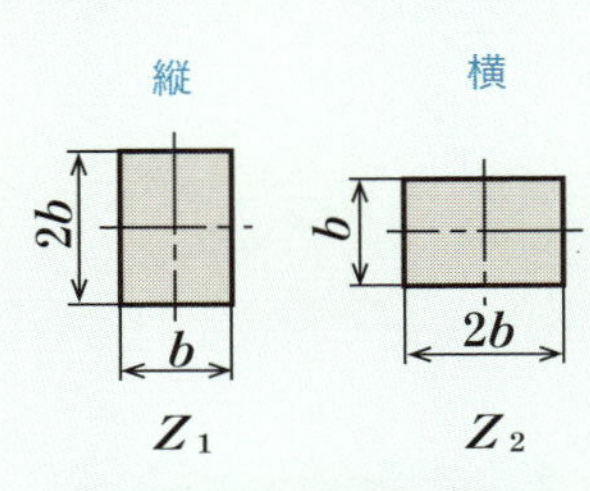

・はりが強いとは、一定の曲げモーメントMに対して、発生する曲げ応力σが小さいこととします。

$$\sigma = \frac{M}{Z}$$

Mが一定ならば、σの大きさは、Zに反比例する。

・縦長断面の断面係数Z_1、横長断面の断面係数Z_2を比較します。

縦長 $Z_1 = \frac{1}{6}b(2b)^2 = \frac{4}{6}b^3$

横長 $Z_2 = \frac{1}{6}2bb^2 = \frac{2}{6}b^3$

$$\frac{Z_1}{Z_2} = \frac{\frac{4}{6}b^3}{\frac{2}{6}b^3} = 2$$

Z_1がZ_2の2倍になる。縦長断面に発生する応力は、横長断面の$\frac{1}{2}$なので強い。

例題 2　中実丸棒とパイプの比較

直径dの丸棒と内径d、外径1.2 dの薄肉パイプの断面係数を比較しなさい。

解答例

・丸棒とパイプの断面係数と断面積

丸棒

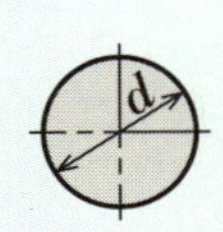

$$Z_1 = \frac{\pi}{32}d^3$$

$$A_1 = \frac{\pi}{4}d^2$$

パイプ

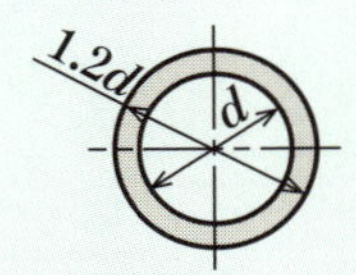

$$Z_2 = \frac{\pi}{32}\frac{(1.2d)^4 - d^4}{1.2d}$$

$$A_2 = \frac{\pi}{4}\{(1.2d)^2 - d^2\}$$

・断面係数を比較する $\frac{Z_2}{Z_1} \fallingdotseq \frac{0.89}{1}$

・断面積を比較する $\frac{A_2}{A_1} \fallingdotseq \frac{0.44}{1}$

中実軸に対して、肉厚10%の薄肉パイプは、曲げ強さで約90%、面積比（重量比）で約45%の値をもつ。

4-6 曲げ応力の計算

はりのS.F.D.とB.M.D.から最大曲げモーメントを求め、断面係数を用いてはりに生じる曲げ応力を求めます。

曲げ応力の算出法

はりに発生する曲げ応力σは、S.F.D.とB.M.D.から求めた最大曲げモーメントをMとして、断面係数Zから次の式で求めます。

$$\sigma = \frac{M}{Z}$$

σ　曲げ応力[MPa]
M　最大曲げモーメント[N mm]
Z　断面係数[mm^3]

例題 1　両端支持はりに生じる曲げ応力

次のはりに発生する曲げ応力を求めなさい。

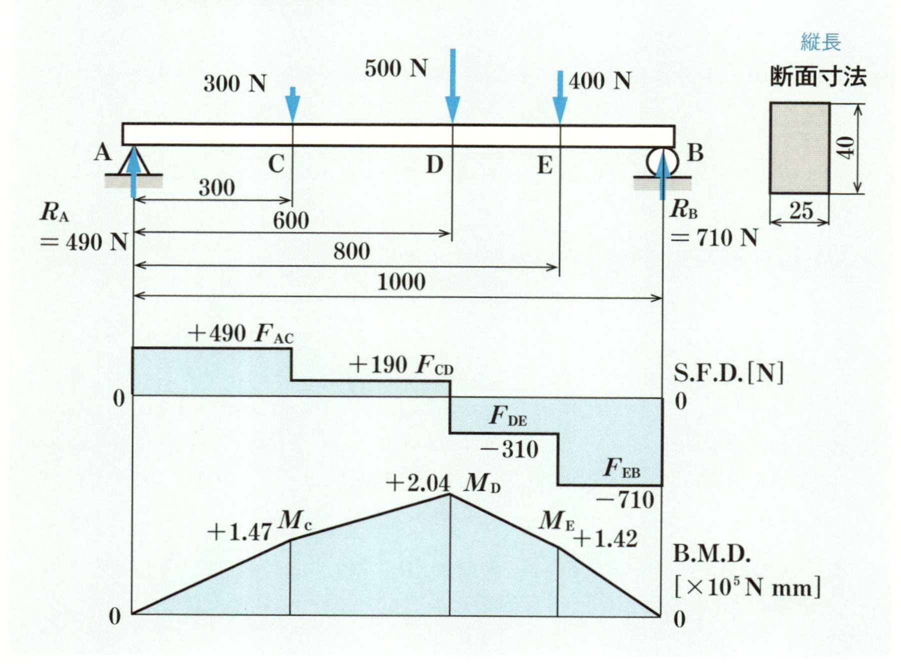

解答例

(1) 支点反力を求める。

$$R_B = \frac{300\times300+500\times600+400\times800}{1000} = 710\ \mathrm{N}$$

$$R_A = 300+500+400-710 = 490\ \mathrm{N}$$

(2) せん断力を求める。

$$F_{AC} = R_A = 490\ \mathrm{N}$$

$$F_{CD} = F_{AC} - 300 = 190\ \mathrm{N}$$

$$F_{DE} = F_{CD} - 500 = -310\ \mathrm{N}$$

$$F_{EB} = F_{DE} - 400 = -710\ \mathrm{N}$$

(3) 曲げモーメントを求める。

$$M_C = 490\times300 = 1.47\times10^5\ \mathrm{N\,mm}$$

$$M_D = 490\times600 - 300\times300 = 2.04\times10^5\ \mathrm{N\,mm}$$

$M_E = 710\times200 = 1.42\times10^5\ \mathrm{N\,mm}$ ←― 支点Bから求めました

(4) M_Dを最大曲げモーメントM、断面係数Zとして、曲げ応力σを求める。

$\sigma = \dfrac{M}{Z}$ と $Z = \dfrac{1}{6}bh^2$ から $\sigma = \dfrac{M}{Z} = \dfrac{6M}{bh^2}$

(5) 上式に $M = 2.04\times10^5\ \mathrm{N\,mm}$、$b = 25\ \mathrm{mm}$、$h = 40\ \mathrm{mm}$を代入する。

$$\sigma = \frac{6M}{bh^2} = \frac{6\times2.04\times10^5}{25\times40^2} = 30.6\ \mathrm{MPa}$$

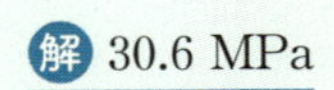

例題 2 はりの縦横置き換え

同一の荷重条件で、はりを横長断面で使用した場合の曲げ応力を求めなさい。

解答例

- 荷重条件が変わらないので、最大曲げモーメントは同じ。

$M = 2.04\times10^5\ \mathrm{N\,mm}$、$b = 40\ \mathrm{mm}$、$h = 25\ \mathrm{mm}$を代入する。

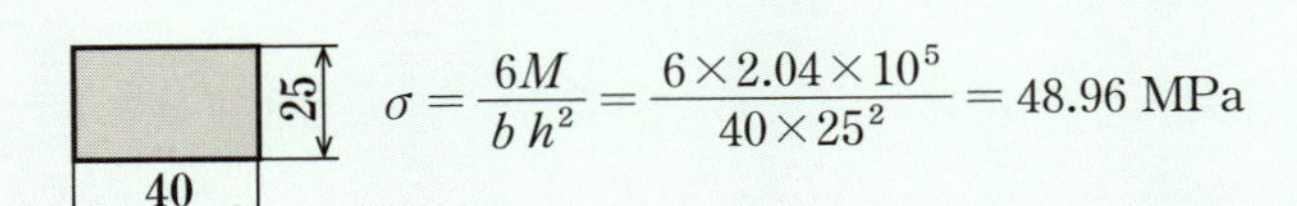

$$\sigma = \frac{6M}{bh^2} = \frac{6\times2.04\times10^5}{40\times25^2} = 48.96\ \mathrm{MPa}$$

横長

解 48.96 MPa

4-7 断面寸法の計算

はりに発生する曲げ応力の許容値を設定して、最大曲げモーメントと断面係数からはりの断面寸法を求めます。

例題 1 片持ちはりの断面寸法

次の荷重を受ける片持ちはりの許容曲げ応力を60 MPaとする。幅の2倍の高さをもつ長方形断面の寸法を求めなさい。

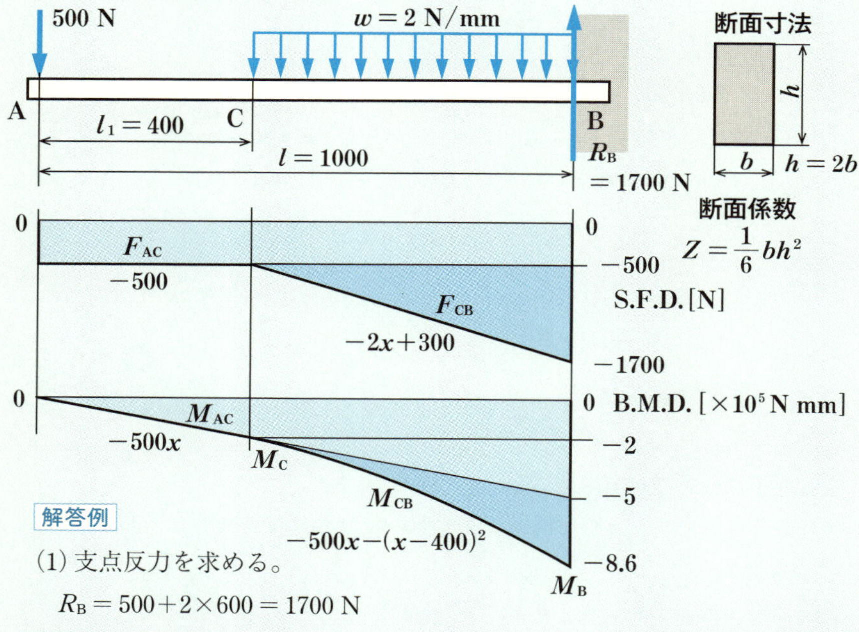

解答例

(1) 支点反力を求める。

$R_B = 500 + 2 \times 600 = 1700$ N

(2) せん断力を求める。

・AC間　任意断面の左側が集中荷重だけなので、　$F_{AC} = -500$ N

・CB間　集中荷重500 Nに自由端からの距離をxとして分布荷重を加える $400 \leqq x \leqq 1000$の一般式

$$F_{CB} = F_{AC} - w(x-400) = -500 - 2(x-400) = -2x + 300$$

(3) 曲げモーメントを求める。

・AC間　任意断面から集中荷重までの距離をxとして、

$$M_{\mathrm{AC}} = -500x$$

・CB間　任意断面から自由端までの距離x間の全モーメントを加える$400 \leqq x \leqq 1000$の一般式

$$M_{\mathrm{CB}} = -500x - \frac{W}{2}(x-400)^2 = -500x - (x-400)^2$$

・固定端に発生する最大曲げモーメントを求める

$$M_{\mathrm{B}} = -500 \times 1000 - (1000-400)^2 = 8.6 \times 10^5 \ \mathrm{N\,mm}$$

(4) 最大曲げモーメントM、断面係数Z、曲げ応力σから幅bを求める。

$$\sigma = \frac{M}{Z} \quad と \quad Z = \frac{1}{6}b\,h^2 = \frac{1}{6}b(2b)^2 = \frac{4}{6}b^3 \quad から$$

$$\sigma = \frac{M}{Z} = \boxed{\frac{M}{\frac{4}{6}b^3}} = \frac{6\,M}{4\,b^3} \quad \therefore b = \sqrt[3]{\frac{6\,M}{4\,\sigma}} = \sqrt[3]{\frac{6 \times 8.6 \times 10^5}{4 \times 60}} = 27.8 \ \mathrm{mm}$$

(5) 幅bが27.8 mmなので、高さhは、

$$h = 2b = 27.8 \times 2 = 55.6 \ \mathrm{mm}$$

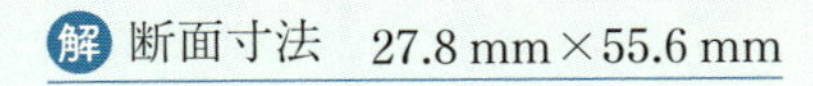

例題 2　はりを中空パイプに交換する

例題1と同一の荷重条件、許容応力で、はりを中空パイプに交換します。パイプの内径d、外径1.2 dとして、パイプの内径を求めなさい。

解答例

・題意は、長方形断面と等しい断面係数Zをもつパイプの内径を求めること。

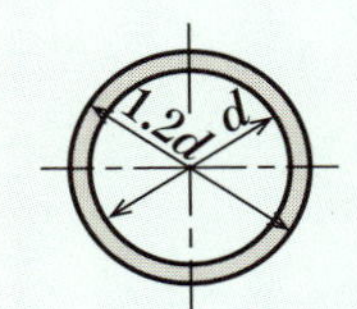

・例題1で決定した形状の断面寸法から、Zは、

$$Z = \frac{1}{6}b\,h^2 = \frac{27.8 \times 55.6^2}{6} = 14323.3 \ \mathrm{mm}^3$$

・内径d、外形1.2 dのパイプの断面係数は、4−5例題2より、

$$Z = \frac{\pi}{32}\frac{(1.2d)^4 - d^4}{1.2d} = 0.0878d^3 = 14323.3$$

$$\therefore d = \sqrt[3]{\frac{14323.3}{0.0878}} = 54.6 \ \mathrm{mm}$$

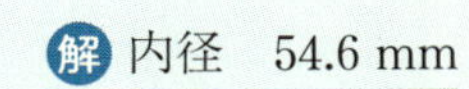

4-8 たわみ

はりは、荷重を受けて変形します。断面係数とはりの強度の関係に変形量は含まれません。ここで、はりの強さと変形について考えます。

はりのたわみ

荷重を受けて変形したはりの中立面のつくる曲線を**たわみ曲線**と呼びます。中立面上の任意の点Cの変位CC′を**たわみ**δと呼び、点C′の接線を**たわみ角**iと呼びます。

片持ちはりでは、自由端のたわみが**最大たわみ**、自由端のたわみ角が**最大たわみ角**になります。

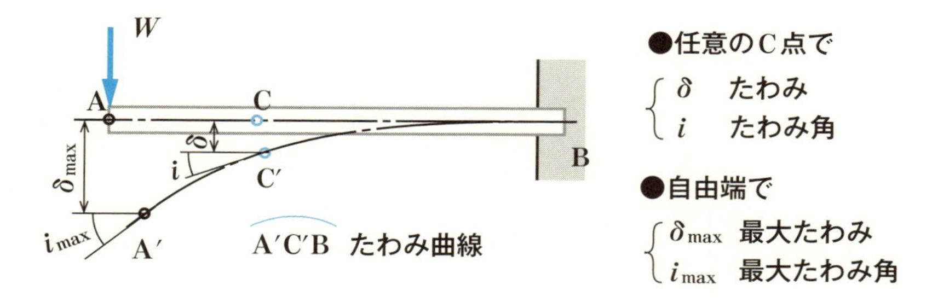

たわみの算出式

はりのたわみ変形は、はりの種類と荷重条件によって大きく異なります。そこで、代表的なはりに対して、右の表に示す係数を与えて、次の一般式で、たわみ角とたわみを求めます。たわみ角の単位はradです。

最大たわみ角

$$i_{max} = \alpha \frac{W l^2}{E I}$$

W 荷重　α たわみ角の係数

l はりの長さ　β たわみ係数

最大たわみ

$$\delta_{max} = \beta \frac{W l^3}{E I}$$

E 縦弾性係数

I 断面二次モーメント

} EI 曲げ剛性

▼ たわみ角とたわみの係数

はりと荷重の種類	i_{max} 最大たわみ角		δ_{max} 最大たわみ	
	係数 α	位置	係数 β	位置
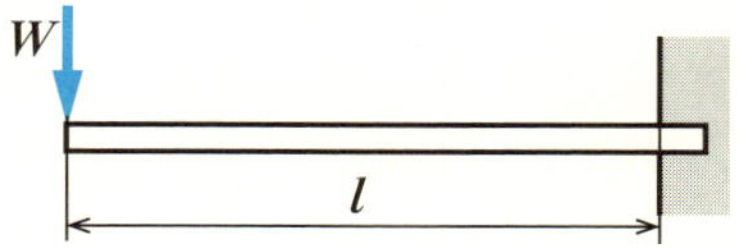 片持ばり(自由端に集中荷重 W、長さ l)	$\frac{1}{2}$	自由端	$\frac{1}{3}$	自由端
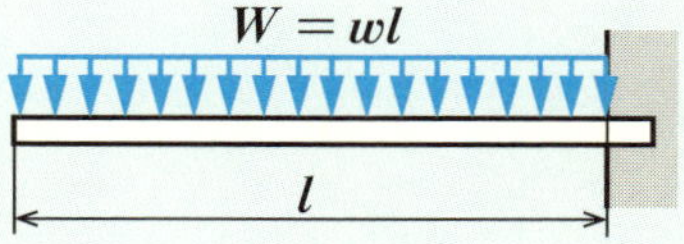 片持ばり(等分布荷重 $W = wl$、長さ l)	$\frac{1}{6}$	自由端	$\frac{1}{8}$	自由端
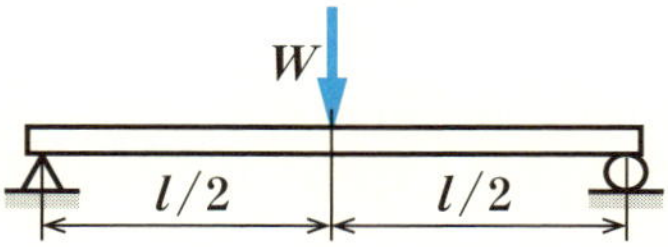 単純支持ばり(中央に集中荷重 W、$l/2$、$l/2$)	$\frac{1}{16}$	両端	$\frac{1}{48}$	中央
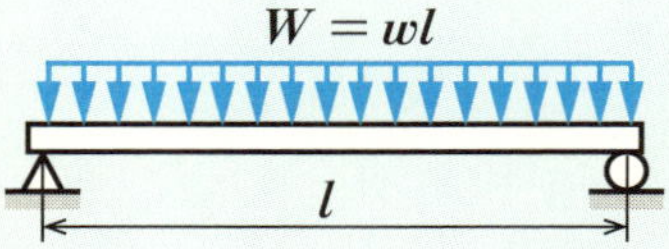 単純支持ばり(等分布荷重 $W = wl$、長さ l)	$\frac{1}{24}$	両端	$\frac{5}{384}$	中央
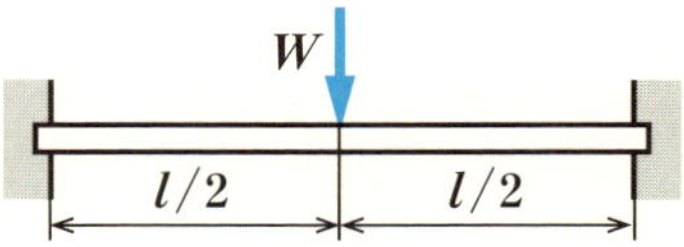 両端固定ばり(中央に集中荷重 W、$l/2$、$l/2$)	$\frac{1}{64}$	両端から $\frac{1}{4}$ の位置	$\frac{1}{192}$	中央
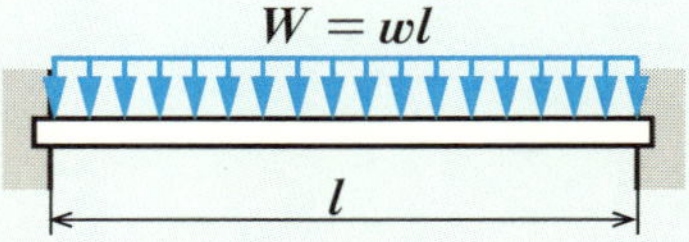 両端固定ばり(等分布荷重 $W = wl$、長さ l)	$\frac{\sqrt{3}}{216}$	両端から 0.211 l の位置	$\frac{1}{384}$	中央

4-9 たわみの計算

はりのたわみは、材質で決まる**縦弾性係数**と、形状から決定される**断面二次モーメント**を使って求めます。

例題 1 **片持ちはりの変形**

図に示すはりの最大たわみ角と最大たわみを求めなさい。縦弾性係数を206 GPaとします。

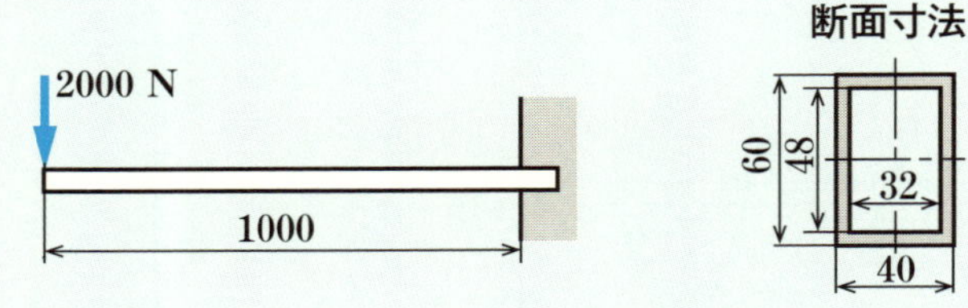

解答例　断面二次モーメントIを求めてから、最大たわみ角と最大たわみを求めます。

・断面二次モーメント

$$I=\frac{1}{12}(b_2 h_2^3-b_1 h_1^3)=\frac{40\times 60^3-32\times 48^3}{12}=4.25\times 10^5\ \mathrm{mm}^4$$

・最大たわみ角

4−8の式と表から係数αと$i_{\max}$は

たわみ角の係数 $\alpha=\frac{1}{2}$

$$i_{\max}=\alpha\frac{W l^2}{E I}=\frac{1}{2}\times\frac{2000\times 1000^2}{206\times 10^3\times 4.25\times 10^5}=0.0114\ \mathrm{rad}$$

・最大たわみ

たわみ係数 $\beta=\frac{1}{3}$

$$\delta_{\max}=\beta\frac{W l^3}{E I}=\frac{1}{3}\times\frac{2000\times 1000^3}{206\times 10^3\times 4.25\times 10^5}=7.61\ \mathrm{mm}$$

解 最大たわみ角　0.0114 rad、最大たわみ　7.61 mm

例題 2 断面形状を求める

図に示すはりの最大たわみを5 mm、許容曲げ応力を60 MPaとしたい。断面寸法bを求めなさい。縦弾性係数を206 GPaとします。

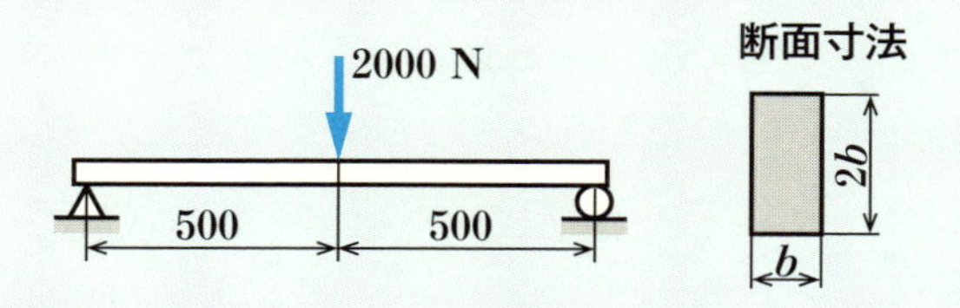

解答例　はりのたわみと曲げ応力、2つの条件があるので、それぞれを計算して安全な寸法を採用する。

(1) たわみからbを求める

・断面二次モーメント　$I = \frac{1}{12} b(2b)^3 = \frac{8}{12} b^4$

・最大たわみ

たわみ係数 $\beta = \frac{1}{48}$

$$\delta_{\max} = \beta \frac{W l^3}{E I} = \frac{1}{48} \times \frac{W l^3}{E} \times \frac{12}{8 b^4} = \frac{1}{32} \frac{W l^3}{E b^4}$$

$$\therefore b = \sqrt[4]{\frac{1}{32} \frac{W l^3}{E \delta_{\max}}} = \sqrt[4]{\frac{2000 \times 1000^3}{32 \times 206 \times 10^3 \times 5}} = 15.7 \text{ mm}$$

(2) 曲げ応力からbを求める

・断面係数　$Z = \frac{1}{6} b(2b)^2 = \frac{4}{6} b^3$　　大きな結果を採用する！

・最大曲げモーメント　$M = 1000 \times 500 = 5 \times 10^5$ N mm

・曲げ応力

$$\sigma = \frac{M}{Z} = \frac{6 M}{4 b^3} \qquad \therefore b = \sqrt[3]{\frac{6 M}{4 \sigma}} = \sqrt[3]{\frac{6 \times 5 \times 10^5}{4 \times 60}} = 23.2 \text{ mm}$$

↑ 許容曲げ応力

解 許容曲げ応力の条件から　23.2 mmとする

4-10 平等強さの片持ちはり

はり全体を最大曲げ応力に合わせて作ると、必要以上の材料を使うことになります。全体に等しい強さをもつ片持ちはりを考えます。

危険断面と平等強さのはり

最大曲げモーメントの発生する断面を**危険断面**と呼びます。最大曲げ応力は、危険断面で計算するので、危険断面で求めた断面寸法は、他の箇所では大きすぎて、材料の自重を増加させることにもなります。

発生する曲げ応力が、はりの全域で等しくなるように断面形状を設計したはりを**平等強さのはり**と呼びます。位置によって変化する曲げモーメントに対して、曲げ応力を一定にするように働く断面係数をもつ断面形状を考えます。

幅が一定で厚さの変化するはり

片持ちはりでは、固定端が危険断面になり、自由端に近づくほど曲げモーメントが小さくなります。はりの幅を一定にして、すべての断面で曲げ応力が一定になるように断面係数を変化させると、固定端の厚みが最大で、自由端に近づくほど厚みを小さくした平等強さのはりが考えられます。断面係数の大きさは、**厚さの2乗に比例する**ので、このようにして決定したはりは、厚さの輪郭が放物線を描きます。

厚さが一定で幅の変化するはり

片持ちはりの厚さを一定にして、すべての断面で曲げ応力が一定になるように断面係数を変化させると、固定端の幅が最大で、自由端に近づくほど幅を小さくした平等強さのはりが考えられます。

断面係数の大きさは、**幅に比例する**ので、このようにして決定したはりは、幅が直線状に変化した三角形の板状になります。

危険断面

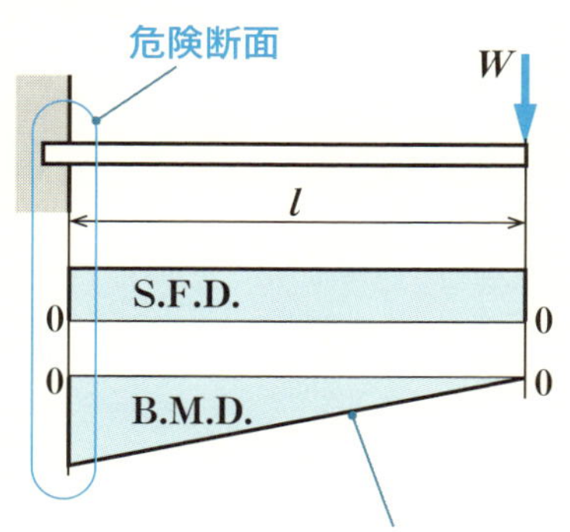

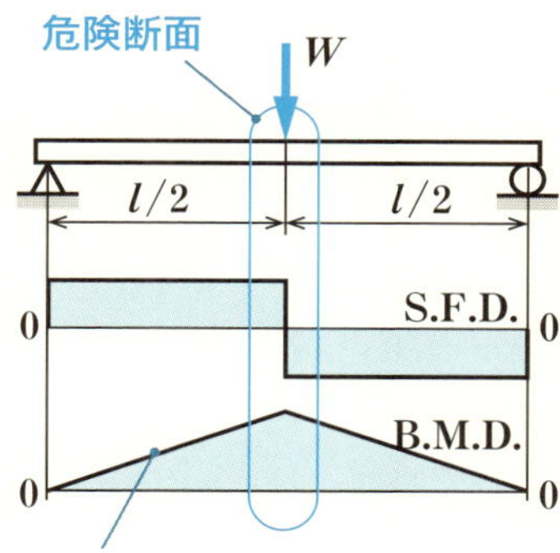

危険断面以外の曲げ応力は小さいので、断面係数は小さくてよい

幅が一定で厚さの変化するはり

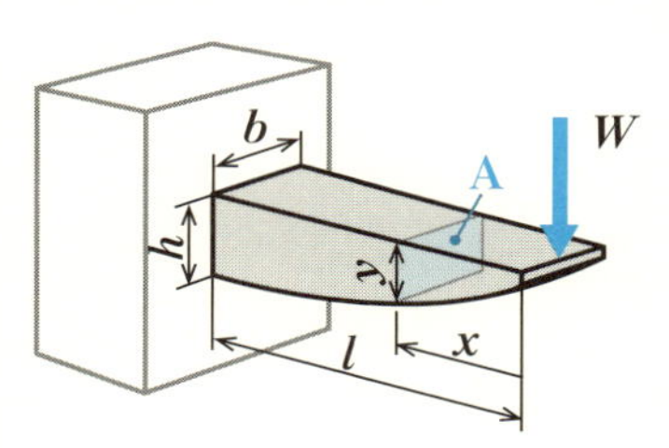

・自由端からxにある断面Aの曲げモーメント

$$M = Wx = \sigma Z \cdots (1)$$

・幅b、高さyとして、断面Aの断面係数

$$Z = \frac{1}{6} b y^2 \cdots (2)$$

・式(2)を式(1)へ代入して、

$$Wx = \sigma \frac{1}{6} b y^2 \quad \therefore y = \sqrt{x \frac{6W}{\sigma b}} \cdots (3)$$

この部分は定数なので、yは$\sqrt{x}$の関数となり、放物線を描く

・自由端から$x = l$で、固定端の厚さhは、

式(3)より $h = \sqrt{\dfrac{6Wl}{\sigma b}}$

厚さが一定で幅の変化するはり

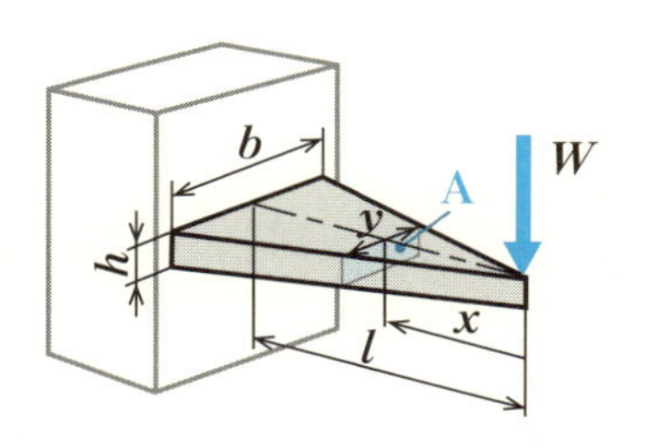

・自由端からxにある断面Aの曲げモーメント

$$M = Wx = \sigma Z \cdots (4)$$

・幅y、高さhとして、断面Aの断面係数

$$Z = \frac{1}{6} y h^2 \cdots (5)$$

・式(5)を式(4)へ代入して、

$$Wx = \sigma \frac{1}{6} y h^2 \quad \therefore y = x \frac{6W}{\sigma h^2}$$

この部分は定数なので、yはxの関数となり、直線で三角形をつくる

・自由端から$x = l$で、固定端の幅bは、 $b = \dfrac{6Wl}{\sigma h^2}$

4-11 平等強さの片持ちはりの計算

例題 1 図の平等強さの片持ちはりで、許容曲げ応力を50 MPaとする。自由端から200 mmの断面の厚さy、固定端の厚さh、最大たわみδを求めなさい。

材料の縦弾性係数を206 GPa、最大たわみδは図中の計算式とする。

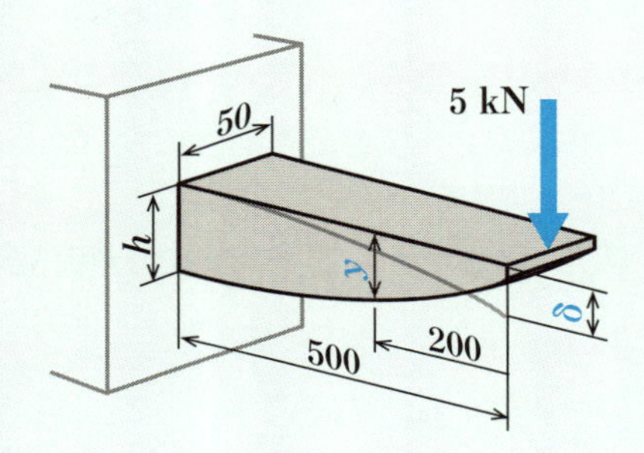

最大たわみδを求める式

$$\delta = \frac{8\,W\,l^3}{b\,E\,h^3}$$

解答例

4−10で求めた厚さを求める式に、条件を代入する。

・自由端から200 mmの断面の厚さyを求める式で、$x = 200$ mmとする

式(3)より

$$y = \sqrt{x\frac{6\,W}{\sigma\,b}} = \sqrt{\frac{200 \times 6 \times 5 \times 10^3}{50 \times 50}} = 49.0\ \text{mm}$$

・固定端の厚さhを求める。自由端から$x = 500$ mmとする

$$h = \sqrt{x\frac{6\,W}{\sigma\,b}} = \sqrt{\frac{500 \times 6 \times 5 \times 10^3}{50 \times 50}} = 77.5\ \text{mm}$$

・最大たわみδを求める

$$\delta = \frac{8\,W\,l^3}{b\,E\,h^3} = \frac{8 \times 5 \times 10^3 \times 500^3}{50 \times 206 \times 10^3 \times 77.5^3} = 1.04\ \text{mm}$$

解 $y = 49.0$ mm、$h = 77.5$ mm、$\delta = 1.04$ mm

例題 2 図の平等強さの片持ちはりで、許容曲げ応力を50 MPa、自由端の最大たわみを1.5 mmとして、一様な厚さhの最小値を求めなさい。
材料の縦弾性係数を206 GPa、最大たわみδは図中の計算式とする。

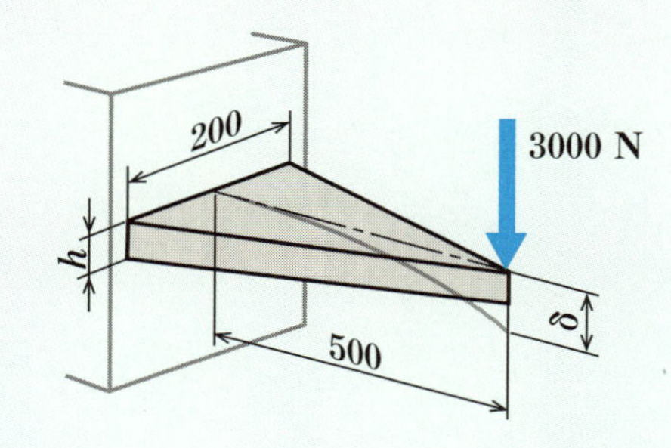

最大たわみδを求める式

$$\delta = \frac{6\,W\,l^3}{b\,E\,h^3}$$

解答例

許容応力から求めた厚さと、最大たわみから求めた厚さを比較して、安全な値を採用する。

・許容曲げ応力から求める

$$b = \frac{6\,W\,l}{\sigma\,h^2} \quad \therefore h = \sqrt{\frac{6\,W\,l}{\sigma\,b}} = \sqrt{\frac{6 \times 3000 \times 500}{50 \times 200}} = 30\ \text{mm}$$

・最大たわみから求める

$$\delta = \frac{6\,W\,l^3}{b\,E\,h^3} \quad \therefore h = \sqrt[3]{\frac{6\,W\,l^3}{b\,E\,\delta}} = \sqrt[3]{\frac{6 \times 3000 \times 500^3}{200 \times 206 \times 10^3 \times 1.5}} = 33.1\ \text{mm}$$

・以上の結果から、たわみの条件から算出した33.1 mmを採用します。

解 厚さ　33.1 mm

▼問題にはありませんが、$h = 33.1$ mmで、はりに発生する最大応力を計算してみます。

$$\sigma = \frac{6\,W\,l}{\sigma\,h^2} = \frac{6 \times 3000 \times 500}{200 \times 33.1^2} = 41.1\ \text{MPa}$$

← 与えられた条件50 MPaの80%程度です。

4-12 平等強さの両端支持はり

中央に集中荷重を受ける平等強さの両端支持はりを、平等強さの片持ちはりから考えます。

両端支持はりと片持ちはり

中央に下向きの集中荷重Wを受ける、スパンlの両端支持はりを荷重点で分断したと仮定すると、長さ$l/2$、自由端に上向きに$W/2$の荷重を受ける2つの対称な**片持ちはり**ができます。

平等強さの両端支持はり

両端支持はりの両支点反力を、片持ちはりの自由端に作用する上向きの荷重に対応させ、両端支持はりの荷重点Cを片持ちはりの固定端に対応させて、両端支持はりの中央で、平等強さを持つ2つの対称な片持ちはりを一体にしたものが、平等強さを持つ両端支持はりと考えます。

平等強さの両端支持はりの形状を求める式は、片持ちはりで誘導した式で、Wを$\dfrac{W}{2}$、lを$\dfrac{l}{2}$に置き換えた式を使用します。

▼ 平等強さのはりの計算式

はりの種類		厚さ、幅 一般式	厚さ、幅 最大値	たわみ
幅一定 y厚さ	片持ちはり	$y=\sqrt{x\dfrac{6W}{\sigma b}}$	$h=\sqrt{\dfrac{6Wl}{\sigma b}}$	$\delta=\dfrac{8Wl^3}{bEh^3}$
	両端支持はり	$y=\sqrt{x\dfrac{3W}{\sigma b}}$	$h=\sqrt{\dfrac{3Wl}{2\sigma b}}$	$\delta=\dfrac{Wl^3}{2bEh^3}$
厚さ一定 y幅	片持ちはり	$y=x\dfrac{6W}{\sigma h^2}$	$b=\dfrac{6Wl}{\sigma h^2}$	$\delta=\dfrac{6Wl^3}{bEh^3}$
	両端支持はり	$y=x\dfrac{3W}{\sigma h^2}$	$b=\dfrac{3Wl}{2\sigma h^2}$	$\delta=\dfrac{3Wl^3}{8bEh^3}$

両端支持はりと片持ちはり

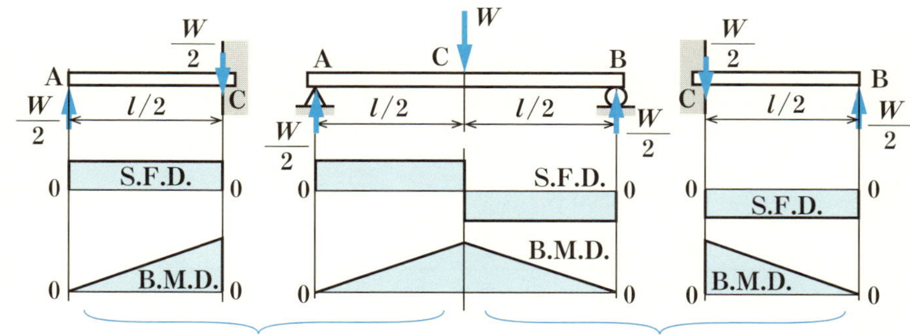

両端支持はりを中央で分割して、2つの対称な片持ちはりと考える

幅が一定で厚さの変化するはり

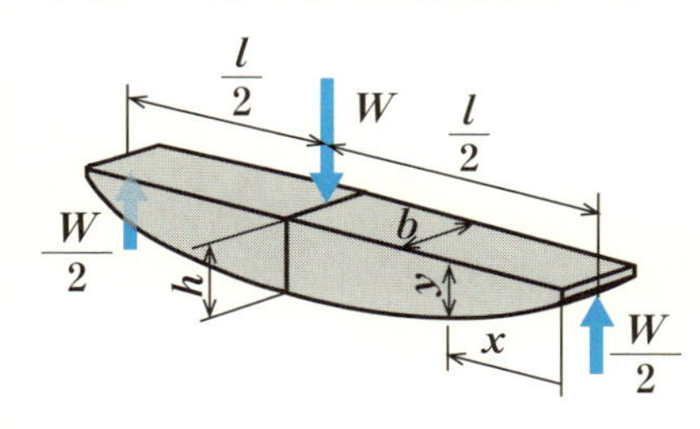

・片持ちはりの一般式で、Wを$\frac{W}{2}$として、

$$y=\sqrt{x\frac{6W}{\sigma b}} \text{から} \quad y=\sqrt{x\frac{3W}{\sigma b}}$$

・最大の厚さhは、xを$\frac{l}{2}$として、

$$h=\sqrt{x\frac{3W}{\sigma b}} \text{から} \quad h=\sqrt{\frac{3Wl}{2\sigma b}}$$

厚さが一定で幅の変化するはり

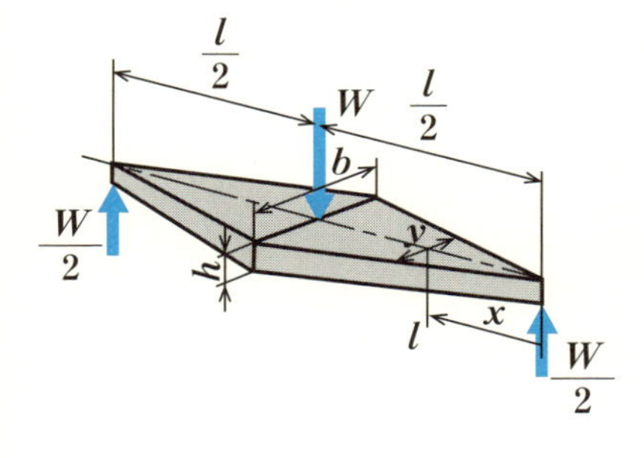

・片持ちはりの一般式で、Wを$\frac{W}{2}$として、

$$y=x\frac{6W}{\sigma h^2} \text{から} \quad y=x\frac{3W}{\sigma h^2}$$

・最大の幅bは、xを$\frac{l}{2}$として、

$$b=x\frac{3W}{\sigma h^2} \text{から} \quad b=\frac{3Wl}{2\sigma h^2}$$

練習問題

問題 1 図に示す片持ちはりの自由端におけるたわみを求めなさい。縦弾性係数を206 GPaとします。

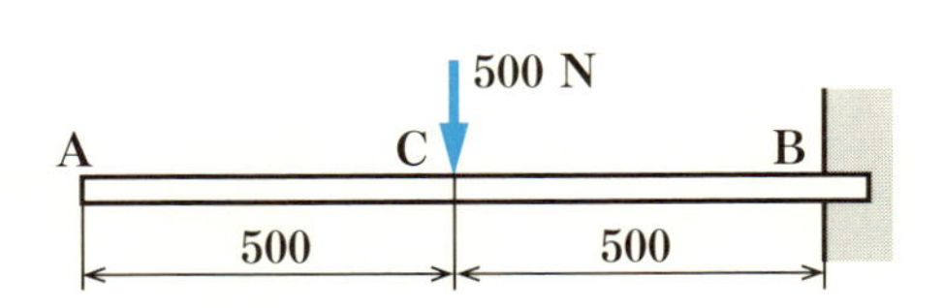

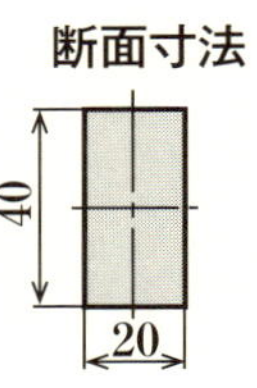

考え方

・AC間とCB間のたわみに分けて、その合計を全体のたわみとする。

・点Cのたわみ角とたわみを公式から求める。

・点Aのたわみは、点Cを中心、ACを半径とした円弧AA′の長さと考える。

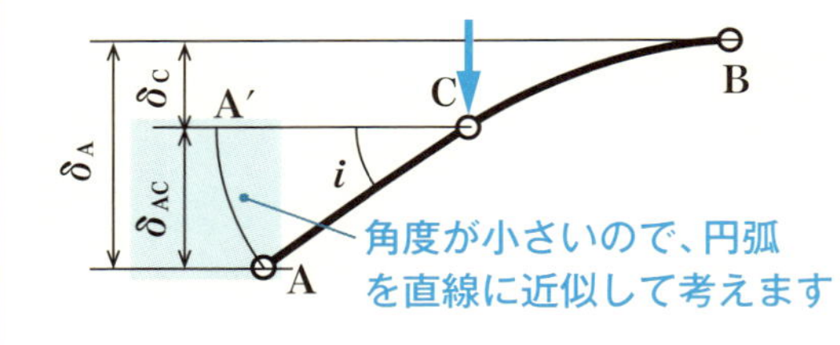

たわみ角の係数 $\alpha = \frac{1}{2}$

たわみ係数 $\beta = \frac{1}{3}$

●断面二次モーメント　$I = \frac{1}{12} b h^3$

●点Cのたわみ角 i　　$i = \alpha \frac{W l^2}{E I}$ [rad]

●点Cのたわみδ_C

$$\delta_C = \beta \frac{W l^3}{E I}$$

●円弧AA′の長さδ_{AC}

●点Aのたわみδ_A

$$\delta_A = \delta_C + \delta_{AC}$$

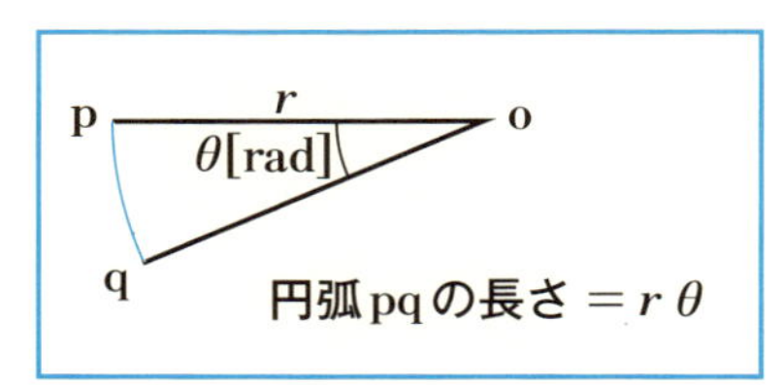

問題 2 図に示す危険断面の寸法を持つ平等強さのはりを、①幅一定、②厚さ一定とします。このとき、支点から250 mmの点D、支点から150 mmの点Eについて、①の幅一定のはりでは厚さを求め、②の厚さ一定のはりでは幅を求めなさい。

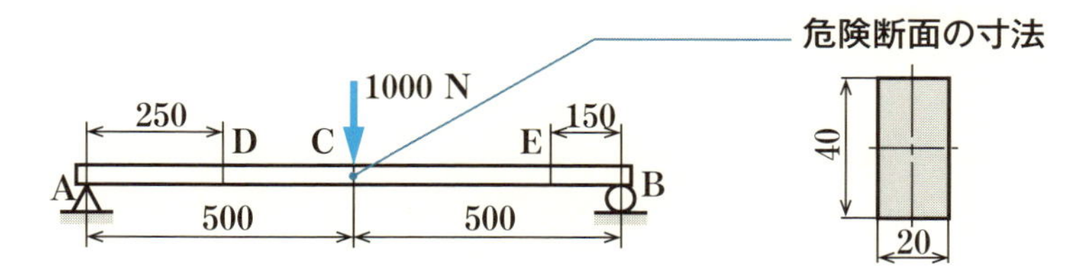

・条件から、曲げモーメントと曲げ応力を求める。
・①と②のはりそれぞれに、支点からの距離xを変数とした一般式を求める。
・一般式に$x = 250$ mm、$x = 150$ mmを代入して厚さ、幅を求める。

解答欄	点D（250 mm）	点E（150 mm）
① 幅 20 mm 一定のはりの　厚さ		
② 厚さ 40 mm 一定のはりの　幅		

●曲げ応力を求める

条件から危険断面の曲げモーメントを求める。

$$\sigma = \frac{M}{Z}、Z = \frac{1}{6} b h^2$$

●①幅20 mm一定のはりで、厚さを求める一般式

$$h = \sqrt{x \frac{3W}{\sigma b}}$$ ← 条件を代入してhをxの関数とする

$h_{250} = x = 250$として厚さを求める　$h_{150} = x = 150$として厚さを求める

●②厚さ40 mm一定のはりで、幅を求める一般式

$$b = x \frac{3W}{\sigma h^2}$$ ← 条件を代入してbをxの関数とする

$b_{250} = x = 250$として幅を求める　$b_{150} = x = 150$として幅を求める

解答例

問題 1　図に示す片持ちはりの自由端におけるたわみを求めなさい。縦弾性係数を 206 GPa とします。

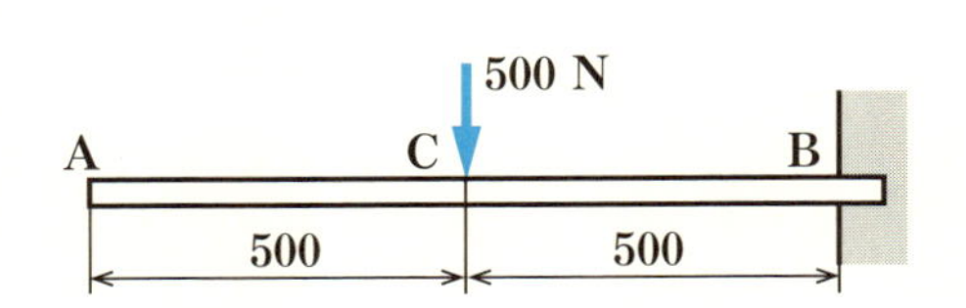

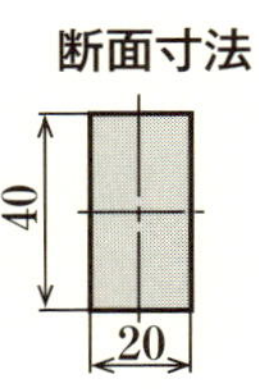

- AC間とCB間のたわみに分けて、その合計を全体のたわみとする。
- 点Cのたわみ角とたわみを公式から求める。
- 点Aのたわみは、点Cを中心、ACを半径とした円弧AA′の長さと考える。

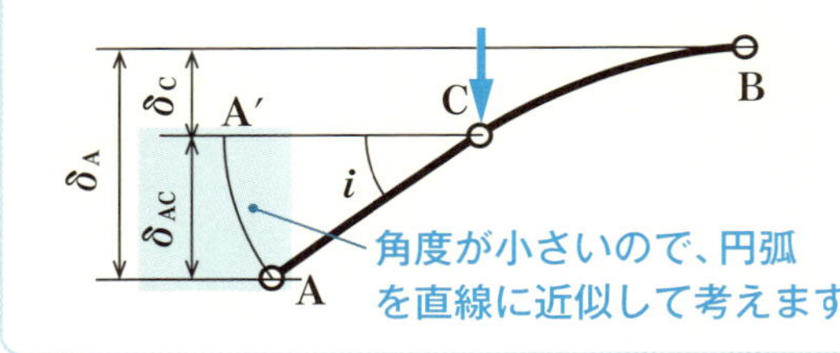

たわみ角の係数 $\alpha = \frac{1}{2}$

たわみ係数 $\beta = \frac{1}{3}$

解答1

- 断面二次モーメント　$I = \frac{1}{12} b\,h^3 = \frac{20 \times 40^3}{12} = 1.07 \times 10^5\ \text{mm}^4$
- 点Cのたわみ角 i

$$i = \alpha \frac{W\,l^2}{E\,I} = \frac{1}{2} \times \frac{500 \times 500^2}{206 \times 10^3 \times 1.07 \times 10^5} = 2.84 \times 10^{-3}\ \text{rad}$$

- 点Cのたわみδ_C　$\delta_C = \beta \frac{W\,l^3}{E\,I} = \frac{1}{3} \times \frac{500 \times 500^3}{206 \times 10^3 \times 1.07 \times 10^5} = 0.95\ \text{mm}$
- 円弧AA′の長さδ_{AC}　$\sigma_{AC} = 500 \times i = 500 \times 2.84 \times 10^{-3} = 1.42\ \text{mm}$
- 点Aのたわみδ_A　$\delta_A = \delta_C + \delta_{AC} = 0.95 + 1.42 = 2.37\ \text{mm}$

解 2.37 mm

問題 2 図に示す危険断面の寸法を持つ平等強さのはりを、①幅一定、②厚さ一定とします。このとき、支点から250 mmの点D、支点から150 mmの点Eについて、①の幅一定のはりでは厚さを求め、②の厚さ一定のはりでは幅を求めなさい。

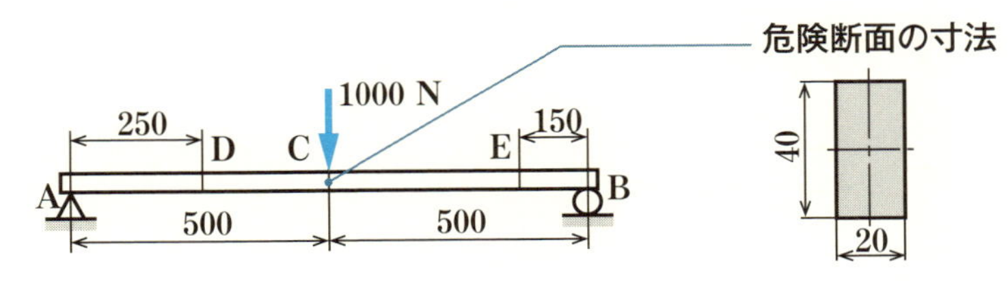

- 条件から、曲げモーメントと曲げ応力を求める。
- ①と②のはりそれぞれに、支点からの距離xを変数とした一般式を求める。
- 一般式に$x = 250$ mm、$x = 150$ mmを代入して厚さ、幅を求める。

解答欄	点D（250 mm）	点E（150 mm）
① 幅 20 mm 一定のはりの　厚さ	28.3 mm	22.0 mm
② 厚さ 40 mm 一定のはりの　幅	10 mm	6 mm

解答2

● 曲げ応力を求める

$$M = 500 \times 500 = 2.5 \times 10^5 \text{ N mm}$$

$$\sigma = \frac{M}{Z}、Z = \frac{1}{6} b h^2 \qquad \therefore \sigma = \frac{6M}{bh^2} = \frac{6 \times 2.5 \times 10^5}{20 \times 40^2} = 46.9 \text{ MPa}$$

● ①幅20 mm一定のはりで、厚さを求める一般式

$$h = \sqrt{x \frac{3W}{\sigma b}} = \sqrt{x \frac{3 \times 1000}{46.9 \times 20}} = \sqrt{3.2x}$$

$$h_{250} = \sqrt{3.2 \times 250} = 28.3 \text{ mm} \qquad h_{150} = \sqrt{3.2 \times 150} = 22.0 \text{ mm}$$

● ②厚さ40 mm一定のはりで、幅を求める一般式

$$b = x \frac{3W}{\sigma h^2} = x \frac{3 \times 1000}{46.9 \times 40^2} = 0.04x$$

$$b_{250} = 0.04 \times 250 = 10 \text{ mm} \qquad b_{150} = 0.04 \times 150 = 6 \text{ mm}$$

Column

「モノのかたちと強さ」

４章で、曲げに対する材料の強さは、材質だけでなく、断面形状が関係することがわかりました。そして、同じ材料でも材料の使い方によって、強さが変わることを定量的に求めることができました。

最近は、戸建て住宅にも鉄骨骨組構造建築が増えて、建築途中の骨組を目にすることも稀ではありません。骨組構造は7章で触れます。

骨組構造建築では、本章で紹介したH形鋼が主な部材として使用されます。垂直に働く荷重に対して、H形鋼をどのように使えばよいか、読者の方は、既にわかっていることと思います。中立軸から遠い部分の面積が大きいほど断面二次モーメントが大きくなるのですから、H字形ではなく、フランジを水平にしたI字形で使用します。

また、極端ですが、中空材と同様に材料の中立面回りはなくてもよいことになります。しかし、実際には、曲げ荷重を受ける両側2枚のフランジをつなげるために、ウェブと呼ぶ部分を必要とします。

次の図は、市販されているH形鋼の断面寸法例で、寸法の比率をほぼ保っています。2枚のフランジをつなげるウェブの厚さが10 mm、そして、建築工法によっては、ウェブを肉抜きする場合もあります。

材料力学を知らない方は、薄くはないか、穴があって大丈夫なのかと不思議に思われるかもしれません。読者の方は、このような疑問に答えることができることと思います。

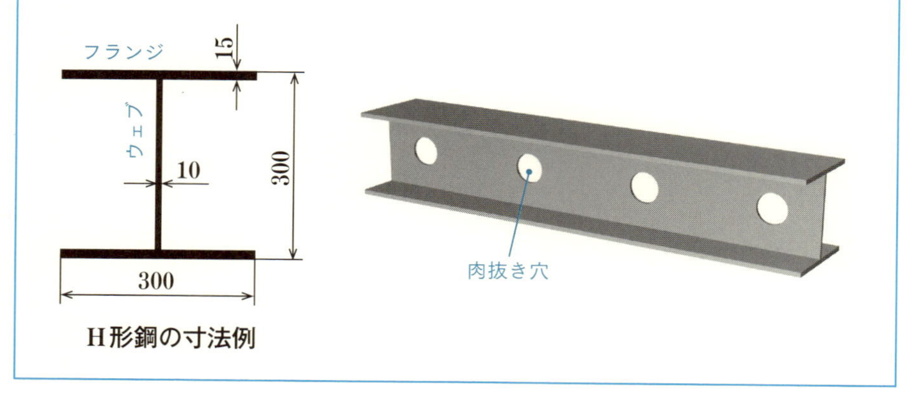

H形鋼の寸法例

5章 軸とねじり

ねじりを受けて動力を伝える部材を軸と呼びます。ねじりは、ねじりモーメントと呼ばれる力のモーメントを軸に与えます。動力を扱う分野では、ねじりモーメントをトルクとも呼びます。5章では、軸のねじりと動力について考えます。

5-1 ねじりモーメント、ひずみ、応力

ねじりを受ける棒材を軸と呼びます。軸を回転させようとする外力はねじりモーメントを発生し、軸にずれ変形を与えます。

ねじりモーメントとトルク

図1のように点Oから距離L離れた点AにOAと垂直に働く力Fは、点Oを回転させることのできる**力のモーメント**FLを発生します。

図2のように長さlの軸の先端の中心Oから距離Lの点Aに、OAと垂直な力Fを加えると、軸を回そうとする力のモーメントTと軸を曲げようとする**曲げモーメント**Mが同時に発生します。

図3に示す力の大きさが等しく、平行で逆向きの一対の力Fを**偶力**と呼びます。偶力Fが間隔Lで軸端に働くと、物体に回転だけを与える**偶力のモーメント**$F\,L$が軸に作用します。軸を回転させようとする力のモーメントを**ねじりモーメント**Tと呼びます。機械工学では、**トルク**とも呼びます。

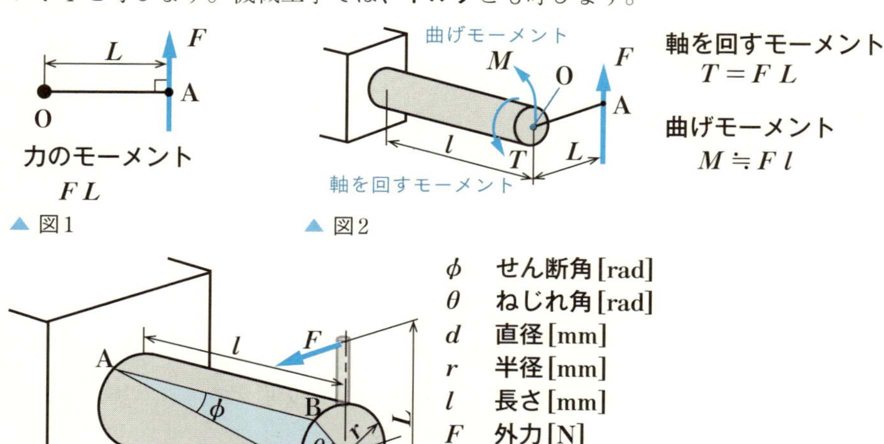

▲ 図1

▲ 図2

ϕ　せん断角[rad]
θ　ねじれ角[rad]
d　直径[mm]
r　半径[mm]
l　長さ[mm]
F　外力[N]
L　腕の長さ[mm]

$T=F\,L$　ねじりモーメント[N mm]

▲ 図3

せん断ひずみ

図3で、軸の一端の円周上に点Aを含む面を固定して、点Oを中心として点Bを含む他端にねじりモーメントを作用させます。軸の母線ABがAB′に変化したとき、∠BAB′を**せん断角ϕ**と呼び、∠BOB′を**ねじれ角θ**と呼びます。

ここで図4のように、軸の母線ABと母線CDでできる長方形ABDCが、ねじりによって、平行四辺形AB′D′Cに変形すると考えれば、距離lに対してBB′または、DD′のずれが生じたことになります。ずれを生じる変形はせん断なので、軸には**せん断ひずみγ**が発生します。変形量は微小なので、せん断ひずみγは、せん断角ϕと等しいと考えます。

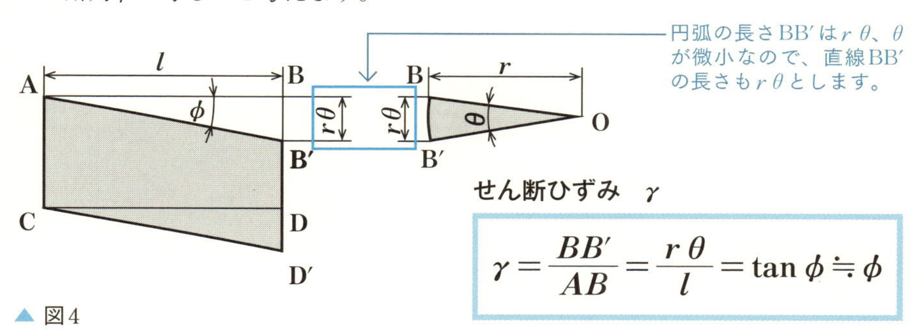

せん断ひずみ　γ

$$\gamma = \frac{BB'}{AB} = \frac{r\theta}{l} = \tan\phi \fallingdotseq \phi$$

▲ 図4

ねじり応力

軸にせん断ひずみγが生じると、軸の内部にはせん断応力τが発生します。このせん断応力を**ねじり応力**と呼びます。ねじり応力の大きさは、固定端からの長さlを限定すると、同一断面内で、半径rに**比例**して、丸棒の**表皮**で**最大値**になります。

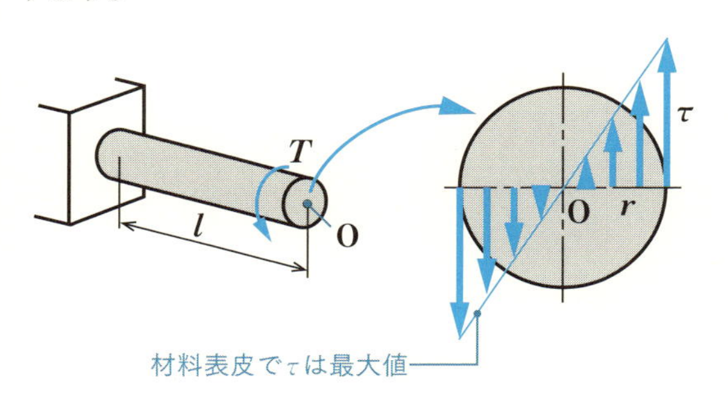

ねじり応力　τ

$$\tau = G\gamma$$
$$= G\frac{r\theta}{l}$$
$$= G\phi$$

G横弾性係数

τは、rに比例し、rが材料表皮で最大値をとる

5-2 軸の変形の例題

ねじり応力、ねじれ角、せん断角の例題を考えます。

例題 1 ねじり荷重を受ける丸棒に、0.001のせん断ひずみが生じている。ねじり応力を求めなさい。横弾性係数を80 GPaとします。

解答例

$G=\dfrac{\tau}{\gamma}$　　横弾性係数 $=\dfrac{\text{ねじり応力}}{\text{せん断ひずみ}}$　←この関係が覚えやすいと思います。　　弾性係数 $=\dfrac{\text{応力}}{\text{ひずみ}}$

$\therefore \tau = G\gamma = 80\times10^3\times0.001 = 80\ \text{MPa}$

解 80 MPa

例題 2 長さ1 m、直径30 mmの丸棒に40 MPaのねじり応力が生じている。せん断ひずみとねじれ角を求めなさい。横弾性係数を80 GPaとします。

解答例

$G=\dfrac{\tau}{\gamma}$　　$\therefore \gamma=\dfrac{\tau}{G}=\dfrac{40}{80\times10^3}=5\times10^{-4}$ ←せん断ひずみ

$r=\dfrac{d}{2}$

$\gamma=\dfrac{r\theta}{l}=\dfrac{d\theta}{2l}$　　$\therefore \theta=\dfrac{2l\gamma}{d}=\dfrac{2\times1000\times5\times10^{-4}}{30}=0.033\ \text{rad}$

解 せん断ひずみ　5×10^{-4}、ねじれ角　0.033 rad

角度の単位の変換

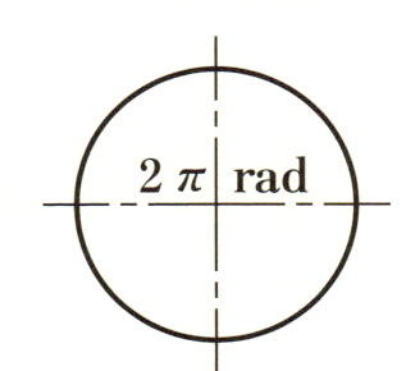

円の中心角360°は、　$360^\circ = 2\pi\ \text{rad}$

これは、　$180^\circ = \pi\ \text{rad}$

の方が覚えやすかもしれません。

$1^\circ=\dfrac{\pi}{180}$ だから、x°は、$\boldsymbol{\theta = x\dfrac{\pi}{180}\ [\text{rad}]}$

例題 3 ねじり荷重を受ける長さ1 mの丸棒で、最大ねじれ角2°、許容ねじり応力60 MPaとしたい。必要な直径を求めなさい。横弾性係数を80 GPaとします。

解答例

せん断角とねじれ角の関係から　$\gamma = \dfrac{r\,\theta}{l} = \dfrac{d\,\theta}{2\,l}$

せん断応力とせん断ひずみの関係から　$\gamma = \dfrac{\tau}{G}$

$$\frac{d\,\theta}{2\,l} = \frac{\tau}{G} \qquad \therefore d = \frac{2\,l}{\theta}\,\frac{\tau}{G}$$

2°をradに変換する　$\theta = 2\dfrac{\pi}{180}$ ←180° = π rad

$$\therefore d = \frac{180 \times 2 \times l}{2\,\pi}\,\frac{\tau}{G} = \frac{180 \times 2 \times 1000 \times 60}{2 \times \pi \times 80 \times 10^3} = 43.0\ \text{mm}$$

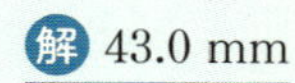

解 43.0 mm

例題 4 直径40 mmの軸がねじられて、ねじれ角1.5°、ねじり応力35 MPaが発生した。軸の長さとせん断角を求めなさい。横弾性係数を80 GPaとします。

解答例

$$\tau = G\,\gamma = G\frac{r\,\theta}{l} = \frac{G\,d\,\theta}{2\,l} \qquad \therefore l = \frac{G\,d\,\theta}{2\,\tau}$$

1.5°をradに変換する　$\theta = 1.5\dfrac{\pi}{180}$

$$l = \frac{G\,d\,\theta}{2\,\tau} = \frac{80 \times 10^3 \times 40 \times 1.5 \times \pi}{2 \times 35 \times 180} = 1197\ \text{mm}$$

$$\phi = \gamma = \frac{r\,\theta}{l} = \frac{d\,\theta}{2\,l} = \frac{40 \times 1.5 \times \pi}{2 \times 1197 \times 180} = 4.4 \times 10^{-4}\ \text{rad}$$

解 長さ　1197 mm、せん断角　4.4×10^{-4} rad

5-3 断面二次極モーメントと極断面係数

はりの変形と強さを求める断面二次モーメントと断面係数のように、軸についての変形と強さを求めるための係数を考えます。

ねじりモーメントとねじり応力の関係

半径rの軸がねじりモーメントTを受けて表皮に最大ねじり応力τが発生しています。この軸の中心軸と垂直な断面に、半径ρの同心円で円周の微小面積Δaのリングを考え、この部分にねじり応力τ_ρが発生するとします。ねじりモーメントTとねじり応力τの関係を考えます。

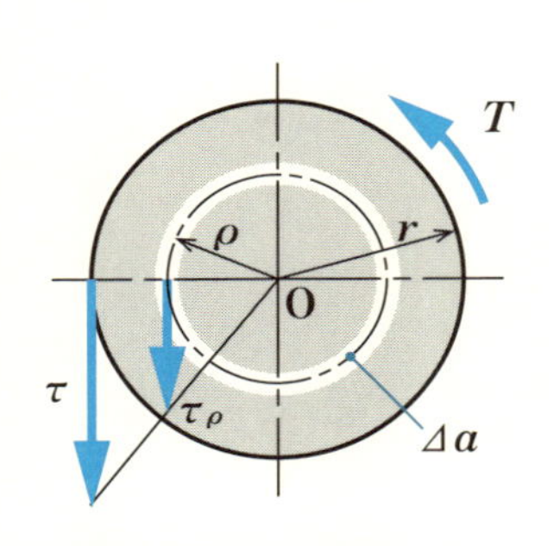

・半径ρにおけるねじり応力　τ_ρ

$$\tau : \tau_\rho = r : \rho \qquad \therefore \tau_\rho = \tau\frac{\rho}{r}$$

・微小面積Δaに生じる内力　$\Delta F'$

$$\Delta F' = \tau_\rho \Delta a = \tau\frac{\rho}{r}\Delta a$$

・$\Delta F'$が点Oに及ぼすモーメント　$\Delta T'$

$$\Delta T' = \Delta F'\rho = \tau\frac{\rho^2}{r}\Delta a$$

断面全体に生まれるモーメントをT'とすれば、T'は軸に与えられたねじりモーメントTと大きさが等しく逆向きなので、$T' = T$として、

$$T' = \sum \Delta T' = \sum \tau\frac{\rho^2}{r}\Delta a = \frac{\tau}{r}\sum \rho^2 \Delta a = T$$

ここで、$\sum \rho^2 \Delta a$は断面形状で決まる値なので、

$$\sum \rho^2 \Delta a = I_p \text{として、} \quad \boxed{T = \frac{\tau}{r} I_p}$$

すると$\frac{I_p}{r}$も断面形状で一定値をもつので、

$$\frac{I_p}{r} = Z_p \text{として、} \quad \boxed{T = \tau Z_p}$$

I_pを断面二次極モーメント、Z_pを極断面係数と呼びます。

断面二次極モーメントと極断面係数の値

X－Y－Zの直交座標で、物体の断面をX－Y平面に置き、断面上に原点からの距離ρにある微小面積Δaを考えます。

すると、$\rho^2\Delta a$は、Z軸に対する断面二次モーメントとなり、これを**断面二次極モーメント**I_pと呼びます。

ここで、$\rho^2=x^2+y^2$なので、I_pはX軸とY軸に対する断面二次モーメントの和に等しくなります。

円形軸で一般に使われる断面二次極モーメントと極断面係数の算出式を表にまとめました。

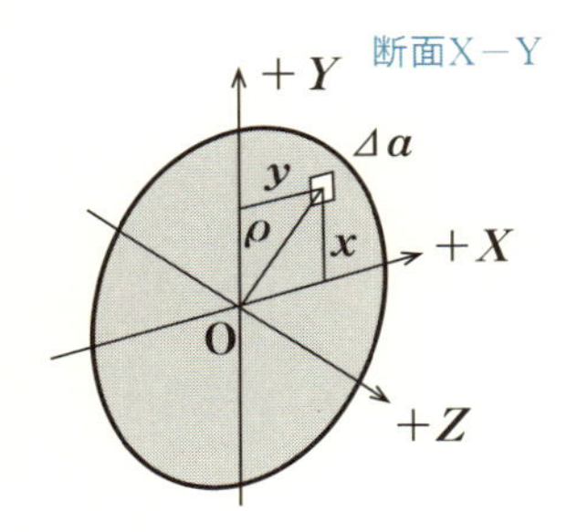

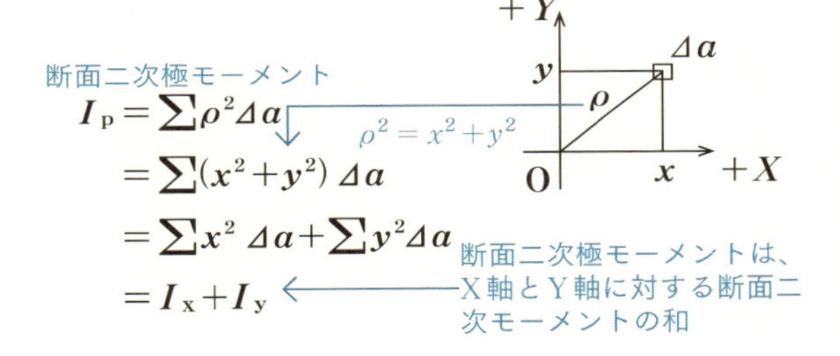

円形断面では、$I_x=I_y$なので、$I_x=I_y=I$として、 $I_p=I_x+I_y=2I$
中実円形軸の直径をdとして、

断面二次極モーメント $I_p=2I=2\times\dfrac{\pi}{64}d^4=\dfrac{\pi}{32}d^4$

極断面係数 $Z_p=\dfrac{I_p}{r}=\dfrac{2}{d}\times\dfrac{\pi}{32}d^4=\dfrac{\pi}{16}d^3$

中実円と中空円の断面二次極モーメントI_Pと極断面係数Z_P

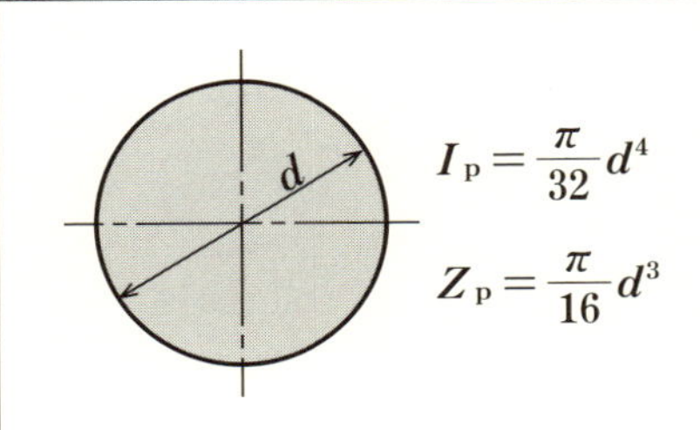

$I_p=\dfrac{\pi}{32}d^4$

$Z_p=\dfrac{\pi}{16}d^3$

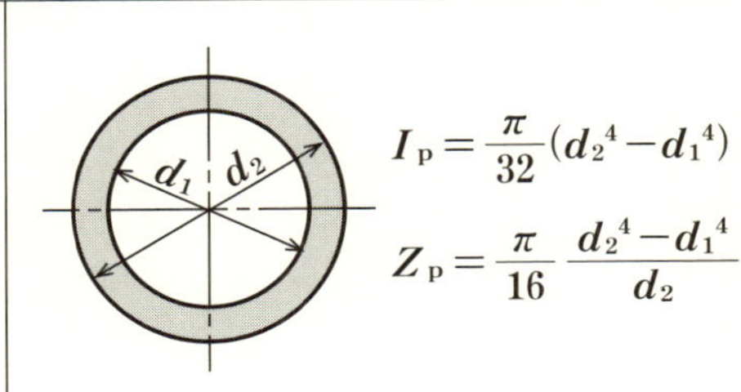

$I_p=\dfrac{\pi}{32}(d_2{}^4-d_1{}^4)$

$Z_p=\dfrac{\pi}{16}\dfrac{d_2{}^4-d_1{}^4}{d_2}$

5-4 ねじりモーメントと軸径

ねじりモーメントを受ける軸の寸法は、極断面係数を使って求めます。

軸径を計算する基本式

軸の直径d、ねじりモーメントT、軸に生じるねじり応力τの関係は、次の基本式から考えます。

$$T = \tau Z_{\mathrm{p}}$$

- **中実円形軸**　$Z_{\mathrm{p}} = \dfrac{\pi}{16} d^3$
- **中空円形軸**　$Z_{\mathrm{p}} = \dfrac{\pi}{16} \dfrac{d_2^4 - d_1^4}{d_2}$

T　ねじりモーメント [N mm]
τ　ねじり応力 [MPa]
Z_{p}　極断面係数 [mm^3]
d　軸径 [mm]
d_1　内径 [mm]　d_2　外径 [mm]

例題 1　直径50 mmの軸に、1.5×10^6 N mmのねじりモーメントが作用している。このとき発生するねじり応力を求めなさい。

解答例

基本式に条件を代入する

$T = \tau Z_{\mathrm{p}}$ と $Z_{\mathrm{p}} = \dfrac{\pi}{16} d^3$ から　$T = \tau \dfrac{\pi}{16} d^3$

$$\therefore \tau = \frac{16T}{\pi d^3} = \frac{16 \times 1.5 \times 10^6}{\pi \times 50^3} = 61.1 \text{ MPa}$$

↑ 一般式として使えます

1.5×10⁶ N mm の大きさ

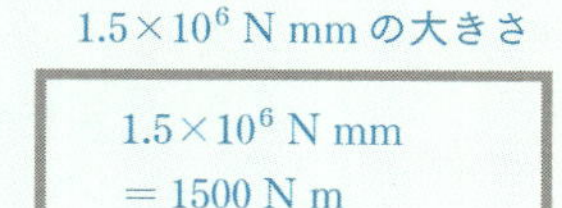

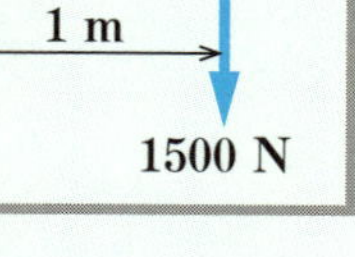

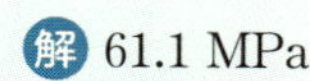

解 61.1 MPa

例題 2 2×10^6 N mmのねじりモーメントが加わる中実円形軸の許容ねじり応力を50 MPaとする。軸径を求めなさい。

解答例

例題1から　$\tau=\dfrac{16\,T}{\pi\,d^3}$

$$\therefore d=\sqrt[3]{\frac{16\,T}{\pi\,\tau}}=\sqrt[3]{\frac{16\times2\times10^6}{\pi\times50}}=58.8\text{ mm}$$

これも一般式として使えます

解 58.8 mm

例題 3 内径60 mm、厚さ10 %の中空円形軸と等しいねじり強さをもつ中実円形軸の直径と2つの軸の重量比を求めなさい。

解答例

・中空軸の外径は、$d_2=1.2d_1=1.2\times60=72$ mm

・ねじり強さが等しいことから、2つの軸の極断面係数が等しいので、

$$\frac{\pi}{16}d^3=\frac{\pi}{16}\frac{{d_2}^4-{d_1}^4}{d_2}$$

「外径の4乗から内径の4乗を引いて外径で割る」と覚える

両辺に$\dfrac{16}{\pi}$をかけて、

$$d^3=\frac{{d_2}^4-{d_1}^4}{d_2}\qquad\therefore d=\sqrt[3]{\frac{{d_2}^4-{d_1}^4}{d_2}}=\sqrt[3]{\frac{72^4-60^4}{72}}=57.8\text{ mm}$$

・重量比は面積比に等しいので、

中実軸の断面積　$A_1=\dfrac{\pi}{4}d^2$　　中空軸の断面積　$A_2=\dfrac{\pi}{4}({d_2}^2-{d_1}^2)$

$$\frac{A_1}{A_2}=\frac{d^2}{{d_2}^2-{d_1}^2}=\frac{57.8^2}{72^2-60^2}=2.1$$

解 中実軸の直径　57.8 mm、中実軸の重量が中空軸の2.1倍

5-5 伝動軸

回転することで動力を伝達する軸を伝動軸と呼びます。軸のねじりモーメントと仕事や動力の関係を考えます。

仕事、動力、トルク

物体が力F[N]を受けて時間t[s]で力の向きに距離l[m]移動したとき、$F\,l$を**仕事**$\boldsymbol{A}$（単位J：ジュール）と呼び、仕事をtで割った値を**動力**$\boldsymbol{P}$（単位W：ワット）または**仕事率**と呼びます。

エンジンやモーターなど、回転軸のねじりモーメントを一般に**トルク**と呼びます。機械分野では実務的に、**1分間あたりの回転数**をNで表し、回転軸の動力、トルク、回転数を関連させた式を考えます。

以下の式では、軸の寸法をmmで表すため、SI基本単位のmとの換算で、10^{-3}倍しています。また、時間に分を使用して回転数を表しているので、SI基本単位の秒との換算で、$\frac{1}{60}$倍しています。

・仕事＝力×距離

・動力＝$\frac{仕事}{時間}$

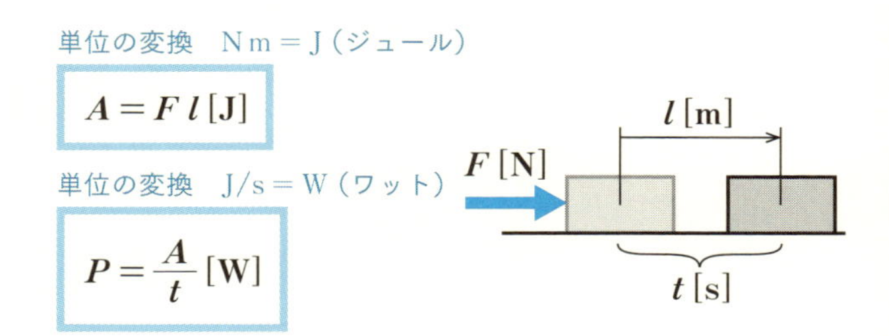

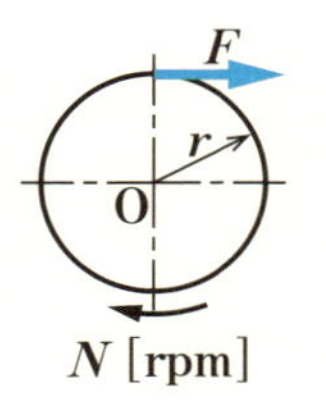

rpmは、revolutions per minuteの略です。

・原点0に対するトルク＝力×半径　$T = F\,r$ [N mm]

・半径rの円が1分間にN回転して得る距離lは、円周×N（＝$2\pi rN$）なので、1分間あたりの軸の仕事は、

mm→mの換算

$$A = F\,l = F \times 2\pi r N \times 10^{-3} = 2\pi T N \times 10^{-3}\ [\mathrm{J}]$$

・軸の動力は、1分＝60秒の換算（$\frac{1}{60}$倍）で、動力 $P=\frac{A}{t}=\frac{2\pi TN}{60\times10^3}$ [W]

●動力 P はトルク T と回転数 N の積に比例する

例題 1 300 rpmで5 kWの動力を伝達している軸に生じるトルクを求めなさい。

解答例

$$P=\frac{2\pi TN}{60\times10^3}$$

kW→W

$$\therefore T=\frac{P\times60\times10^3}{2\pi N}=\frac{5\times10^3\times60\times10^3}{2\pi\times300}=1.59\times10^5\ \mathrm{N\,mm}$$

解 1.59×10^5 N mm

例題 2 500 rpmで回転する直径40 mmの軸の許容ねじり応力を50 MPaとする。伝達できる最大動力を求めなさい。

解答例

・5−4を参考に、許容ねじり応力から伝達できる最大トルクを求める。

$$T=\tau Z_{\mathrm{p}} \qquad Z_{\mathrm{p}}=\frac{\pi}{16}d^3 \qquad \therefore T=\tau\frac{\pi}{16}d^3$$

・トルクと回転数から動力を求める。

$$P=\frac{2\pi TN}{60\times10^3}=\frac{2\pi N}{60\times10^3}\tau\frac{\pi}{16}d^3=\frac{2\pi^2\times500\times50\times40^3}{60\times10^3\times16}$$

$$=32.9\times10^3\ \mathrm{W}$$

解 32.9 kW

馬力という単位

現在のSI単位は、動力をW（ワット）で表します。実用の単位として馬力PSという単位が長い間使用されていて、現在でもPS表記されることがあります。PSとWは次のように換算します。

1 PS＝735 W

・例題2の最大伝達動力をPSで表すと次のようになります。

$$P=\frac{32.9\times10^3}{735}=44.8\ \mathrm{PS}$$

5-6 伝動軸の軸径

伝達動力と伝動軸の軸径との問題を考えます。

中実円形軸の軸径

トルクと軸径の計算式、トルクと動力の計算式を組み合わせて、動力と軸径の関係を考えます。

$$d=\sqrt[3]{\frac{16\,T}{\pi\,\tau}} \quad \cdots(1)$$

$$T=\frac{P\times 60\times 10^3}{2\pi N} \quad \cdots(2)$$

$$P=\frac{2\pi TN}{60\times 10^3} \quad \cdots(3)$$

d　軸径[mm]
T　トルク[N mm]
P　動力[W]
τ　ねじり応力[MPa]
N　回転数[rpm]

例題 1 1000 rpmで5 kWの動力を伝達する中実円形軸の許容ねじり応力を40 MPaとする。軸径を求めなさい。

解答例

・式(2)を式(1)へ代入してdを求める。

$$d=\sqrt[3]{\frac{16\times P\times 60\times 10^3}{\pi\,\tau\times 2\pi N}}$$

$$=\sqrt[3]{\frac{480\,P\times 10^3}{\pi^2\tau N}}=\sqrt[3]{\frac{480\times 5\times 10^3\times 10^3}{\pi^2\times 40\times 1000}}=18.3\text{ mm}$$

・別解　式(2)でトルクを求め、結果を式(1)へ代入してdを求める。

$$T=\frac{P\times 60\times 10^3}{2\pi N}=\frac{5\times 10^3\times 60\times 10^3}{2\pi\times 1000}=47746\text{ N mm}$$

$$d=\sqrt[3]{\frac{16\,T}{\pi\,\tau}}=\sqrt[3]{\frac{16\times 47746}{\pi\times 40}}=18.3\text{ mm}$$

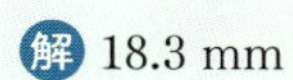

中空円形軸の軸径

内径d_1と外径d_2の比を$n=\dfrac{d_1}{d_2}$とすると、外径は次のようになります。

軸の基本式 $\begin{cases} T=\tau Z_p \\ Z_p=\dfrac{\pi}{16}\dfrac{d_2^4-d_1^4}{d_2} \end{cases}$ **から** $T=\tau\dfrac{\pi}{16}\dfrac{d_2^4-d_1^4}{d_2}\cdots(4)$

内径と外径の比 $n=\dfrac{d_1}{d_2}$　　$\therefore d_1=n\,d_2$**を式(4)へ代入する**

$$T=\tau\frac{\pi}{16}\frac{d_2^4-n^4d_2^4}{d_2}=\tau\frac{\pi}{16}\frac{d_2^4(1-n^4)}{d_2}=\tau\frac{\pi}{16}d_2^3(1-n^4)$$

$$\therefore d_2=\sqrt[3]{\frac{16T}{\tau\pi(1-n^4)}}\cdots(5)\qquad n=\frac{d_1}{d_2}$$

例題 2 500 rpmで30 kWの動力を伝達する中空円形軸の許容ねじり応力を50 MPaとする。内径/外径の比を0.6として、軸の寸法を求めなさい。

解答例

・式(2)からトルクを求める。

$$T=\frac{P\times60\times10^3}{2\pi N}=\frac{30\times10^3\times60\times10^3}{2\pi\times500}=573\times10^3\ \mathrm{N\,mm}$$

・Tを式(5)へ代入して、外径を求める。

$$d_2=\sqrt[3]{\frac{16T}{\tau\pi(1-n^4)}}=\sqrt[3]{\frac{16\times573\times10^3}{50\times\pi(1-0.6^4)}}=41.0\ \mathrm{mm}$$

・外径から内径を求める。

$$n=\frac{d_1}{d_2}=0.6\qquad\therefore d_1=0.6\,d_2=0.6\times41=24.6\ \mathrm{mm}$$

解 外径　41.0 mm、内径　24.6 mm

5-7 伝動軸のねじれ

断面二次モーメントから、はりのたわみと断面形状の関係を求めたように、軸のねじれと軸の断面の関係を断面二次極モーメントから考えます。

中実円形軸の動力とねじれ

ねじり応力、トルク、ねじれ角などの基本式から、トルクと断面形状の関係を考えます。

以下の展開で求めた式(5)の$G\,I_p$は、この値が大きくなるとねじれ角θが小さくなるので、ねじり変形に対する抵抗の度合を表す**ねじり剛性**と呼ばれます。

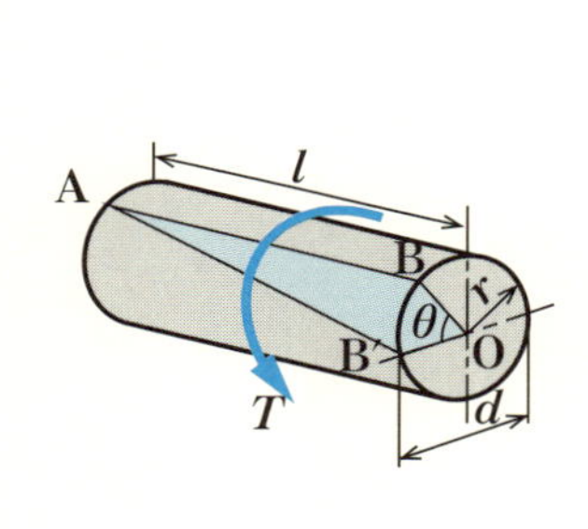

・ねじれ角　θ

$$\begin{cases} \tau = G\gamma \\ \gamma = \dfrac{r\theta}{l} \end{cases} \qquad \therefore \theta = \frac{\tau l}{G r} \quad \cdots (1)$$

・ねじり応力　τ

$$\begin{cases} T = \tau Z_p \\ Z_p = \dfrac{\pi}{16} d^3 \end{cases} \qquad \therefore \tau = \frac{16T}{\pi d^3} \quad \cdots (2)$$

・式(2)を式(1)へ代入します。

$$\theta = \frac{\tau l}{G r} = \frac{16T}{\pi d^3}\,\frac{l}{G r} = \frac{16T}{\pi d^3}\,\frac{l}{G}\,\frac{2}{d} = \frac{l}{G}\,\frac{32T}{\pi d^4} \quad \cdots (3)$$

・ここで、断面二次極モーメント

$$I_p = \frac{\pi d^4}{32} \quad \cdots (4)$$

・式(4)を式(3)へ代入して、

$$\theta = \frac{T l}{G I_p} \quad \cdots (5)$$

・軸の変形を動力と回転数から表すには、次の式を使用します。

$$T = \frac{P \times 60 \times 10^3}{2\pi N} \quad \cdots (6)$$

例題 1 500 rpmで10 kWの動力を伝達する長さ500 mm、直径30 mmの中実円形軸に発生するねじり応力とねじれ角を求めなさい。横弾性係数を80 GPaとします。

解答例

・動力からトルクを求め、ねじり応力τ、ねじれ角θを求める。

・式(6)から　$T=\dfrac{P\times 60\times 10^3}{2\pi N}=\dfrac{10\times 10^3\times 60\times 10^3}{2\pi\times 500}=1.91\times 10^5$ N mm

・式(2)から　$\tau=\dfrac{16\,T}{\pi\, d^3}=\dfrac{16\times 1.91\times 10^5}{\pi\times 30^3}=36.0$ MPa

・式(3)から　$\theta=\dfrac{l}{G}\dfrac{32\,T}{\pi\, d^4}=\dfrac{500}{80\times 10^3}\dfrac{32\times 1.91\times 10^5}{\pi\times 30^4}=0.015$ rad

$0.015\times\dfrac{180}{\pi}=0.86$

解 ねじり応力　36 MPa、ねじれ角　0.015 rad = 0.86°

例題 2 **軸のこわさ**

実務的な軸の設計で、軸の長さ1 mあたりのねじれ角θを、**軸のこわさ**と呼び、(1/4)°以内とします。

500 rpmで10 kWの動力を伝達する中実円形軸の直径を軸のこわさ(1/4)°として求めなさい。横弾性係数を80 GPaとします。

解答例

・トルクは例題1と同じ。式(3)を利用してdを求める。

$(1/4)^\circ=0.25^\circ\dfrac{\pi}{180}$ [rad]

式(3)　$\theta=\dfrac{l}{G}\dfrac{32\,T}{\pi\, d^4}$　$\therefore d=\sqrt[4]{\dfrac{l}{G}\dfrac{32\,T}{\pi\theta}}=\sqrt[4]{\dfrac{l}{G}\dfrac{32\,T}{\pi}\dfrac{180}{\theta\pi}}$

$=\sqrt[4]{\dfrac{1000}{80\times 10^3}\dfrac{32\times 1.91\times 10^5}{\pi}\dfrac{180}{0.25\times\pi}}$

$=48.6$ mm

トルクTは、例題1の結果を使用

軸のこわさ(1/4)°　$\dfrac{\theta}{l}=\dfrac{0.25^\circ}{1000\text{ mm}}$

解 48.6 mm

5 軸とねじり

練習問題

問題 1 ねじりモーメントを受ける直径50 mmの軸に、ねじれ角1°、ねじり応力35 MPaが発生している。軸の長さとせん断ひずみを求めなさい。横弾性係数80 GPaとします。

問題 2 前問で、軸に作用するねじりモーメントを求めなさい。

問題 3 外径60 mm、内径55 mm、長さ1 mの中空円形軸に500×10^3 N mmのねじりモーメントを与えた。発生するねじり応力とせん断ひずみを求めなさい。横弾性係数80 GPaとします。

問題 4 600 rpmで回転する外径60 mm、内径48 mmの中空円形軸が伝達できる動力を求めなさい。許容ねじり応力40 MPaとします。

問題 5 1000 rpmで10 kWの動力を伝達する中実円形軸の直径を求めなさい。許容ねじり応力30 MPa、長さ1 mあたりのねじれ角(1/4)°、横弾性係数80 GPaとします。

解答例

解答1 5−1ねじり応力とせん断ひずみの基本式です。

$$\tau = G\gamma \quad \therefore \gamma = \frac{\tau}{G} = \frac{35}{80\times10^3} = 4.4\times10^{-4}$$ せん断ひずみ

1°をradに変換

$$\gamma = \frac{r\theta}{l} \quad \therefore l = \frac{r\theta}{\gamma} = \frac{d}{2\gamma}\frac{\pi}{180} = \frac{50\times\pi}{2\times4.4\times10^{-4}\times180} = 992\ \mathrm{mm}$$ 長さ

解答2 5−4例題1のねじり応力、ねじりモーメント、断面係数から

$T = \tau Z_p$ と $Z_p = \frac{\pi}{16}d^3$ から

$$T = \tau\frac{\pi}{16}d^3 = \frac{35\times\pi\times50^3}{16} = 8.6\times10^5\ \mathrm{N\ mm}$$ ねじりモーメント

解答3 5−4中空円形軸の断面係数、トルク、応力、の関係式です。

$$T=\tau Z_{\mathrm{p}} \quad と \quad Z_{\mathrm{p}}=\frac{\pi}{16}\frac{d_2{}^4-d_1{}^4}{d_2} \quad から$$

$$\tau=\frac{16T}{\pi}\frac{d_2}{d_2{}^4-d_1{}^4}=\frac{16\times500\times10^3}{\pi}\times\frac{60}{60^4-55^4}=40\ \mathrm{MPa}$$ ねじり応力

$$\tau=G\gamma \quad \therefore \gamma=\frac{\tau}{G}=\frac{40}{80\times10^3}=5\times10^{-4}$$ せん断ひずみ

解答4 5−6式(4)から伝達できるトルクを求める。

$$T=\tau\frac{\pi}{16}\frac{d_2{}^4-d_1{}^4}{d_2}$$

$$=\frac{40\times\pi\times(60^4-48^4)}{16\times60}=1.0\times10^6\ \mathrm{N\ mm}$$

5−6式(3)のトルクと動力の関係から

$$P=\frac{2\pi TN}{60\times10^3}=\frac{2\pi\times1.0\times10^6\times600}{60\times10^3}$$

$$=62.8\times10^3\ \mathrm{W}=62.8\ \mathrm{kW}$$ 動力

解答5 許容応力からの軸径と軸のこわさからの軸径の2つを求めて、大きな軸径を採用します。

●許容応力から　5−6例題1と同様です。

$$d_1=\sqrt[3]{\frac{480P\times10^3}{\pi^2\tau N}}=\sqrt[3]{\frac{480\times10\times10^3\times10^3}{\pi^2\times30\times1000}}=25.3\ \mathrm{mm}$$ 許容応力からの軸径

●軸のこわさから　5−7例題2と同様です。

$$T=\frac{P\times60\times10^3}{2\pi N}=\frac{10\times10^3\times60\times10^3}{2\pi\times1000}=0.95\times10^5\ \mathrm{N\ mm}$$

$$d=\sqrt[4]{\frac{l}{G}\frac{32T}{\pi\theta}}=\sqrt[4]{\frac{l}{G}\frac{32T}{\pi}\frac{180}{\theta\pi}}$$

$$=\sqrt[4]{\frac{1000}{80\times10^3}\frac{32\times0.95\times10^5}{\pi}\frac{180}{0.25\times\pi}}=40.8\ \mathrm{mm}$$ 許容応力からの軸径

こちらが大きいので、40.8 mmを採用する

Column

「中空軸」

本章では、伝動軸についても、はりと同じように中空軸が優れた特性をもつことを説明しました。軸は基本的な機械要素で、私たちの日常で直接目にすることは、ほとんどないと思います。

しかし、多くの動力は回転から取り出されるので、機械の回転のあるところには、必ず軸が使われています。車体前部にエンジンなどの動力源を置き、後輪を駆動するFRと呼ばれる自動車では、動力源と後輪駆動装置の間を長い回転軸で動力を伝えています。この回転軸をプロペラシャフトと呼びます。乗用車やバスでは見えにくいですが、床下地上高さの高いトラックの下を覗き込めば、中央に太い軸があるはずです。

このプロペラシャフトは、自動車で使われる軸の中で、一番太い軸だと思います。プロペラシャフトは中空軸で、一概には言えませんが、乗用車のもので150 N程度、バスやトラックでは600 N程度の重量をもちます。もしもこれが中実軸だとすると5−4例題3から2倍以上の重量になると試算できます。数値は概算で、車種によって異なります。

また、ジェットエンジンでは、空気を吸入して圧縮する圧縮機と、燃焼ガスの噴出ガスで圧縮機を回転させる排気タービンとを連結するエンジンシャフトと呼ばれる回転軸が使われますが、この重量を軽減させるために、中空軸を使用したものがあります。

この2つは、おもに回転軸の重量を小さくする目的から中空軸を使用する例です。このほかに、中空軸による重量軽減とともに、軸の中空部分を利用する目的で、中空軸を採用する装置もいろいろとあります。

船舶では、プロペラの角度を制御して、効率よく推進力を得ようとする可変ピッチプロペラという構造があります。プロペラを回転させながら角度を調整するために、プロペラと動力源を結ぶ伝動軸を中空軸にして、軸の中空部分にピッチを調整するための装置を通すものです。

6章 柱

軸方向の圧縮荷重を受ける長い材料を柱と呼び、荷重に対する垂直断面には垂直応力が発生します。柱がある長さを超えると横方向にたわんで変形する座屈という現象が起こります。6章では、柱と座屈の関係を考えます。

6-1 柱

部材の軸方向に圧縮荷重を受ける細長い棒が柱です。荷重が大きくなると、圧縮されて縮むだけでなく、軸の横方向にたわみ変形がおきます。

圧縮と座屈

図1のように太くて短い柱を軸方向に圧縮すると縮みます。細くて長い柱を軸方向に圧縮すると、軸と横方向にたわみ変形をおこします。これを**座屈**と呼び、座屈を発生させる最小の荷重を**座屈荷重**と呼びます。

断面二次半径

柱の座屈は、はりのたわみと似ています。図2のように荷重と垂直な断面にX−Y座標を設定して、X軸まわりとY軸まわりの断面二次モーメントをそれぞれI_x、I_yとします。断面二次モーメントIを断面積で割った値の平方根を**断面二次半径k**と呼び、X軸とY軸まわりの断面二次半径をk_x、k_yとします。

柱の座屈は、断面二次半径kが小さな軸まわりに発生します。図2のように、X軸方向の寸法がY軸方向の寸法よりも大きな断面では、右ページ上図の断面二次モーメントと断面二次半径の例に示すように、X軸まわりの断面二次半径k_xがY軸まわりの断面二次半径k_yよりも小さくなるので、柱の座屈はX軸まわりに発生しやすくなります。円形断面の柱では、X軸方向の寸法とY軸方向の寸法は、ともに直径なので、k_xとk_yが等しくなり座屈の方向性はありません。

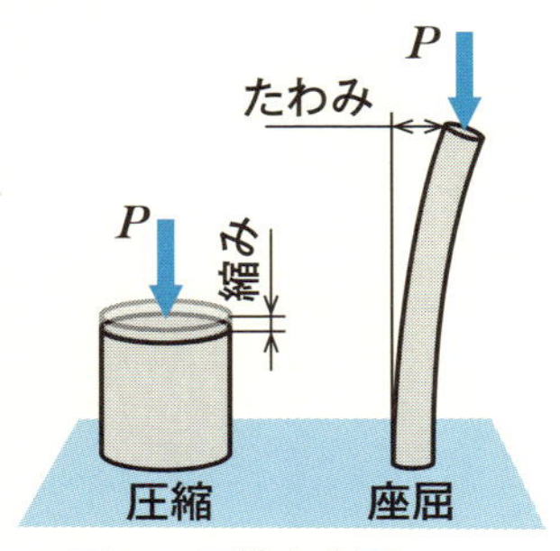

▲ 図1　圧縮と座屈

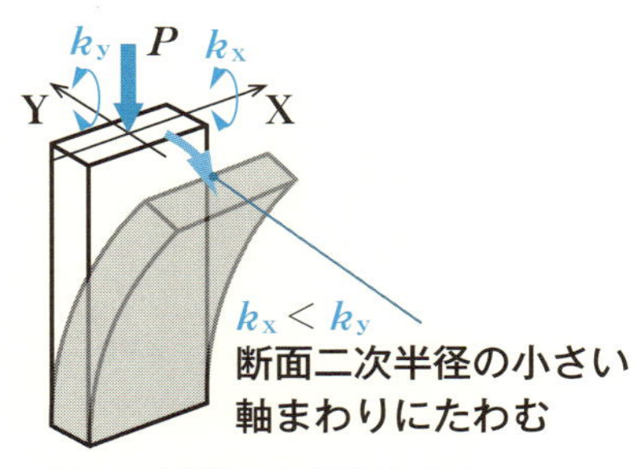

▲ 図2　断面二次半径とたわみ

▼ 断面二次モーメントと断面二次半径

	円形断面（面積 A、直径 d）	長方形断面（面積 A、幅 b、高さ h）	
断面二次モーメント	$I_x = I_y = \frac{\pi}{64} d^4$	$I_x = \frac{1}{12} b h^3$	$I_y = \frac{1}{12} h b^3$
断面二次半径 $k = \sqrt{\frac{I}{A}}$	$k_x = k_y = \sqrt{\frac{\pi d^4}{64} \frac{4}{\pi d^2}} = \sqrt{\frac{d^2}{16}} = \frac{d}{4}$	$k_x = \sqrt{\frac{b h^3}{12 b h}} = \sqrt{\frac{h^2}{12}}$	$k_x = \sqrt{\frac{h b^3}{12 b h}} = \sqrt{\frac{b^2}{12}}$

細長比と端末係数

柱の長短による細長さを示す係数として、柱の長さlを断面二次半径kで割った**細長比**（ほそながひ）$\lambda = \frac{l}{k}$が使われます。値が大きいと細長くなります。

$$細長比 = \frac{柱の長さ}{断面二次半径} \qquad \lambda = \frac{l}{k}$$

また、柱の座屈に影響する柱の支持方法を係数化したものを**端末係数**と呼びます。端末係数は、固定係数、拘束係数などとも呼ばれます。

柱の座屈を求めるにはいくつかの計算式があり、端末係数と細長比は、柱の計算を行う場合に使用する計算式を決定する条件になります。

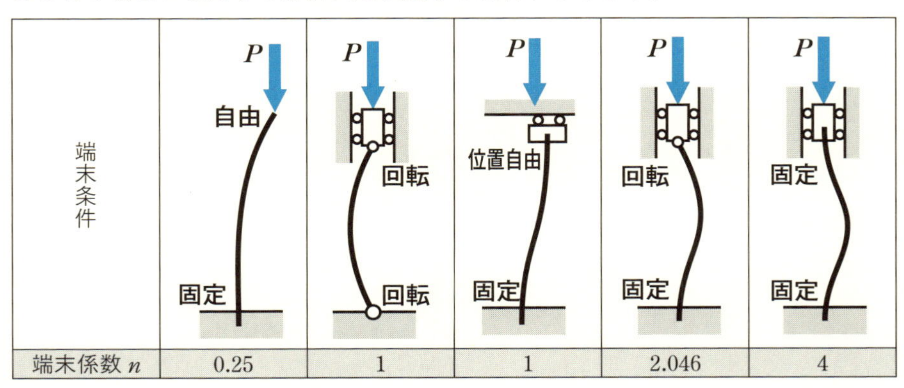

端末条件	上端：自由／下端：固定	上端：回転／下端：回転	上端：位置自由／下端：固定	上端：回転／下端：固定	上端：固定／下端：固定
端末係数 n	0.25	1	1	2.046	4

6-2 オイラーの理論式

細長い柱の座屈は、材料の比例限度内におけるオイラーの長柱座屈理論という理論式から求めます。

長柱

柱に加わる圧縮荷重が座屈荷重に近づき、急激に横方向のたわみが増長し、座屈によって強度が決まる、比較的細長い柱を**長柱**と呼びます（細長比が大）。

オイラーの理論式

長柱の座屈は、次に示すオイラーの理論式で計算します。座屈応力は、座屈荷重が作用したときに、柱の内部に生じる垂直応力です。

座屈荷重 $P = n\pi^2 \dfrac{EI}{l^2}$ …(1)

座屈応力 $\sigma = \dfrac{P}{A} = n\pi^2 \dfrac{E}{l^2}\dfrac{I}{A} = n\pi^2 \dfrac{E}{l^2}k^2 = n\dfrac{\pi^2 E}{\left(\dfrac{l}{k}\right)^2}$

$= n\dfrac{\pi^2 E}{\lambda^2}$ …(2)

P　座屈荷重 [N]
σ　座屈応力 [MPa]
E　縦弾性係数 [GPa]
l　柱の長さ [mm]
I　最小断面二次モーメント [mm^4]
A　断面積 [mm^2]
$k = \sqrt{\dfrac{I}{A}}$　最小断面二次半径 [mm]
$\lambda = \dfrac{l}{k}$　細長比
n　端末係数

例題 1 長さ2.5 m、断面寸法80 mm×40 mmで両端を固定した軟鋼製の柱の座屈応力をオイラーの理論式から求めなさい。縦弾性係数を206 GPaとします。

・式(2)を使用します。

・断面二次半径が最小になるように断面の向きを決定します。

解答例

●長方形断面なので、断面二次半径kは、

$$k=\sqrt{\frac{I}{A}}\quad に\quad A=bh、I=\frac{1}{12}bh^3\quad を代入する$$

$$\therefore k=\sqrt{\frac{bh^3}{12bh}}=\sqrt{\frac{h^2}{12}}$$

6−1の断面二次半径をそのまま使って可

●座屈応力の式で、細長比λをλ^2として使うので、

$$\lambda=\frac{l}{k}=\frac{l}{\sqrt{\frac{h^2}{12}}}\qquad \therefore \lambda^2=\frac{12l^2}{h^2}$$

P

固定

固定

●座屈応力を求める。

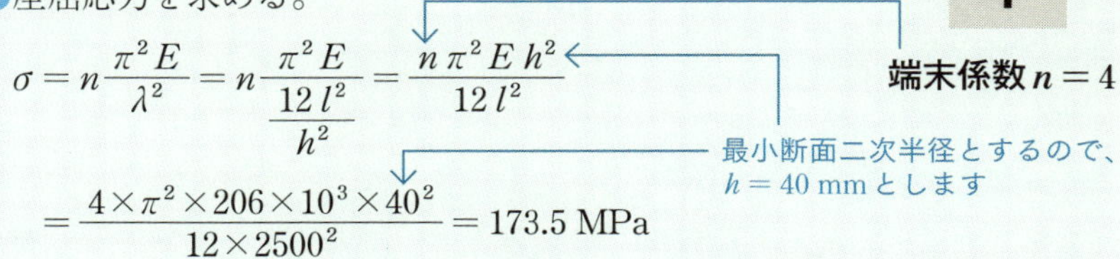

端末係数$n=4$
最小断面二次半径とするので、
$h=40$ mmとします

$$\sigma=n\frac{\pi^2E}{\lambda^2}=n\frac{\pi^2E}{\frac{12l^2}{h^2}}=\frac{n\pi^2Eh^2}{12l^2}$$

$$=\frac{4\times\pi^2\times206\times10^3\times40^2}{12\times2500^2}=173.5\ \text{MPa}$$

解 座屈応力　173.5 MPa

例題 2 例題1の断面寸法を変更すると……

例題1の柱の断面を100 mm×50 mmとして、座屈応力を求めなさい。

解答例　例題1の算出式を利用して、

最小断面二次半径を決める寸法が反映されます。

$$\sigma=\frac{4\times\pi^2\times206\times10^3\times50^2}{12\times2500^2}=271.1\ \text{MPa}$$

解 座屈応力　271.1 MPa。断面の最小寸法が座屈に影響します。

6-3 ランキンの式

短くもなければ長柱でもない、やや細長い中間柱の座屈を扱ういろいろな実験式のひとつがランキンの式です。

長柱と中間柱を決定する

抽象的に表現される柱の長短を、細長比λと端末係数nで決定します。柱の条件が次の表に示す適用範囲にあるときは、**中間柱**として**ランキンの式**を使います。この範囲を超える場合は、長柱としてオイラーの理論式を使います。

▼ ランキンの式の定数

	鋳鉄	軟鋼	硬鋼	木材
σ_0[MPa]	549	333	480	49
a	$\frac{1}{1600}$	$\frac{1}{7500}$	$\frac{1}{5000}$	$\frac{1}{750}$
適用範囲	$\lambda < 80\sqrt{n}$	$\lambda < 90\sqrt{n}$	$\lambda < 85\sqrt{n}$	$\lambda < 60\sqrt{n}$

ランキンの式

ランキンの式は、材料別に行った実験をまとめた実験式なので、上の表に示す特有の定数をもちます。

座屈荷重 $$P=\frac{\sigma_0 A}{1+\frac{a}{n}\left(\frac{l}{k}\right)^2}=\frac{\sigma_0 A}{1+\frac{a}{n}\lambda^2} \quad \cdots (1)$$

座屈応力 $$\sigma=\frac{P}{A}=\frac{\sigma_0}{1+\frac{a}{n}\left(\frac{l}{k}\right)^2}=\frac{\sigma_0}{1+\frac{a}{n}\lambda^2} \quad \cdots (2)$$

P 座屈荷重[N]
σ 座屈応力[MPa]
σ_0 材料によって決まる定数[MPa]
A 断面積[mm^2]
a 材料によって決まる実験的定数
n 端末係数
I 最小断面二次モーメント[mm^4]
l 柱の長さ[mm]
$k=\sqrt{\frac{I}{A}}$ 最小断面二次半径[mm]
$\lambda=\frac{l}{k}$ 細長比

例題 1 6−2の例題1、2で、オイラーの理論式を使用しました。この選択が正しいかどうか判定しなさい。

解答例

例題1、2のλを求めて、ランキンの式の適用範囲を超えていれば、オイラーの理論式の適用が正しいと判定します。

● 例題1、2の細長比をλ_1、λ_2とする。

$$\lambda = \frac{l}{k} = \frac{l}{\sqrt{\frac{h^2}{12}}} \qquad \therefore \lambda_1 = \frac{2500}{\sqrt{\frac{40^2}{12}}} = 216.5、\lambda_2 = \frac{2500}{\sqrt{\frac{50^2}{12}}} = 173.2$$

● 両端固定なので、端末係数$n=4$、軟鋼なので、判定値　$90\sqrt{n}$

判定値　$90\sqrt{n} = 90\sqrt{4} = 180$

解 λ_1は、216.5>180なので、オイラーの式が適切

λ_2は、173.2<180なので、オイラーの式は不適切

例題 2 6−2の例題2について、ランキンの式から座屈応力を求めなさい。

解答例

左のランキンの式の定数の表から、σ_0、aを求める。λは、例題1の結果を用いる。

$$\sigma = \frac{\sigma_0}{1+\frac{a}{n}\lambda^2} = \frac{333}{1+\frac{1}{7500}\times\frac{1}{4}\times 173.2^2} = 166.5\ \mathrm{MPa}$$

オイラーの式から求めた271.1 MPaよりも大幅に小さくなる。

解 座屈応力　166.5 MPa

6 柱

6-4 柱の座屈計算

柱の座屈は、厳密な解を求めるのが難しい問題です。しかし、解法の手順は明確に整理できます。

柱の基本的な計算手順

柱を「短柱」、「中間柱」、「長柱」の3つに分類します。座屈を生じない短柱は、**垂直応力の問題**、他の2つの柱は、**座屈の問題**と考えます。

細長比がランキンの式の適用範囲を満たしたときは、中間柱としてランキンの式を使い、適用範囲を超えたときは、長柱としてオイラーの理論式を使います。この適用範囲の下限は明確にされていませんが、一般に細長比30未満が短柱と考えられます。

中間柱の座屈を計算する実験式は、他にもあるので、これらを使用する場合には、それぞれの適用範囲と細長比を比較します。

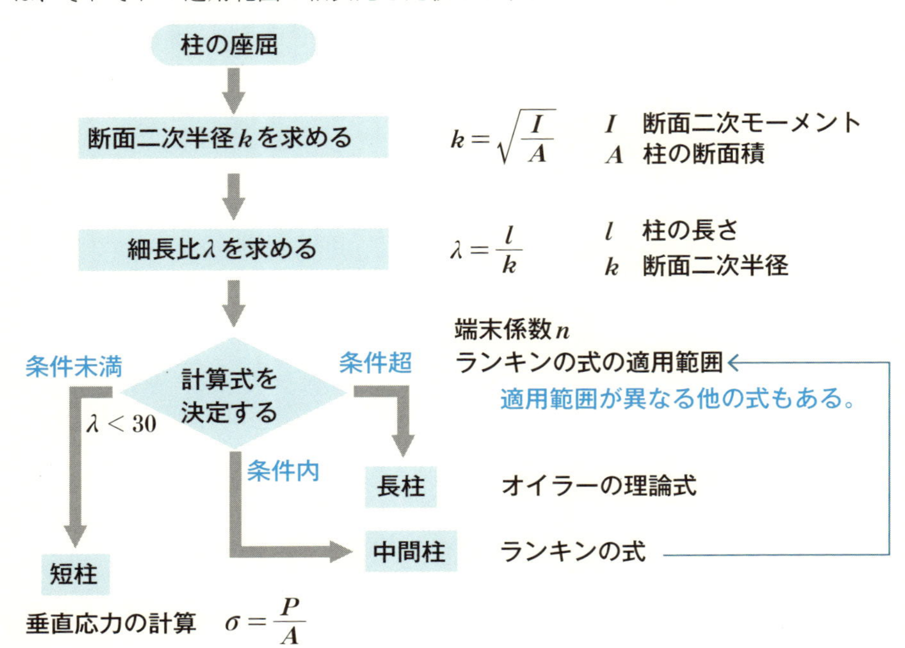

式の選定と座屈計算の例題

例題 長さ1 m、断面寸法80 mm×38 mmの軟鋼製で、両端を回転支持した柱に加えることのできる最大荷重を求めなさい。縦弾性係数206 GPa、安全率4とします。

解答例

細長比から使用する計算式を決定し、座屈荷重を算出して、安全率から最大荷重を求めます。

●断面二次半径kを求める

$$k=\sqrt{\frac{I}{A}}、A=bh、I=\frac{1}{12}bh^3 \quad \therefore k=\sqrt{\frac{bh^3}{12bh}}=\sqrt{\frac{h^2}{12}}$$

●細長比λを求める

$$\lambda=\frac{l}{k}=\frac{l}{\sqrt{\frac{h^2}{12}}}=\frac{1000}{\sqrt{\frac{38^2}{12}}}=91.2$$

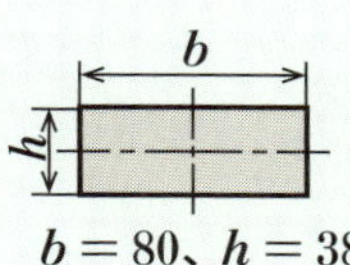

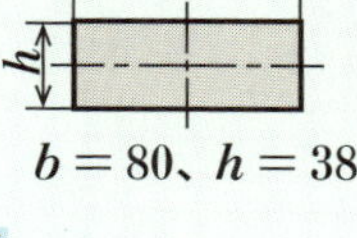

P
回転
$n=1$
回転

●計算式を決定する

ランキンの式の適用条件は、$\lambda<90\sqrt{n}$

両端回転支持の端末係数$n=1$なので、$90\sqrt{n}=90\sqrt{1}=90$

細長比$\lambda=91.2$は、ほぼ判定基準値と等しいので、オイラーの理論式とランキンの式で荷重を求め、小さな値を採用する。

●座屈荷重を求める

オイラーの理論式

$$P_0=n\frac{\pi^2E}{\lambda^2}A=\frac{1\times\pi^2\times206\times10^3\times80\times38}{91.2^2}=743\times10^3\ \mathrm{N}=743\ \mathrm{kN}$$

ランキンの式

$$P_r=\frac{\sigma_0A}{1+\frac{a}{n}\lambda^2}=\frac{333\times80\times38}{1+\frac{1}{7500}\times91.2^2}=480\times10^3\ \mathrm{N}=480\ \mathrm{kN}$$

座屈荷重　480 kNとする

●許容できる最大荷重は、安全率4なので、

$$最大荷重=\frac{480}{4}=120\ \mathrm{kN}$$

$$\sigma=\frac{P}{A}=\frac{120\times10^3}{80\times38}$$

解 最大荷重　120 kN(応力は、39.5 MPa)

6 柱

6-5 中空円形の柱

はりのたわみと軸のねじれで、中空材料の荷重と変形に対する強さが明らかになりました。柱の座屈でも中空材料は十分な強さをもちます。

柱の強さは断面二次半径で決まる

荷重に対するはりの強さが断面係数で、軸の強さが極断面係数で決定されるように、柱の強さは**断面二次半径**で決められます。

オイラーの理論式とランキンの式の両方で、細長比λが分母に入っています。細長比は、柱の長さを断面二次半径kで割った値なので、断面形状で決まる断面二次半径が大きくなるほど、座屈応力が大きくなります。

$\lambda = \dfrac{l}{k}$　細長比λは、断面二次半径kに反比例する

オイラーの理論式　$\sigma = n\dfrac{\pi^2 E}{\lambda^2}$　　ランキンの式　$\sigma = \dfrac{\sigma_0}{1+\dfrac{a}{n}\lambda^2}$

中実円形と中空円形の断面二次半径

外径の等しい中実円形と中空円形では、中空円形の方が大きな断面二次半径をもちます。不思議なようですが、中空の柱の方が座屈応力が大きくなります。では、中空の方が中実よりも大きな荷重がかけられるのか？　というと、次の例題のように断面積が掛かるのでそうとは言えません。

d2

中実円形

$$I = \frac{\pi}{64}d_2^4$$

$$k = \sqrt{\frac{\pi d_2^4}{64}\frac{4}{\pi d_2^2}} = \sqrt{\frac{d_2^2}{16}} = \frac{d_2}{4} \cdots(1)$$

d1 d2

中空円形

$$I = \frac{\pi}{64}(d_2^4 - d_1^4)$$

$$k = \sqrt{\frac{\pi(d_2^4 - d_1^4)}{64}\frac{4}{\pi(d_2^2 - d_1^2)}} = \sqrt{\frac{(d_2^2+d_1^2)(d_2^2-d_1^2)}{16(d_2^2-d_1^2)}} = \frac{\sqrt{d_2^2+d_1^2}}{4} \cdots(2)$$

(1)＜(2) だから中空円形の方が座屈応力が大きくなる

中実円柱と中空円柱の例題

例題 長さ2 mの軟鋼製で、両端を回転支持した柱について、図の2つの断面で座屈応力と座屈荷重を比べなさい。縦弾性係数206 GPaとします。

解答例

● 断面二次半径kは、左の式(1)と式(2)から

中実円柱　　　中空円柱

$$k_1 = \frac{d}{4} \qquad k_2 = \frac{\sqrt{{d_2}^2 + {d_1}^2}}{4}$$

● 細長比λを求める

$$\lambda_1 = \frac{l}{k} = \frac{l}{\frac{d}{4}} = \frac{4\,l}{d} = \frac{4 \times 2000}{60} = 133$$

$$\lambda_2 = \frac{l}{k_2} = \frac{l}{\frac{\sqrt{{d_2}^2 + {d_1}^2}}{4}} = \frac{4\,l}{\sqrt{{d_2}^2 + {d_1}^2}} = \frac{4 \times 2000}{\sqrt{60^2 + 40^2}} = 111$$

2つの軸とも、ランキンの式の使用条件　$90\sqrt{n} = 90\sqrt{1} = 90$
を超えるので、オイラーの理論式を使います。

P
回転
$n=1$
回転

● 座屈応力を求める

$$\sigma_1 = n\frac{\pi^2 E}{{\lambda_1}^2} = \frac{1 \times \pi^2 \times 206 \times 10^3}{133^2} = 115.0\ \text{MPa}$$

$$\sigma_2 = n\frac{\pi^2 E}{{\lambda_2}^2} = \frac{1 \times \pi^2 \times 206 \times 10^3}{111^2} = 165.0\ \text{MPa}$$

中空円柱の方が
座屈応力が高い

● 座屈荷重を求める

$$P_1 = \sigma_1 A_1 = \sigma_1\,\frac{\pi}{4}d^2 = \frac{115 \times \pi \times 60^2}{4} = 325 \times 10^3\ \text{N}$$

$$P_2 = \sigma_2 A_2 = \sigma_2\,\frac{\pi}{4}({d_2}^2 - {d_1}^2) = \frac{165 \times \pi \times (60^2 - 40^2)}{4} = 259 \times 10^3\ \text{N}$$

中実円柱の方が
断面積との積で
座屈荷重が高い

練習問題

問題 1 **断面寸法38 mm×140 mmの2バイ6材と呼ばれる長さ2 mの木材を両端固定の柱として使用します。安全率7、縦弾性係数7 GPaとして、使用できる最大荷重を求めなさい。**

問題 2 **軟鋼製で外径d_2、内径$d_1 = 0.8d_2$、高さ2 mの柱の一端を自由端として最大荷重150 kNを受ける柱の断面寸法を求めなさい。縦弾性係数206 GPa、安全率5とします。**

解答例

解答1

●断面二次半径kを求める

$$k = \sqrt{\frac{I}{A}}、A = b\,h、I = \frac{1}{12} b\,h^3$$

$$\therefore k = \sqrt{\frac{b\,h^3}{12\,b\,h}} = \sqrt{\frac{h^2}{12}}$$

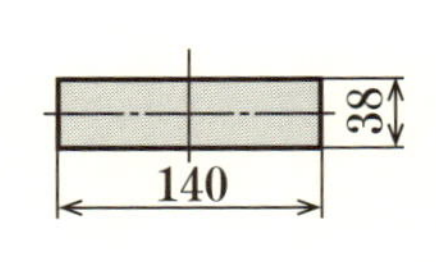

P
固定
$n = 4$
固定

●細長比λを求める

$$\lambda = \frac{l}{k} = \frac{l}{\sqrt{\frac{h^2}{12}}} = \frac{2000}{\sqrt{\frac{38^2}{12}}} = 182$$

ランキンの式の使用条件　$60\sqrt{n} = 60\sqrt{4} = 120$

を超えるので、オイラーの理論式を使います。

●座屈荷重Pと安全率Sから最大荷重P_sを求める。

$$P_s = \frac{P}{S} = \frac{1}{S} n\pi^2 \frac{E\,I}{l^2} = \frac{1}{S} n\pi^2 \frac{E\,b\,h^3}{l^2 \times 12}$$

$$= \frac{4 \times \pi^2 \times 7 \times 10^3 \times 140 \times 38^3}{7 \times 2000^2 \times 12} = 6318 \text{ N}$$

(参考) このときの圧縮応力は、

$$\sigma = \frac{P}{A} = \frac{6318}{140 \times 38} = 1.19 \text{ MPa}$$

木材の強度は金属材料と異なり、規定・規格が困難です。

スギの短柱の例では、

縦弾性係数　約7 GPa　　圧縮基準強度 18～21 MPaほどです。

算出値は理論値として適していると思われます。

解答2

長柱と仮定して求めた断面寸法から縦長比を算出し、オイラーの理論式に該当しない場合は、中間柱として改めて計算する。

●断面二次モーメントを求める

$$I = \frac{\pi}{64}(d_2{}^4 - d_1{}^4) = \frac{\pi}{64}(d_2{}^4 - (0.8\,d_2)^4) = \frac{\pi}{64}(0.59\,d_2{}^4)$$

●オイラーの理論式で座屈荷重から直径を求める

$P = n\pi^2 \dfrac{EI}{l^2}$、安全率S、最大荷重$P_s$として、$P = S\,P_s$

$$P = S\,P_s = n\pi^2 \frac{EI}{l^2} = \frac{n\pi^2 E\,\pi(0.59\,d_2{}^4)}{64\,l^2}$$

P
自由
$n = 0.25$
固定

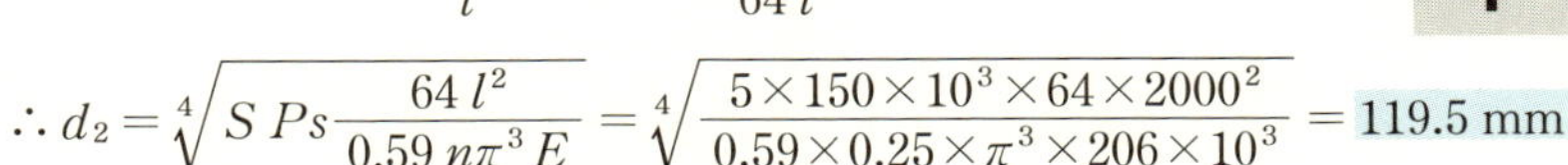

$$\therefore d_2 = \sqrt[4]{S\,Ps\frac{64\,l^2}{0.59\,n\pi^3 E}} = \sqrt[4]{\frac{5 \times 150 \times 10^3 \times 64 \times 2000^2}{0.59 \times 0.25 \times \pi^3 \times 206 \times 10^3}} = 119.5 \text{ mm}$$

$$\therefore d_1 = 0.8\,d_2 = 0.8 \times 119.5 = 95.6 \text{ mm}$$

以上の計算結果から細長比を求め、寸法を判定する

●断面二次半径kを求める

$$k = \sqrt{\frac{I}{A}} \qquad A = \frac{\pi(d_2{}^2 - d_1{}^2)}{4} \qquad I = \frac{\pi(d_2{}^4 - d_1{}^4)}{64}$$

$$k = \sqrt{\frac{\pi(d_2{}^4 - d_1{}^4)}{64}\frac{4}{\pi(d_2{}^2 - d_1{}^2)}} = \sqrt{\frac{(d_2{}^2 + d_1{}^2)(d_2{}^2 - d_1{}^2)}{16(d_2{}^2 - d_1{}^2)}} = \frac{\sqrt{d_2{}^2 + d_1{}^2}}{4}$$

●細長比λを求め、使用した式を判定する

$$\lambda = \frac{l}{k} = \frac{l}{\frac{\sqrt{d_2{}^2 + d_1{}^2}}{4}} = \frac{4\,l}{\sqrt{d_2{}^2 + d_1{}^2}} = \frac{4 \times 2000}{\sqrt{119.5^2 + 95.6^2}} = 52.3$$

ランキンの式の使用条件　$90\sqrt{n} = 90\sqrt{0.25} = 45$

を超えるので、計算結果を採用する。

解 内径 95.6 mm、外径 119.5 mm

Column

「中央部の膨らんだ柱」

街を歩くと、多くの柱があることに気付きます。電柱、信号機の支柱、街路灯、建造物の支柱、橋や高架鉄道の支柱、高い煙突……そして、それらのほとんどが中空柱です。

4章から中空材のテーマが続いているので、中実材を考えてみましょう。次の図の(a)と(b)は、6−1の端末係数の表から抜粋したものです。

はりのたわみ曲線と同様に柱の変形の輪郭もたわみ曲線と呼びます。平等強さのはりで、はりのたわみに合わせて断面積を変化させたように、柱でも、たわみの小さな両端の断面積を小さくして、最大たわみの発生する中央部分の断面積を大きくして、中央部の膨らんだ形状にします。すると、両端の断面二次モーメントが小さく、中央の断面二次モーメントが大きくなるので、柱の内部に発生する座屈応力の大きさが一様となり、一様強さの柱ができます。平等強さのはりと同様に、柱の重量を軽減できます。

このような柱は、古代ギリシャ時代のエンタシスと呼ばれる石積みの建築工法や、法隆寺などの寺院の木製の柱に見ることができます。

モノのかたちと強さの一例といえます。

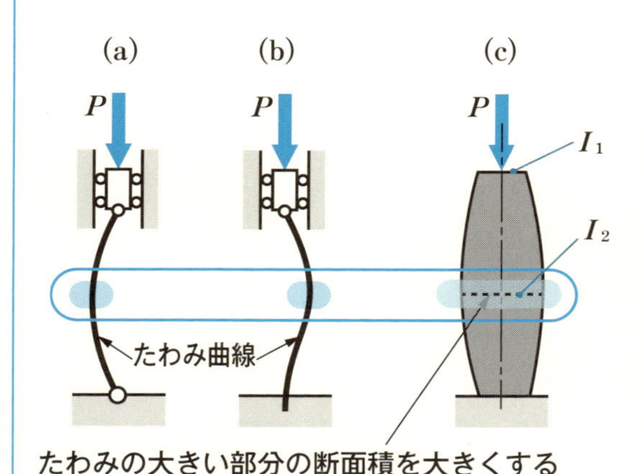

一様強さの柱

柱の両端はたわみが最小なので、断面二次モーメントI_1を小さくし、たわみの大きな中央部分の断面二次モーメントI_2を大きくすると、発生する座屈荷重が一様になり、柱の重量を小さくできる。

7章 トラス

鉄橋や鉄塔、建造中のビルなど、棒状の材料を組み立てた骨組構造を見かけることと思います。7章では、三角形をつなげたトラスについて、おもに作図を用いて、部材にはたらく荷重を考えます。

7-1 骨組構造

複数の棒状の部材をその端末で連結して、荷重を支持するものを骨組み構造と呼びます。

節点

部材を連結する点を**節点**と呼びます。ピン、リベット、ねじなどの円形断面軸1つで部材を連結すると、互いの部材が回転して部材の姿勢が自由に変化します。これを**滑節**と呼びます。

節点を複数の軸部品で接合すると互いの部材の姿勢が固定されます。これを**剛節**と呼びます。

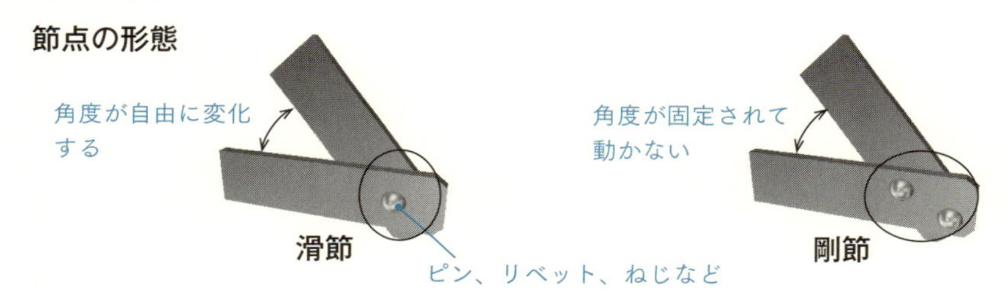

トラス

3本の部材の節点をすべて滑節で連結した三角形構造を**トラス**または**滑節骨組**と呼びます。トラスは節点で荷重を受け、トラスの部材には、引張か圧縮の軸力だけが発生します。橋や塔の骨組に、複数の三角形をつなげた構造体を見ることができます。

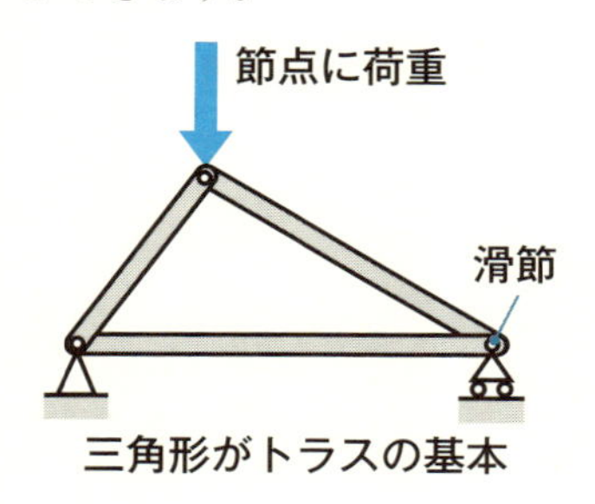

三角形がトラスの基本

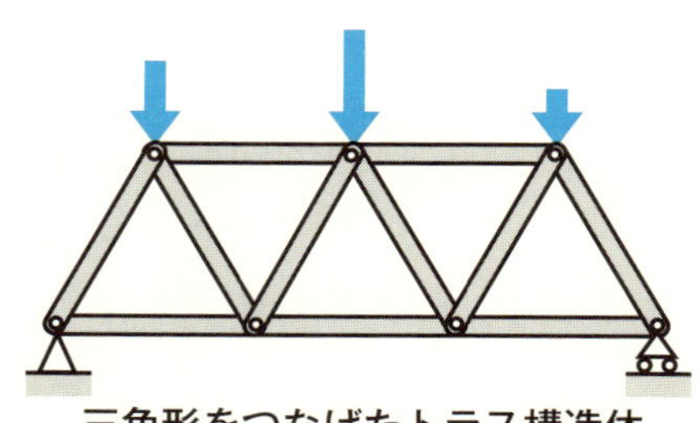
三角形をつなげたトラス構造体

ラーメン

節点をすべて剛節で連結した枠組み構造を**ラーメン**または**剛節骨組**と呼びます。ラーメンの部材には、軸力だけでなく、せん断力、曲げモーメントが発生します。下図のラーメンに水平な荷重が作用すると、枠組みが平行四辺形に変形して、全体で強度を保つように働きます。

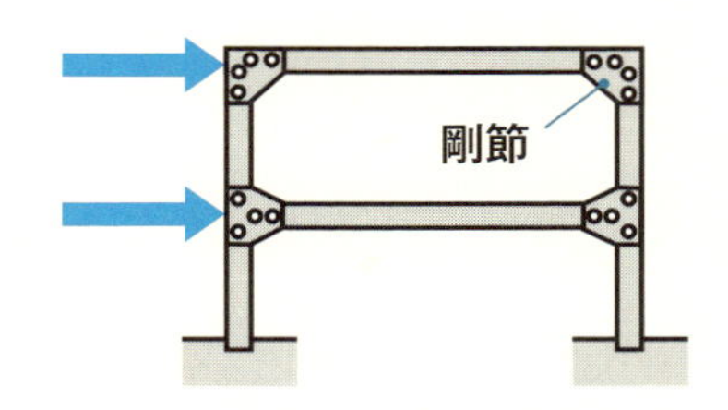

箱形ラーメン構造の例

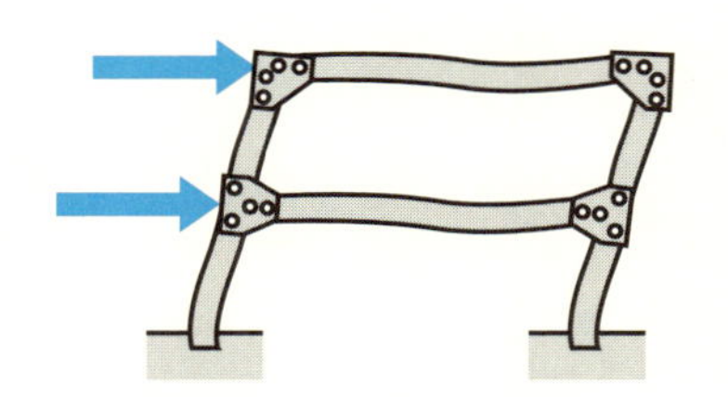

平行四辺形に変形する例

平面骨組と立体骨組

これまで図示したトラスとラーメンのように、部材の軸線と荷重の作用線がすべてひとつの平面内にあるものを**平面骨組**と呼びます。

下図のように、空間で立体的な形状をもち、部材の軸線と荷重の作用線がずれるものを**立体骨組**と呼びます。立体骨組は、平面骨組に分解して考えます。本書では、平面トラスを扱います。

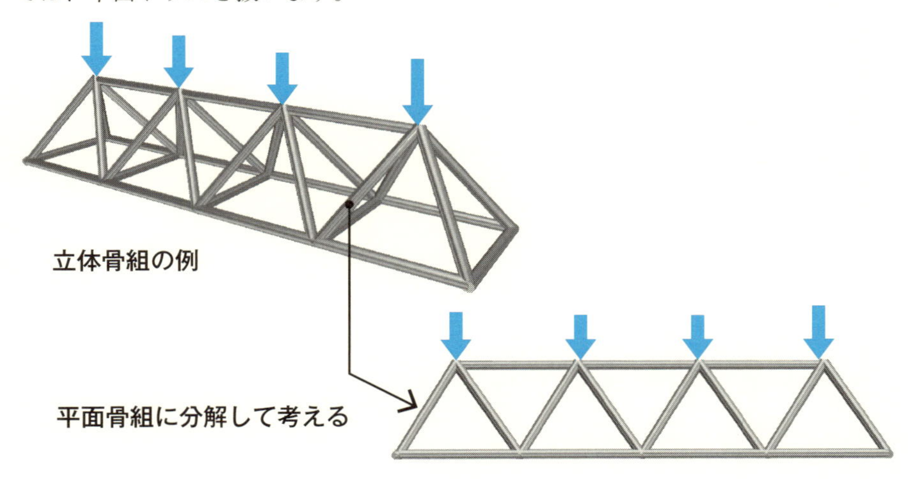

7-2 力の作図法

本章では、力を矢印で表して作図で考える解法を使います。次節から使用する力の作図法の基本をまとめておきます。

力の合成と分解

力F_1とF_2の合成では、2力を対辺とした**平行四辺形の対角線**に合力Fを求めます。また、F_2の始点がF_1の矢の先端に接するようにF_2を平行移動して、F_1の始点とF_2の矢の先端を結ぶと合力Fが得られ、これを**力の三角形**と呼びます。力の分解は、2力を合成した図のFを分解する力として、作用線の与えられたF_1とF_2の2力に分解すると考えます。

複数の力の合成は、力の三角形での平行移動を繰り返し、基準とした力の始点から最後に移動した力の矢の先端に向けて合力を求めることができます。これを**力の多角形**と呼びます。

力のつり合い

一点に作用する複数の力がつり合うとき、合力はゼロです。作図では、力を平行移動してできた三角形や多角形のすべての力の始点と矢の先端が接した図ができます。これを**閉じた三角形**、**閉じた多角形**と呼びます。

Bowの記号法

本章では、**クレモナの解法**と呼ばれる作図法でトラスを考えます。

荷重を受ける部材ABの軸線が分割する空間にAとBという**領域名を大文字**で付けます。節点①の軸力は、①を中心として右回りに領域AからBへ移る境界にあります。この**力を小文字**でabと名付け、始点をa、矢の先端をbとします。同様の規則性で、節点②の軸力は、②を中心にして右回りに領域BからAへ移る境界にあるので、始点をb、矢の先端をaとする力baと名付けます。

これを**Bowの記号法**と呼び、クレモナの解法のポイントといえます。

力の合成と分解

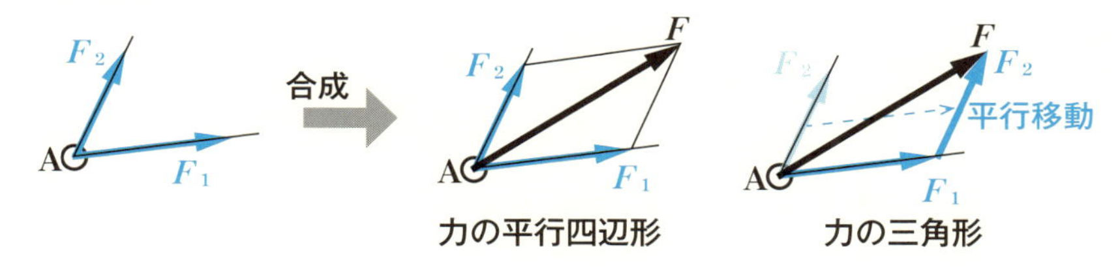

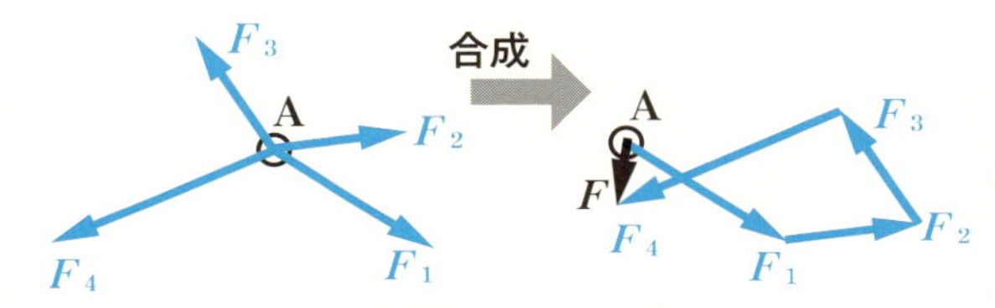

力の多角形による合成

F_1を基準にF_2、F_3、F_4と平行移動して、最後にF_1の始点からF_4の矢の先端に合力Fをつくる。

力のつり合い

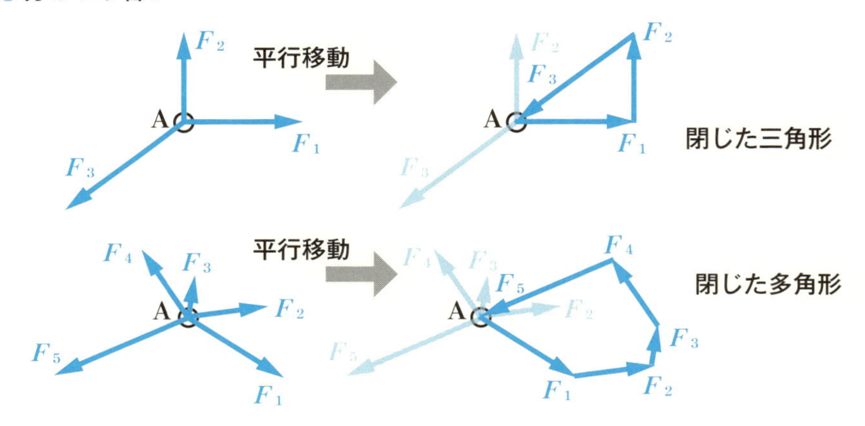

Bowの記号法

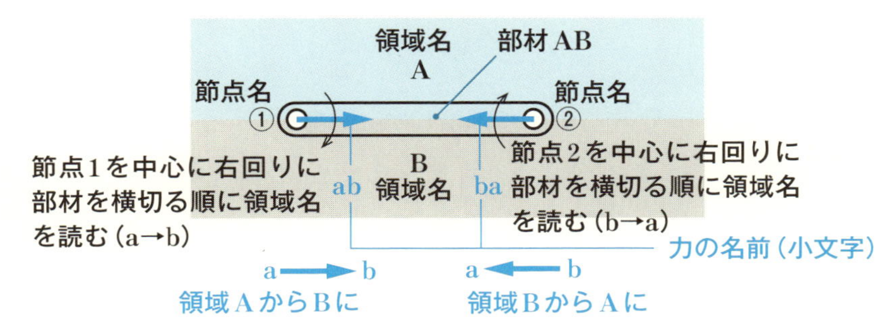

7-3 静定トラス

本書では平面トラスのうち、静定トラスに分類される骨組構造を考えます。

静定トラス

作図の詳細は、次節以降で説明いたします。平面トラスに作用する力は、荷重、支点反力、材料に生じる軸力で、力を受ける物体の静止条件から、

・すべての力の水平分力の代数和がゼロ

・すべての力の垂直分力の代数和がゼロ

・任意の点における力のモーメントの合計がゼロ

が成立するトラスを**静定トラス**と呼びます。3章で扱った静定はりと似ています。

右図のトラスは、すべての節点で閉じた三角形ができるので、すべての水平・垂直分力の代数和がゼロになる、静定トラスです。

節点の力のつり合いだけを考える

静定トラスは、トラスの部材に軸力だけが生じると考えて、すべての節点の力のつり合いから、トラス全体の力のつり合いを考えます。

節点以外に力が作用して、部材に曲げやせん断が生じたり、節点で部材の変形を考えなければならない場合は、力のつり合いだけで解くことができません。このようなトラスを**不静定トラス**と呼びます。

引張材と圧縮材

部材の軸力は、節点における力のつり合いから求められます。軸力は内力ですから、部材が外力を受けて節点に生じる力です。

つまり、部材は、軸力と同じ大きさで逆向きの力を節点から受けます。

この節点から受ける力が引張荷重となる部材を**引張材**と呼び、圧縮荷重となる部材を**圧縮材**と呼びます。

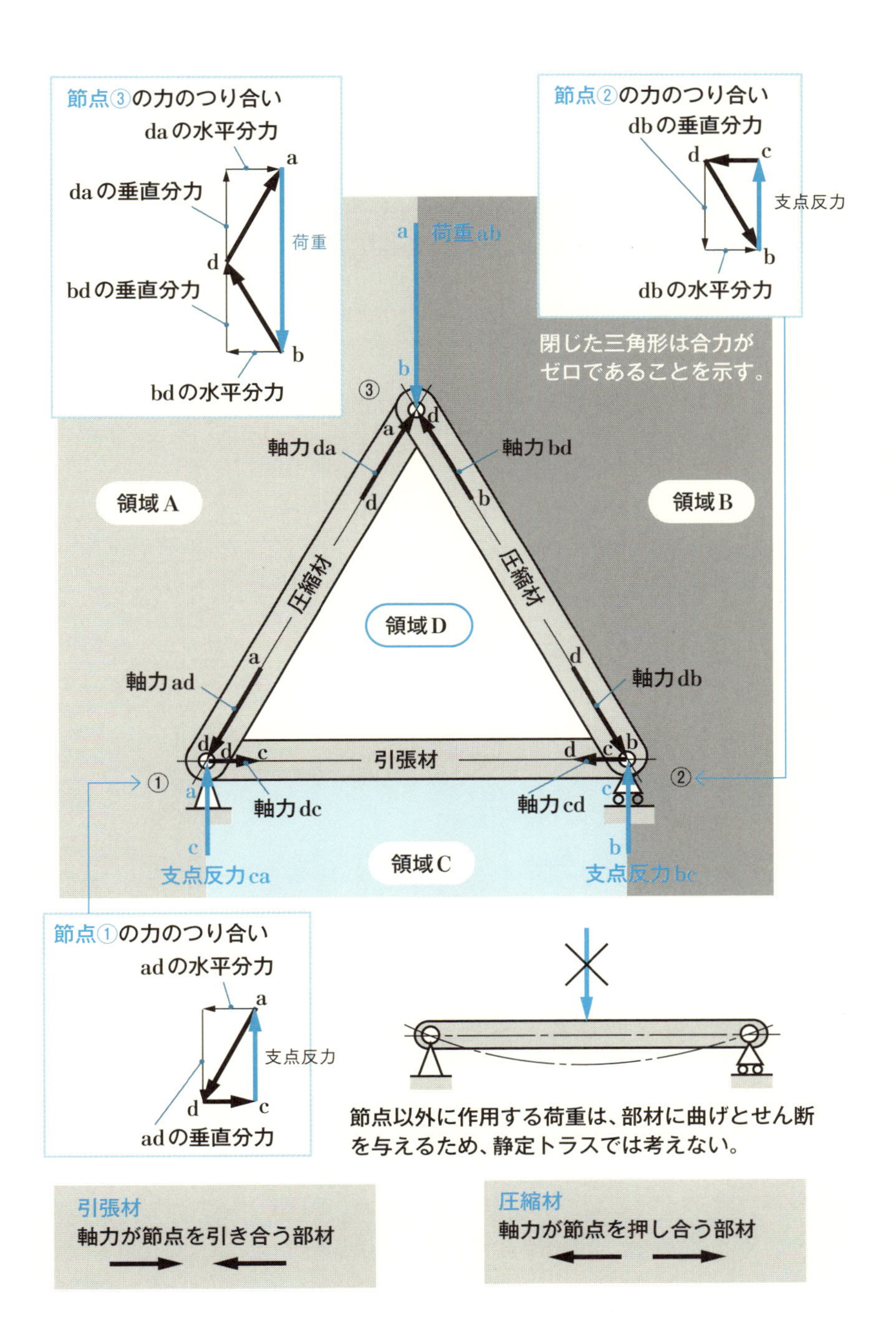

引張材
軸力が節点を引き合う部材

圧縮材
軸力が節点を押し合う部材

7-4 クレモナの解法

7-3のトラスを例としてクレモナの解法の手順を説明します。与えられる条件はトラスの形状と荷重です。

(1)領域名を決める

部材と力によって分割される空間に大文字で、Aから順に**右回りに領域名**を決めます。図のトラスでは、A, B, C, Dの4つです。

(2)支点反力を求める

トラスの形状にとらわれずに、荷重を受ける剛体と考え、任意の支点を中心とした力のモーメントのつり合いなどから支点反力を求めます。

(3)力に名前を付ける

節点を中心に右回りに一回りし、力を横切る手前の領域名の小文字を力の**始点**とし、横切った後の領域名を**矢の先端**とします。図の節点①のR_1は領域Cから領域Aへ右回りを考え「ca」、節点③のWは領域Aから領域Bへ右回りを考えて「ab」、同様に節点②のR_2は「bc」です。

(4)未知の軸力が2つの節点で閉じた多角形をつくる

軸力の作用線は部材の軸線です。節点で大きさ未知の軸力が2つならば、閉じた多角形から未知の大きさを求めることができます。

(5)引張材と圧縮材を判定する

求めた部材の軸力から、軸力が内側へ向き合う**引張材**と軸力が外側へ向き合う**圧縮材**を判定します。

(6)示力図をつくる

節点の力のつり合いを1枚にまとめたものを**示力図**と呼びます。示力図では力の大きさだけを示し、矢印は描きません。

部材の名称は部材を挟む領域名で表すものとします。

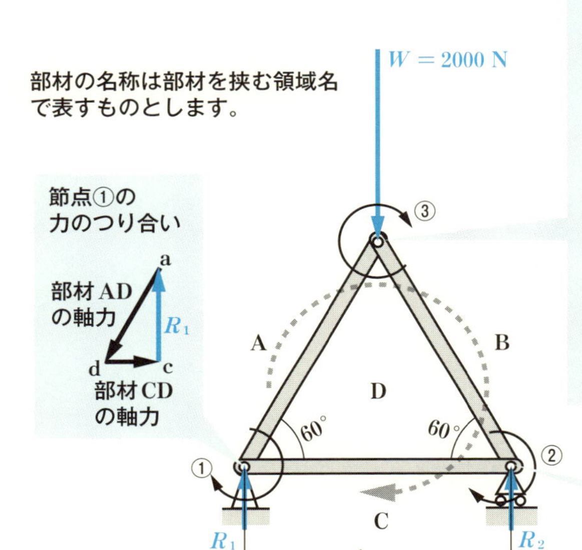

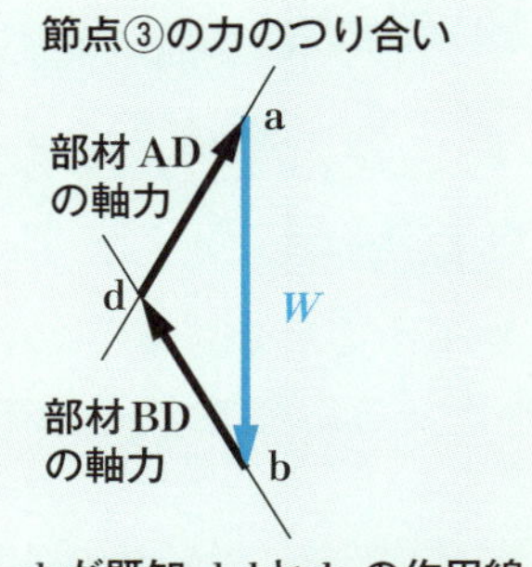

ab が既知、bd と da の作用線が既知なので、点 a と点 b を含んだ 2 本の作用線の交点が点 d になる。

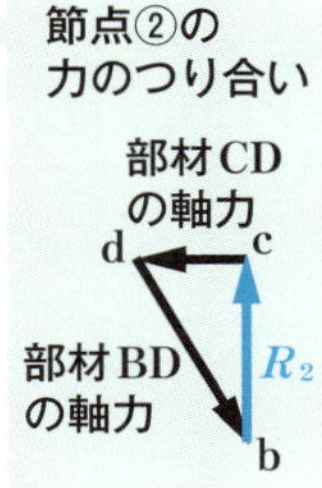

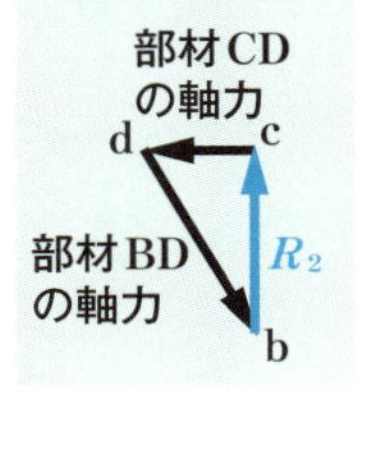

●支点反力

$W = 2000$ N

① ②

0.5 m　0.5 m

R_1　R_2

1 m

荷重が中央にかかるので、
$R_1 = 1000$ N、$R_2 = 1000$ N

●引張材と圧縮材

部材名	軸力	荷重
AD	← →	圧縮
BD	← →	圧縮
CD	→ ←	引張

引張材　軸力が節点を引き合う
圧縮材　軸力が節点を押し合う

三角比

未知力の大きさを算出する。

(2, $\sqrt{3}$, 1, 60°)

●示力図

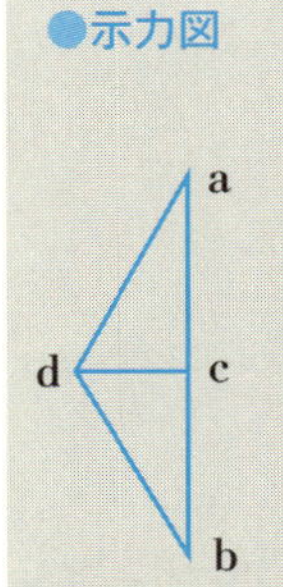

$ab = 2000$ N　…荷重 W

$ca = 1000$ N　…支点反力 R_1

$bc = 1000$ N　…支点反力 R_2

$ad = da = \dfrac{2000}{\sqrt{3}}$ N　…部材 AD

$bd = db = \dfrac{2000}{\sqrt{3}}$ N　…部材 BD

$cd = dc = \dfrac{1000}{\sqrt{3}}$ N　…部材 CD

7-5 部材3本のトラスの解法

クレモナの解法で節点の力のつり合いを求めるのは、力の名前の「**しりとり**」をする感覚です。次のトラスを考えます。

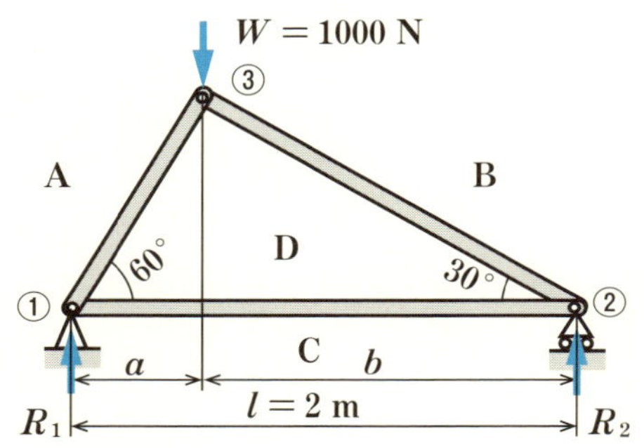

三角形の三角比から
部材 AD = 1 m
部材 BD = $\sqrt{3}$ m
$a = 0.5$ m
$b = 1.5$ m

(1) 支点反力を求める

荷重条件を次のように考えます。

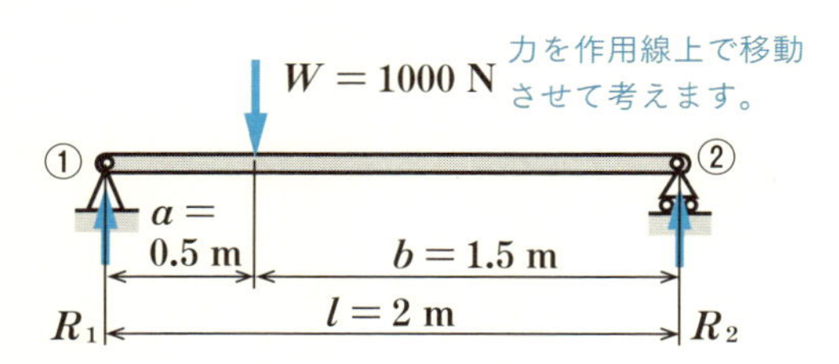

支点②を中心とした力のモーメントのつり合いから

$R_1 l = W b$

$\therefore R_1 = W\dfrac{b}{l} = \dfrac{1000 \times 1.5}{2}$

$= 750$ N

$\therefore R_2 = W - R_1 = 1000 - 750$

$= 250$ N

(2) 節点①の力のつり合いのとり方

(1) 既知の支点反力caを描く
(2) a点にadの作用線を描く
(3) c点にdcの作用線を描く
(4) 2本の作用線の交点がdになる
(5) ca→ad→dcとなるように力の向きを決める
力の名前を「しりとり」するような感覚です。

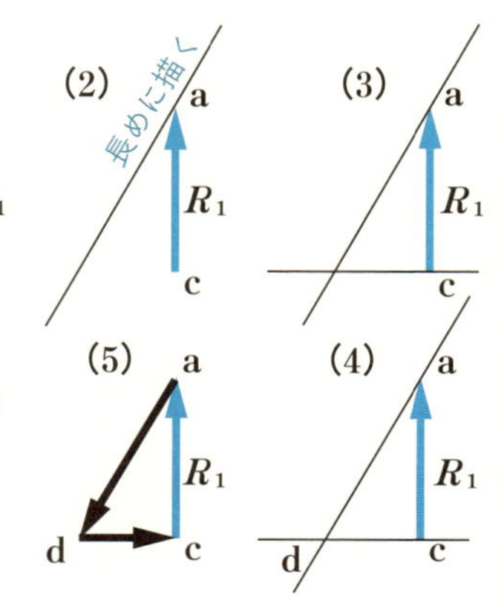

● (3) 節点の力のつり合いと示力図を求める

・この例では、節点①、②、③のどこから考えても同じです。

・作図しやすいように力を適当な長さにします。

・軸力の向きを節点近くに描くと、部材にかかる荷重の種類がわかります。

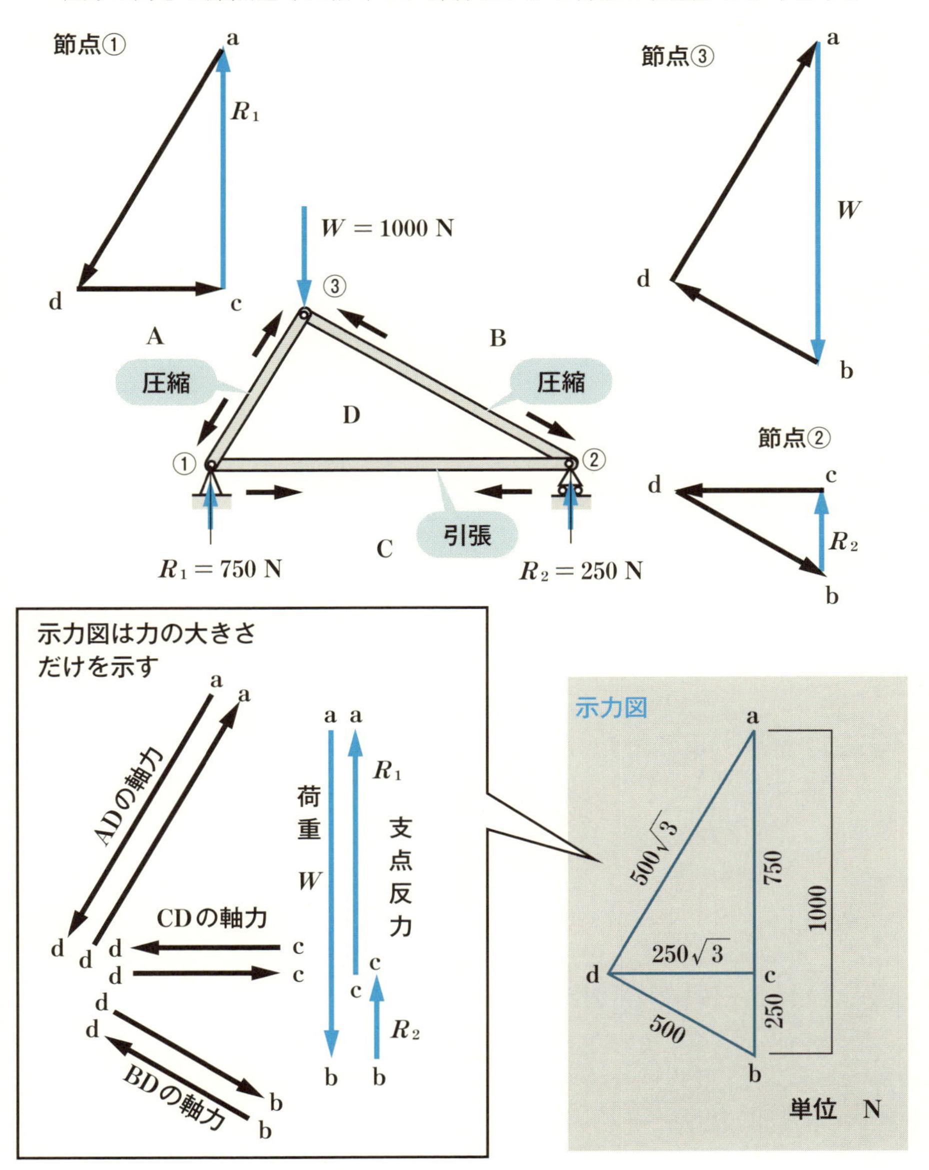

7-6 作用・反作用とトラスの解法

軸力adと軸力daは、作用・反作用の力。これを利用して、未知の力を求めます。5本の部材からできた次のトラスを考えましょう。

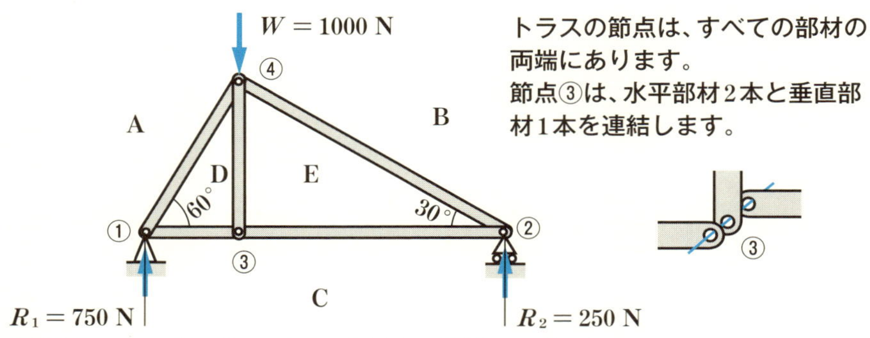

荷重条件は7−5と同じなので支点反力も同じ、領域が1つ増えます。

(1) 力のつり合いは未知の力が2つの節点から

この例では節点③と節点④に未知の力が3つ集まるので、初めに節点①と節点②で力のつり合いを求めます。

(2) 作用・反作用から未知の力を求める

節点①で求めたadを節点④のda、節点②で求めたebを節点④のbeとして、節点④の力のつり合いを求めます。

同様に、節点①で求めたdcを節点③のcd、節点②で求めたceを節点③のecとして、節点③の力のつり合いを求めます。

(3) 軸力ゼロのゼロ部材

節点③と節点④の力のつり合いを求めると、領域DとEに挟まれた部材DEの軸力がゼロになります。このような部材を**ゼロ部材**または**ゼロメンバ**と呼びます。

未知の力が2つの節点から力のつり合いを求める

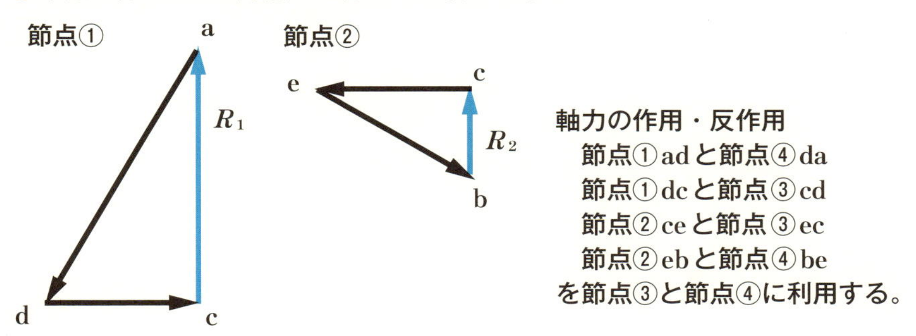

軸力の作用・反作用
節点①adと節点④da
節点①dcと節点③cd
節点②ceと節点③ec
節点②ebと節点④be
を節点③と節点④に利用する。

軸力ゼロのゼロ部材

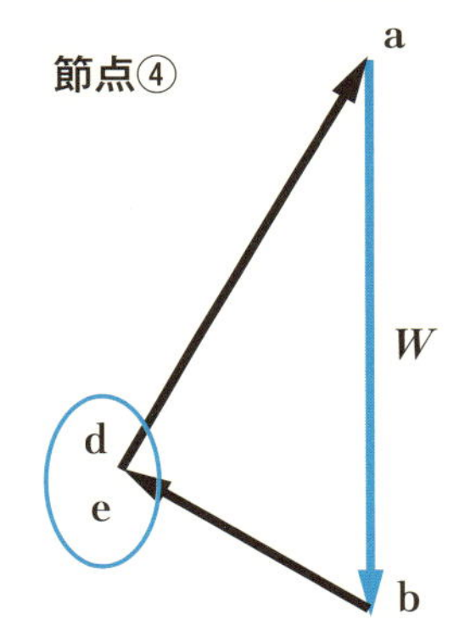

荷重abにbeとdaをつなげるとeとdが一点になり、軸力edがゼロになる。

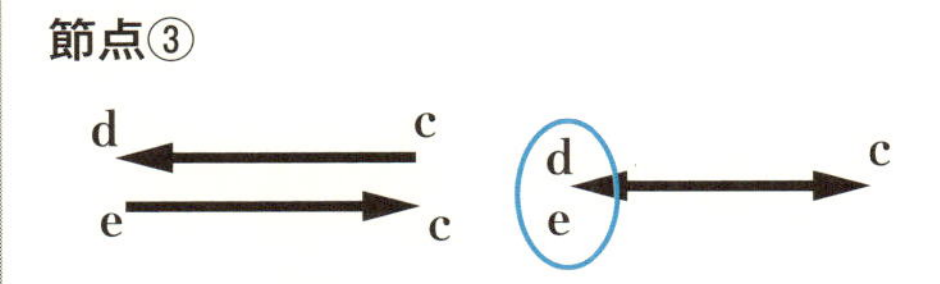

ecにcdをつなげると作用線が重なって、eとdが一点になり、軸力deがゼロになる。

部材の受ける荷重

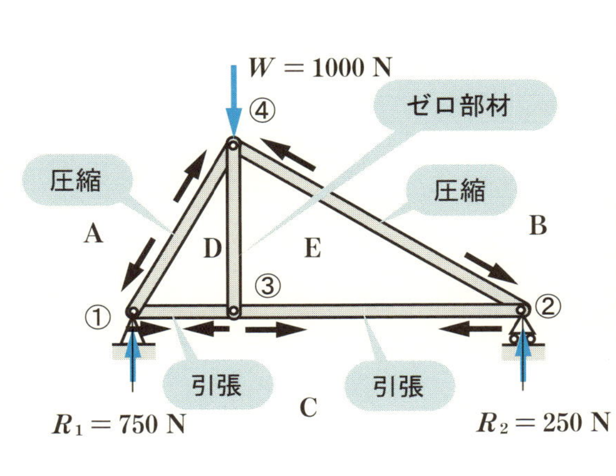

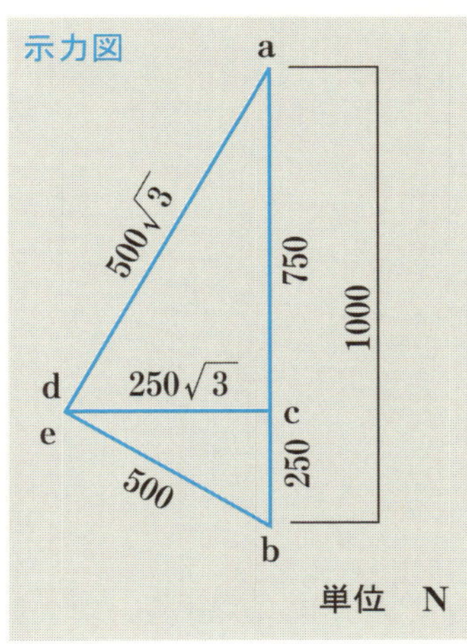

7-7 トラスの形と荷重条件

ここでは、7-6のトラスで荷重条件を変更します。まず、垂直部材の下端に荷重を与えたときを考え、次に垂直部材の両端に荷重を与えた場合を考えます。トラスの形状だけを見ると同じように見えますが、ゼロ部材がなくなります。

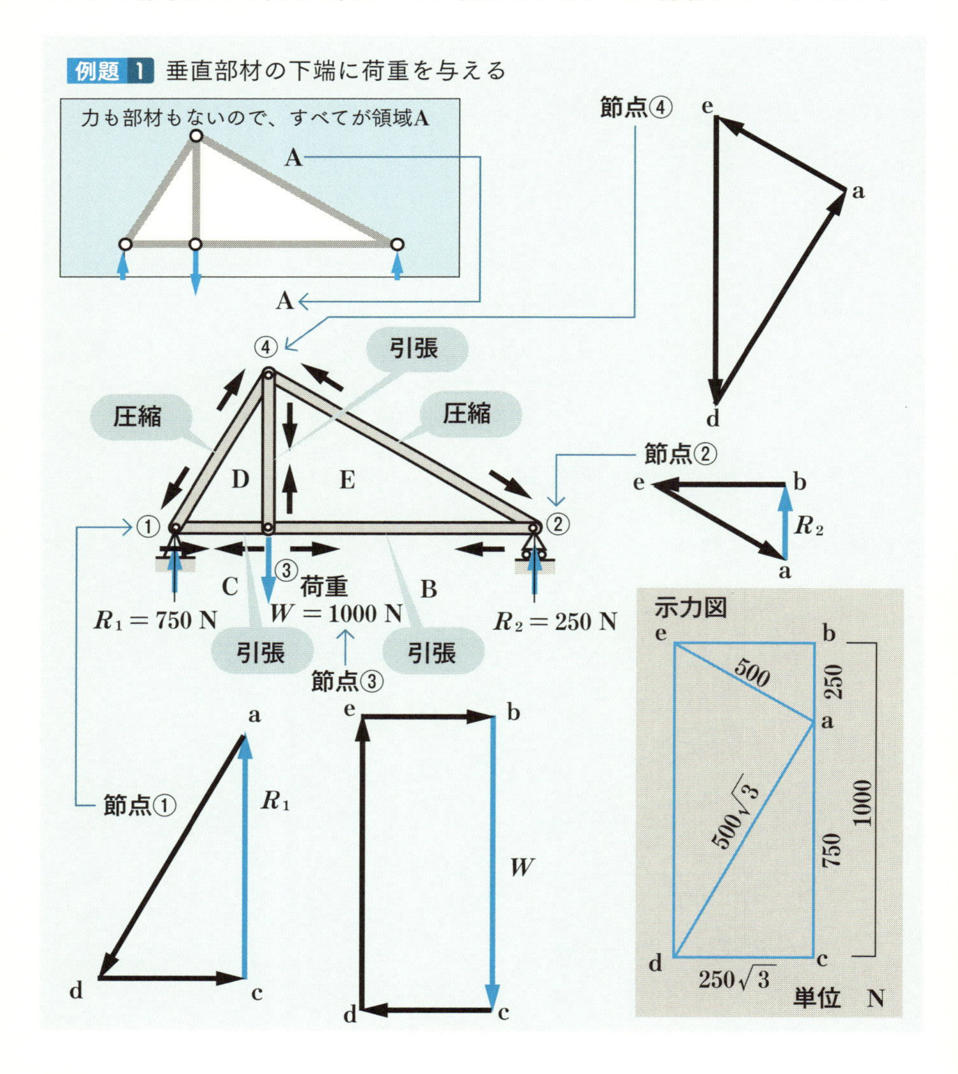

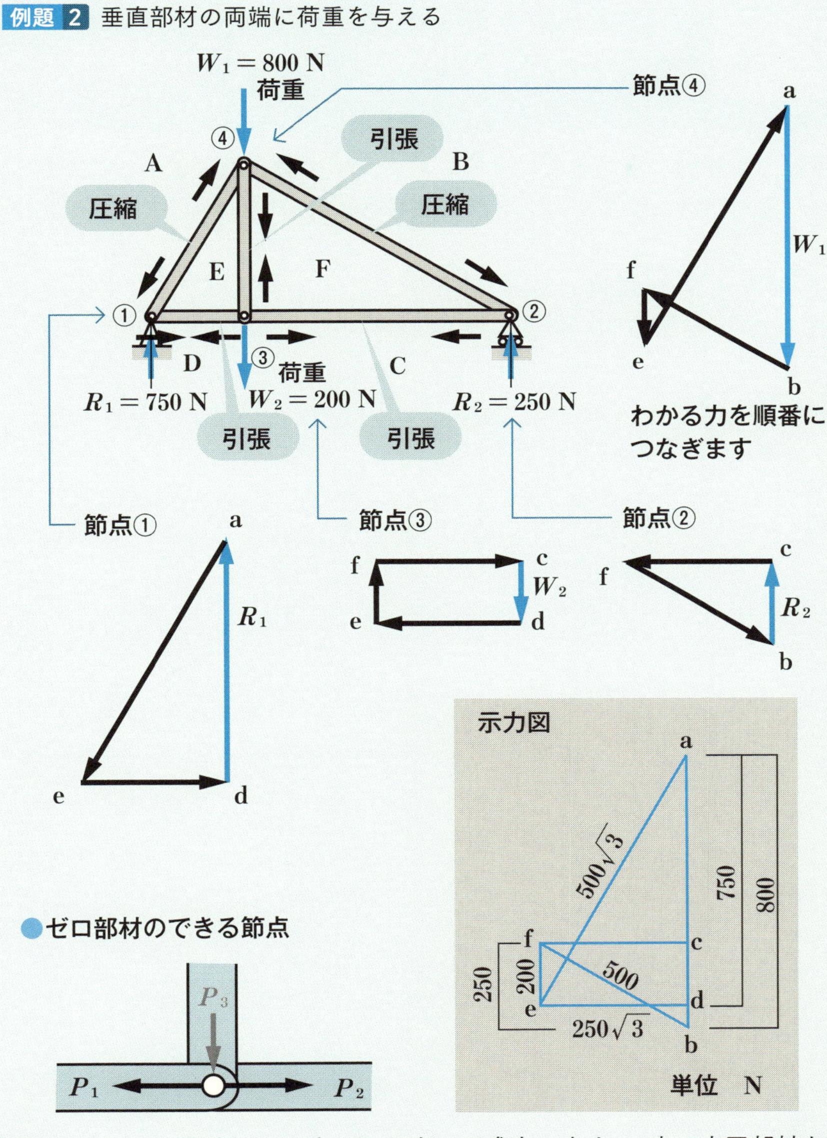

静定トラスは、節点ごとに力のつり合いが成立します。2本の水平部材と1本の垂直部材を連結した節点で、水平部材だけで力のつり合いが成立するとき、垂直部材に力は生まれません。これがゼロ部材のできる理由です。

7-8 作図だけでトラスを解く

支点反力を作図で求めると、トラスのすべてを図だけで求めることができます。図を明瞭にするため、トラスは簡略に示しました。

集中荷重１つの例

7−5で解いたトラスを用いて、形状はわかるが、スパンと角度が不明で、荷重だけが示されている、という条件で考えます。

●7−5のトラスの簡略図

寸法、角度は不明とする。

（参考値）

支点反力の算出値は、

$R_1 = 750$ N

$R_2 = 250$ N

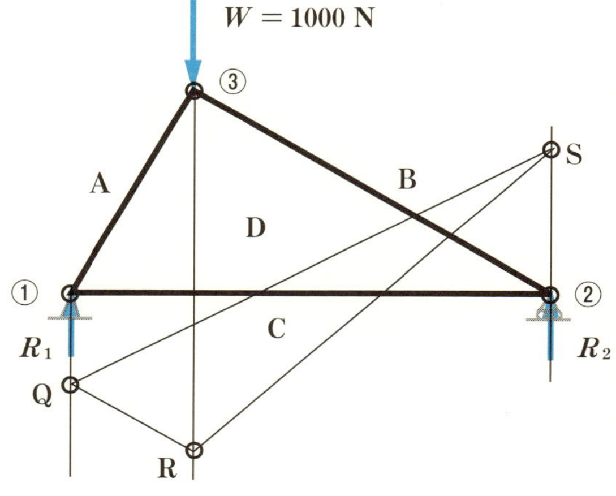

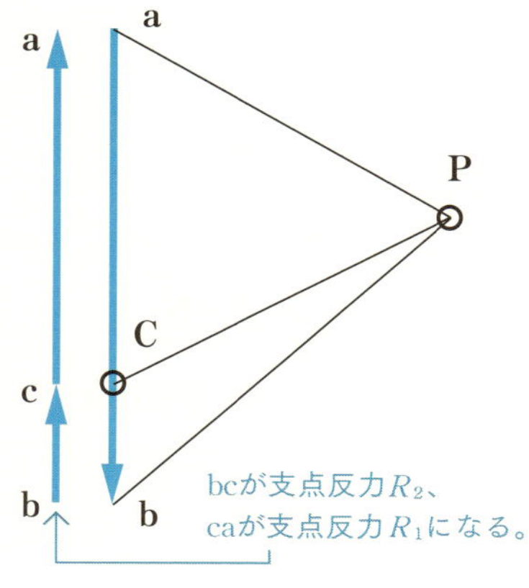

(1) 支点反力の求め方

作図しやすい大きさでabを描く。

任意の点Pをとり、a、bと結ぶ。

R_1の作用線上に任意の点Qをとる。

aP // QR、bP // RSをつくる。

abのベクトル上にSQ // PCとなる点Cをとる。

(2) W、R_1、R_2を利用して示力図をつくる

荷重と支点反力の長さを写し取って、すべての節点で力のつり合いを求めます。

支点反力が決まれば、部材の軸力と作用する荷重の種類を求めることができます。

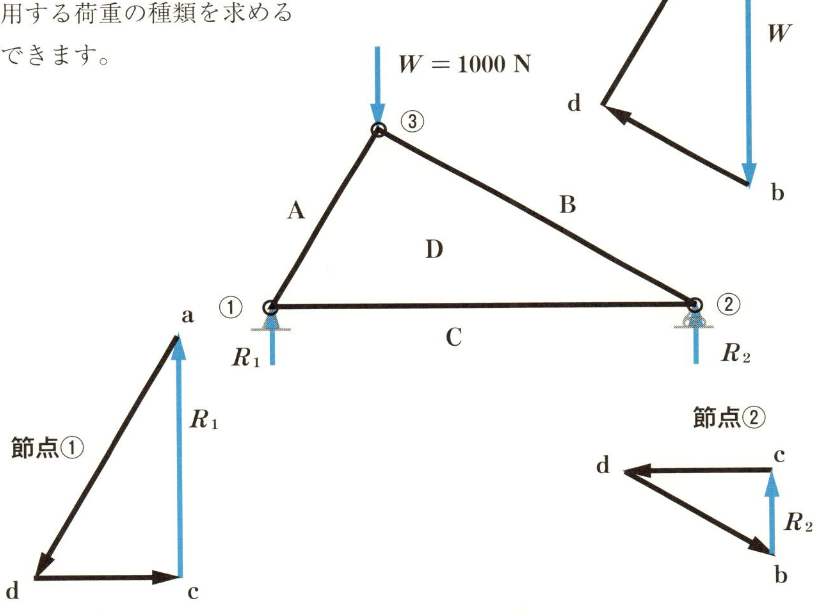

(3) 力を求める

与えられている条件は、荷重ab＝1000 Nだけで、トラスの寸法も、角度も不明。

abの長さを1000 Nとして、支点反力と部材の軸力を示力図の長さから求めます。

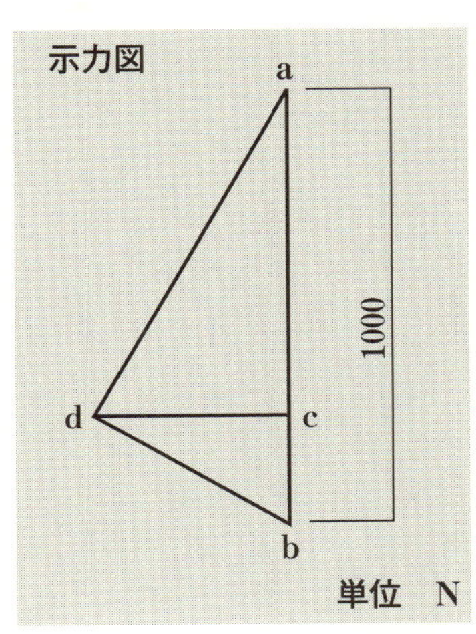

7-9 複数の荷重を作図だけで解く

複雑そうですが、手順は変わりません。

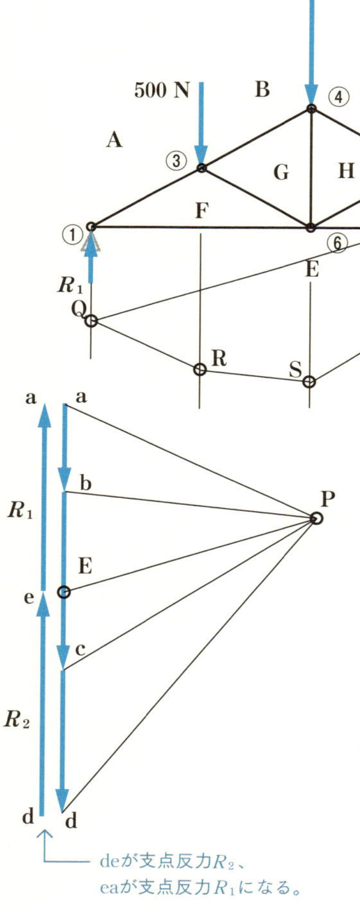

(1) 支点反力を求める

ab、bc、cdを一直線につなげ、adをつくる。
任意の点Pをとり、a、b、c、dと結ぶ。
R_1の作用線上に任意にQをとる。
荷重と支点反力の作用線上にaP // QR、bp // RS、cp // ST、dp // TUをつくる。
adの直線上にUQ // PEとなる点Eをとる。

● 支点反力の算出例

節点②を中心として荷重点間の長さの比から

$$R_1 = \frac{500\times3+1000\times2+800\times1}{4} = 1075\ \mathrm{N}$$

$$R_2 = (500+1000+800)-1075 = 1225\ \mathrm{N}$$

(2) 節点の力のつり合いを求める

節点の番号順に解くと未知力が次々と明らかになります。

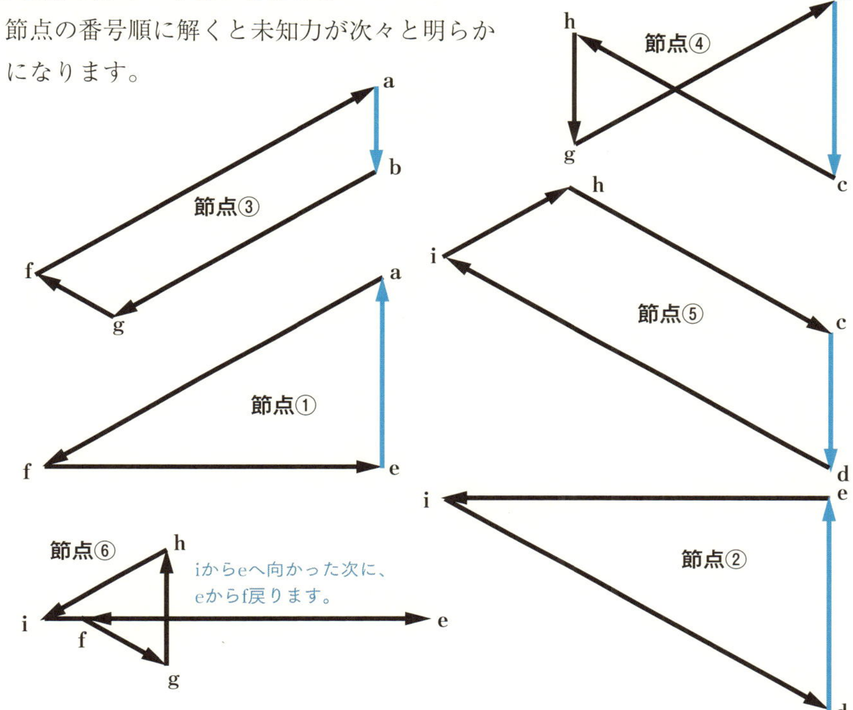

(3) 部材に作用する荷重を求める

意外な部材があるかもしれません。

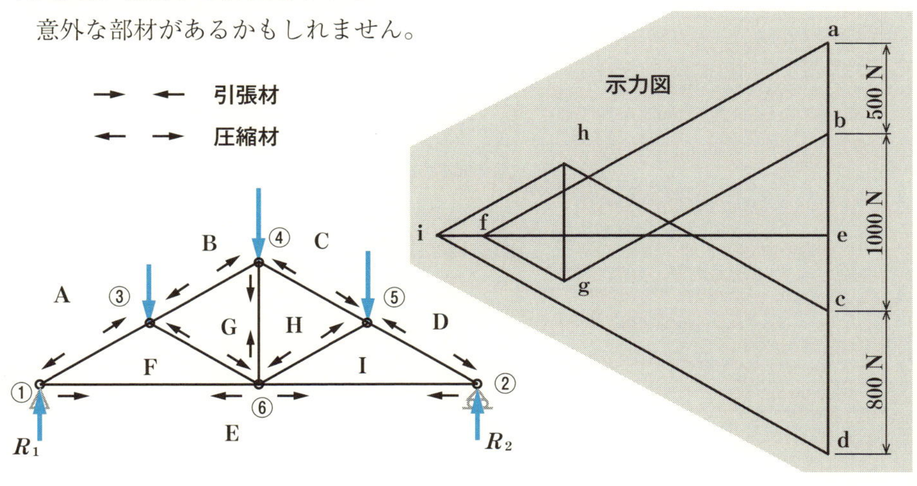

練習問題

問題 1 次の正三角形で組んだトラスで、(1) 支点反力、(2) 部材に生じる軸力、(3) 部材が受ける荷重の種類、を答えなさい。部材名は、部材を挟む領域名で表すこととします。

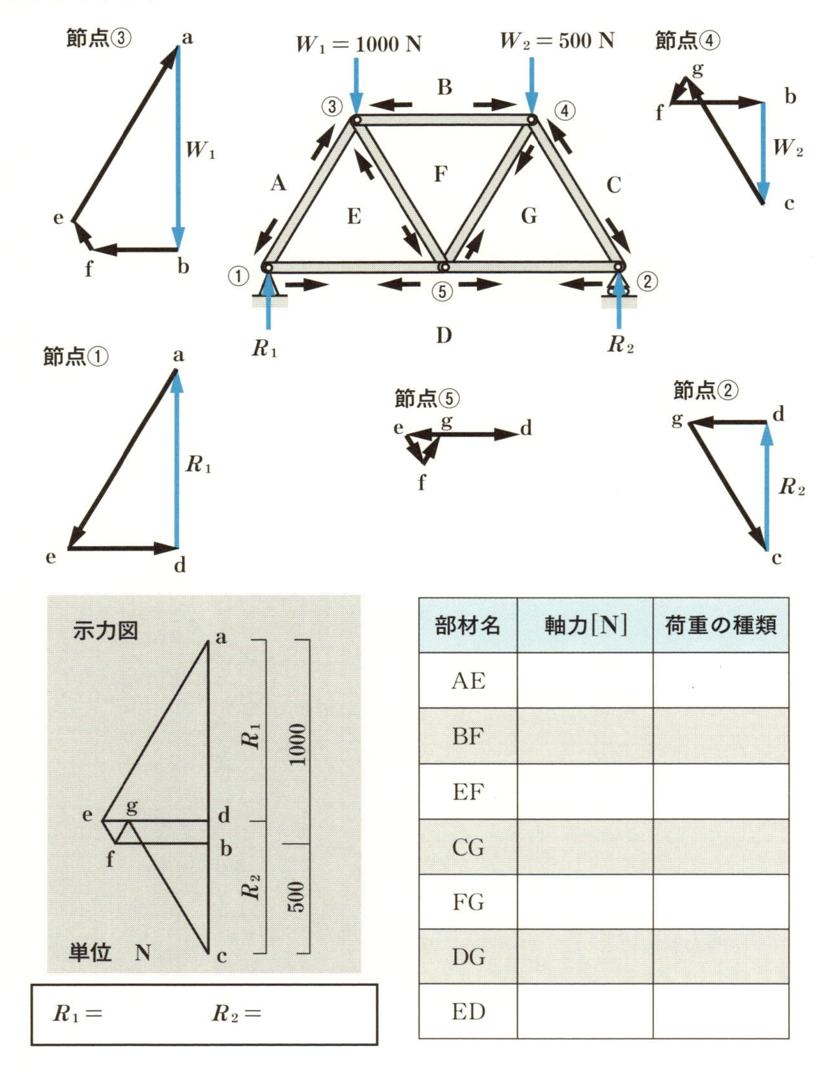

$R_1 =$ 　　　　　　 $R_2 =$

部材名	軸力[N]	荷重の種類
AE		
BF		
EF		
CG		
FG		
DG		
ED		

問題 2 次の正三角形で組んだトラスで、不足する部分を求め、部材に生じる軸力と荷重の種類を求めなさい。

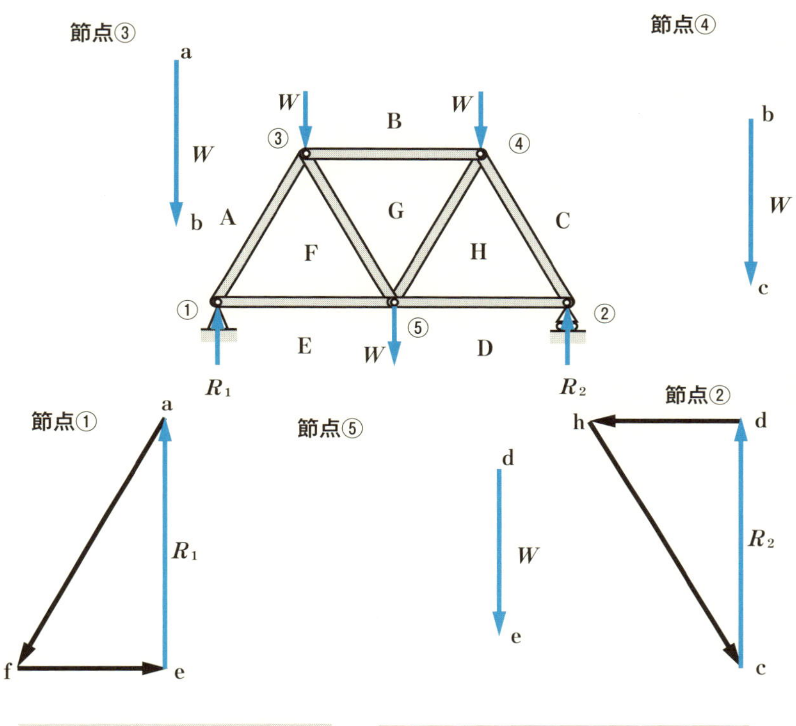

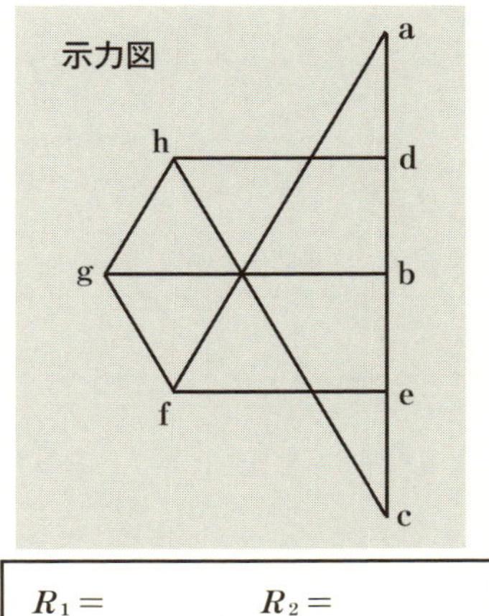

$R_1 =$　　　　$R_2 =$

部材名	軸力	荷重の種類
AF		
BG		
FG		
CH		
GH		
DH		
EF		

7 トラス

解答例

解答1

トラスの寸法は不明ですが、正三角形の接続から支点間のスパンと荷重点の比がわかります。力のつり合いから、軸力の値は、三角比によって求めます。

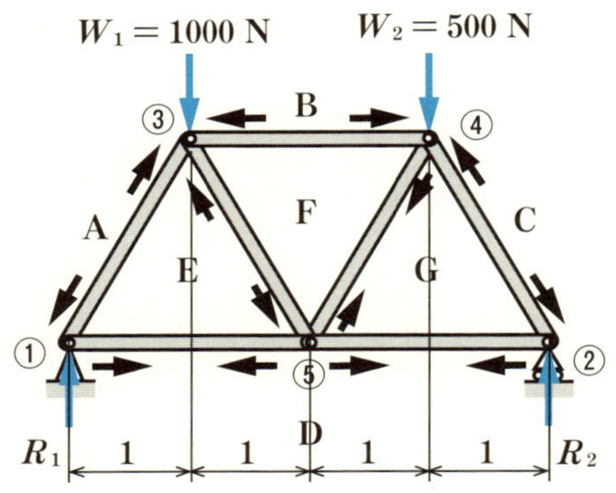

節点②を中心として

$$R_1 = \frac{1000 \times 3 + 500 \times 1}{4} = 875 \text{ N}$$

$$R_2 = 1000 + 500 - 875 = 625 \text{ N}$$

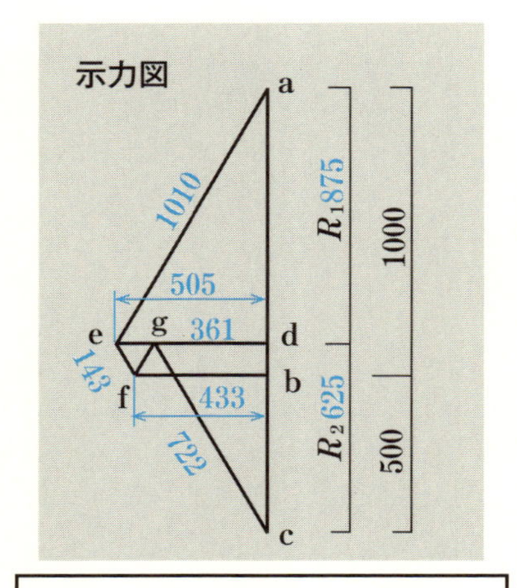

$R_1 = 875$ N　　$R_2 = 625$ N

$$\mathrm{ae} = 2\frac{R_1}{\sqrt{3}} = \frac{2 \times 875}{\sqrt{3}} = 1010.\cancel{36}$$

$$\mathrm{ef} = \mathrm{fg} = \mathrm{eg} = \frac{R_1}{\sqrt{3}} - \frac{R_2}{\sqrt{3}} = \frac{875 - 625}{\sqrt{3}} = 143.\cancel{33}$$

$$\mathrm{cg} = 2\frac{R_2}{\sqrt{3}} = \frac{2 \times 625}{\sqrt{3}} = 72\overset{2}{\cancel{1}}.\cancel{68}$$

$$\mathrm{dg} = \frac{R_2}{\sqrt{3}} = \frac{625}{\sqrt{3}} = 36\overset{1}{\cancel{0}}.\cancel{84}$$

$$\mathrm{ed} = \frac{R_1}{\sqrt{3}} = \frac{875}{\sqrt{3}} = 505.\cancel{18}$$

$$\mathrm{bf} = \mathrm{ed} - \frac{\mathrm{eg}}{2} = \frac{875}{\sqrt{3}} - \frac{875 - 625}{2\sqrt{3}} = 433.\cancel{01}$$

どちらも可

$$\mathrm{bf} = 505 - \frac{143}{2} = 43\overset{4}{\cancel{3}}.\cancel{5}$$

部材名	軸力 [N]	荷重の種類
AE	1010	圧縮
BF	433	圧縮
EF	143	圧縮
CG	722	圧縮
FG	143	引張
DG	361	引張
ED	505	引張

解答２

支点反力は、ともに1.5Wです。無理数は開いていません。分母を有理化した方が見やすい箇所は有理化してあります。

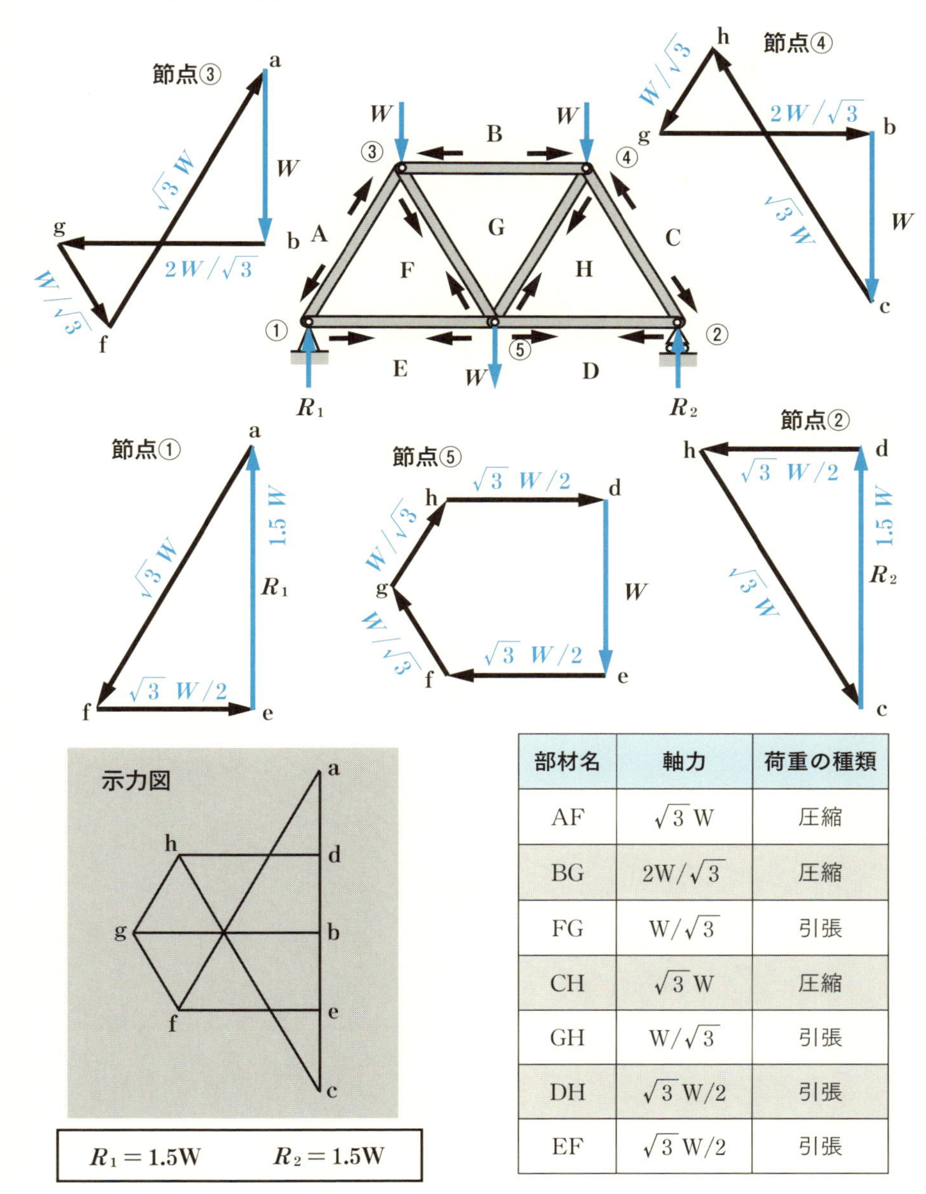

部材名	軸力	荷重の種類
AF	$\sqrt{3}$ W	圧縮
BG	2W/$\sqrt{3}$	圧縮
FG	W/$\sqrt{3}$	引張
CH	$\sqrt{3}$ W	圧縮
GH	W/$\sqrt{3}$	引張
DH	$\sqrt{3}$ W/2	引張
EF	$\sqrt{3}$ W/2	引張

Column

「身近なところに三角形」

本章では、トラスのクレモナ解法を説明しました。計算を必要とせずに、複雑なトラスの部材にかかる力を、パズルのように求めることができることに驚かれた方もおられると思います。

トラスの三角形状は、鉄橋や鉄塔など大規模な建造物を考えなくても、身近なところでお世話になっています。

三角構造の代表的なものは、自転車のフレームです。自転車のフレームはパイプ部材がしっかりと接合されているので、厳密にはトラスとは言えません。しかし、剛性の高いプレートで接合した鉄橋などの構造体も三角形状のトラスとして扱っています。自転車は三角形状を利用した身近な例です。

アルミ製の脚立も三角形状を利用しています。接地面をしっかりと地面に置けば、天板部分と接地部分でできる三角形で力を分散してロックレバーにはほとんど力がかかりません。しかし、脚立を使用する場合は、しっかりとロックレバーをセットしましょう。

日曜大工で、踏み台や棚を作るときには、三角形ができるように部材を使うと、工作が楽になりますね。これも三角形状の応用です。

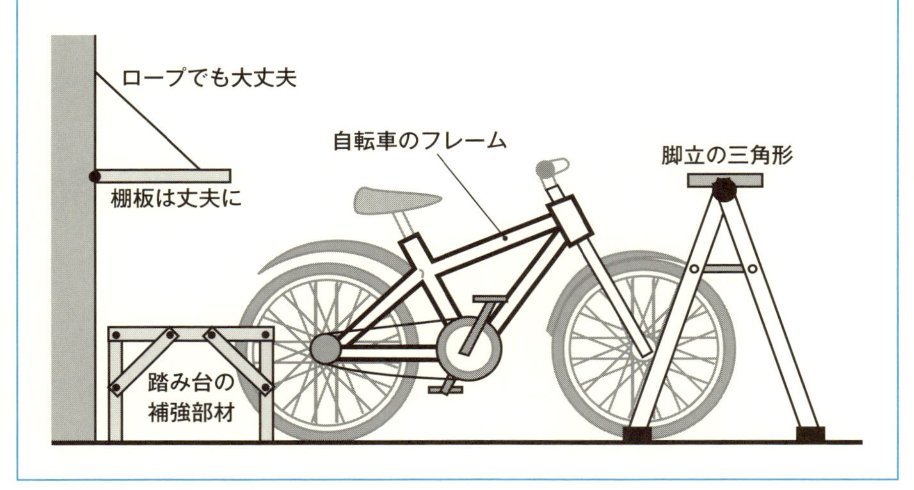

8章 組み合わせ応力

物体に生じる応力は垂直応力とせん断応力です。これまで2つの応力を別個に考えていましたが、これらが同時に発生し、互いに影響を及ぼしあう組み合わせ応力となることがあります。8章では図式解法で組み合わせ応力を考えます。

8-1 主応力と主せん断応力

軟鋼などの板状引張試験片の破断前に、試料表面に荷重と約45°傾いたリューダース帯と呼ばれるすべりによる線状の起伏が見られます。

単軸荷重の傾斜断面に生まれる応力

断面積Aの棒材に引張荷重Pが作用して断面に引張応力σが生じます。ここで、垂直断面とθ傾けた断面積A'の傾斜断面の表面には、傾斜面に垂直なPの分力Nと傾斜面に沿った分力Fによって、垂直応力σ_nとせん断応力τが発生すると考えます。

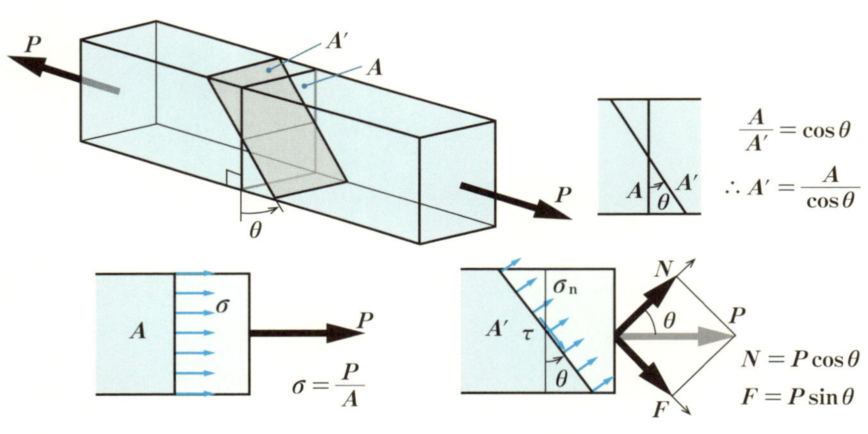

垂直応力　$\sigma_n = \dfrac{N}{A'} = \dfrac{P\cos\theta}{\dfrac{A}{\cos\theta}} = \dfrac{P}{A}\cos^2\theta = \sigma\cos^2\theta$　…(1)

せん断応力　$\tau = \dfrac{F}{A'} = \dfrac{P\sin\theta}{\dfrac{A}{\cos\theta}} = \dfrac{P}{A}\sin\theta\cos\theta = \sigma\sin\theta\cos\theta$　…(2)

ここで、三角関数2倍角の公式

「$\sin 2\theta = 2\sin\theta\cos\theta$」から$\sin\theta\cos\theta = \dfrac{1}{2}\sin 2\theta$　…(3)

式(3)を式(2)へ代入して

せん断応力　$\tau = \dfrac{\sigma}{2}\sin 2\theta$　…(4)

主応力と主せん断応力

前述の傾斜面のように、2個以上の応力が同時に発生する場合を**組み合わせ応力**と呼びます。

式(1)と式(4)でθを0°から90°の間で考えると傾斜面上の垂直応力とせん断応力は、次表のようになります。

	σ_n、τ ＼ θ	0°	45°	90°
式(1)の垂直応力	$\sigma_n = \sigma\cos^2\theta$	最大値 σ	$\dfrac{\sigma}{2}$	0
式(4)のせん断応力	$\tau = \dfrac{\sigma}{2}\sin 2\theta$	0	最大値 $\dfrac{\sigma}{2}$	0

垂直応力の最大値を**主応力**、主応力の生じる面を**主応力面**、主応力の作用方向を**主応力軸**または**主軸**と呼びます。

せん断応力の最大値を**主せん断応力**、主せん断応力の生じる面を**主せん断応力面**と呼びます。

式(4)が最大値となる主せん断応力面は、$\theta = 45°$で発生します。材料は最も弱い部分で破壊するので、板状引張試験片に見られるリューダース帯は、$\theta = 45°$の主せん断応力面上で材料内部の塑性変形によるすべりが成長して、表面の起伏として現れる現象です。

例題 60 MPaの引張応力が発生している丸棒で、主応力面と30°の傾斜面に生じる垂直応力とせん断応力を求めなさい。

解答例

式(1)から　$\sigma_n = \sigma\cos^2\theta = 60\times\cos^2 30° = 60\times\left(\dfrac{\sqrt{3}}{2}\right)^2 = 45\ \text{MPa}$

式(4)から　$\tau = \dfrac{\sigma}{2}\sin 2\theta = \dfrac{60}{2}\sin(2\times 30°) = \dfrac{60}{2}\times\dfrac{\sqrt{3}}{2} = 26.0\ \text{MPa}$

解 垂直応力　45 MPa、せん断応力　26 MPa

8 組み合わせ応力

8-2 応力成分

すべての材料は外力によって変形します。物体内に仮想の微小立方体を考えて、その一部の平面に生じる垂直応力とせん断応力を考えます。

直交座標と平面座標

物体に作用する力は、物体に3軸直交座標を設定して、平面または軸に分解すれば、2次元あるいは1次元で考えることができます。

物体に考える応力成分

外力を受ける物体内部に3軸直交座標を設定した微小な立方体を考え、その立方体の各表面に、垂直応力とせん断応力が生じているとします。

x軸を主軸とする仮想面Aで、+xの向きの垂直応力を引張応力σ_xとし、σ_xの応力面上で+yの向きのせん断応力をτ_{xy}、同様に+zの向きのせん断応力をτ_{xz}として、他の応力も同様の規則で名称を決定します。このように表した応力を**応力成分**と呼びます。

本章では、x−y平面に生じる応力成分だけを考え、直交するz軸方向の応力成分をゼロと仮定した**平面応力**を考えます。

平面応力の計算式

引張応力σ_xとσ_y、せん断応力τ_{xy}とτ_{yx}が発生するx−y平面を考えます。この平面内で、y軸と傾斜角θをもつ傾斜面において、式(1)が垂直応力$\sigma_{x'}$、式(2)がせん断応力$\tau_{x'y'}$の一般式を表します。

θを変化させ、せん断応力$\tau_{x'y'}$がゼロになる点で、$\sigma_{x'}$は式(3)に示す最大値σ_1、最小値σ_2をとります。これが主応力です。このときの主応力面の角度が式(4)に示すθ_nです。

同様に、せん断応力$\tau_{x'y'}$は、式(5)に示す最大値τ_1、最小値τ_2をとります。これが主せん断応力です。このときの主せん断応力面の角度が式(6)に示すθ_sです。

直交座標と平面座標

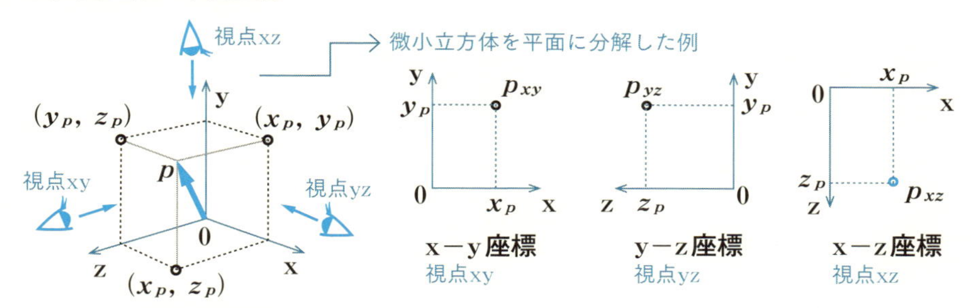

物体に考える応力成分

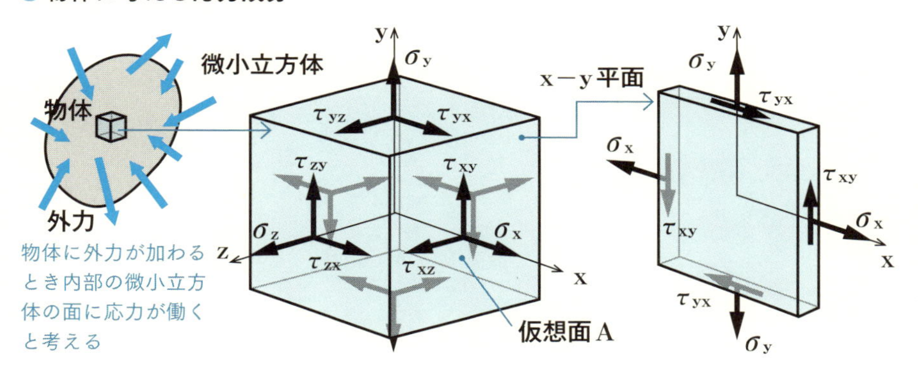

平面応力の計算式

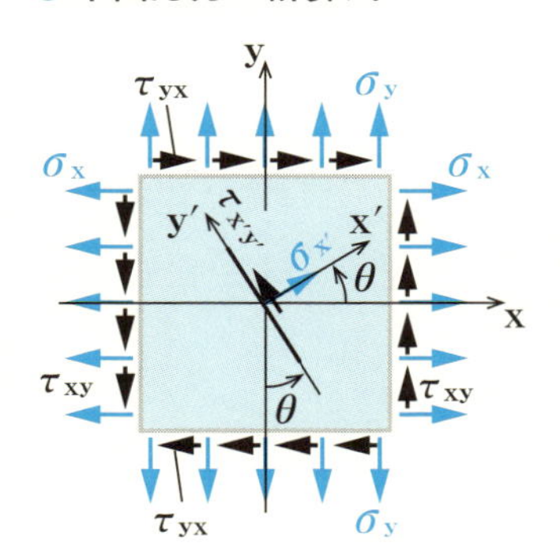

式(3)と式(5)で、±の複合は、
σ_1とτ_1を　＋
σ_2とτ_2を　－
とします。

・平面応力の一般式

$$\sigma_{x'} = \sigma_x \cos^2\theta + \sigma_y \sin^2\theta + \tau_{xy} \sin 2\theta \quad \cdots(1)$$

$$\tau_{x'y'} = \frac{1}{2}(\sigma_y - \sigma_x)\sin 2\theta + \tau_{xy} \cos 2\theta \quad \cdots(2)$$

・主応力と主応力面

$$\left.\begin{matrix}\sigma_1\\ \sigma_2\end{matrix}\right\} = \frac{\sigma_x + \sigma_y}{2} \pm \sqrt{\left(\frac{\sigma_x - \sigma_y}{2}\right)^2 + \tau_{xy}{}^2} \quad \cdots(3)$$

$$\tan 2\theta_n = \frac{2\tau_{xy}}{\sigma_x - \sigma_y} \quad \cdots(4)$$

・主せん断応力と主せん断応力面

$$\left.\begin{matrix}\tau_1\\ \tau_2\end{matrix}\right\} = \pm\sqrt{\left(\frac{\sigma_x - \sigma_y}{2}\right)^2 + \tau_{xy}{}^2} = \pm\frac{\sigma_1 - \sigma_2}{2} \quad \cdots(5)$$

$$\tan 2\theta_s = -\frac{\sigma_x - \sigma_y}{2\,\tau_{xy}} \quad \cdots(6)$$

8-3 平面応力

8-2で紹介した平面応力について考え、簡単な数値計算を行います。

平面に生じる応力成分

物体中に考えたx−y平面の4個の応力成分σ_x、σ_y、τ_{xy}、τ_{yx}のうち、垂直応力σ_xとσ_yは単独で発生します。しかし、せん断応力τ_{xy}とτ_{yx}は、必ずひと組みで発生し、モーメントのつり合いを考えると$\tau_{yx}=-\tau_{xy}$となる**共役の関係**にあるので、一般に、平面応力として、σ_x、σ_y、τ_{xy}の3個を考えます。

また、次に示す8−2の式(5)で主せん断応力のτ_1とτ_2は、絶対値が等しいので、これを式(5)′のように**最大せん断応力**τ_{max}とも呼びます。

●平面に生じる応力成分

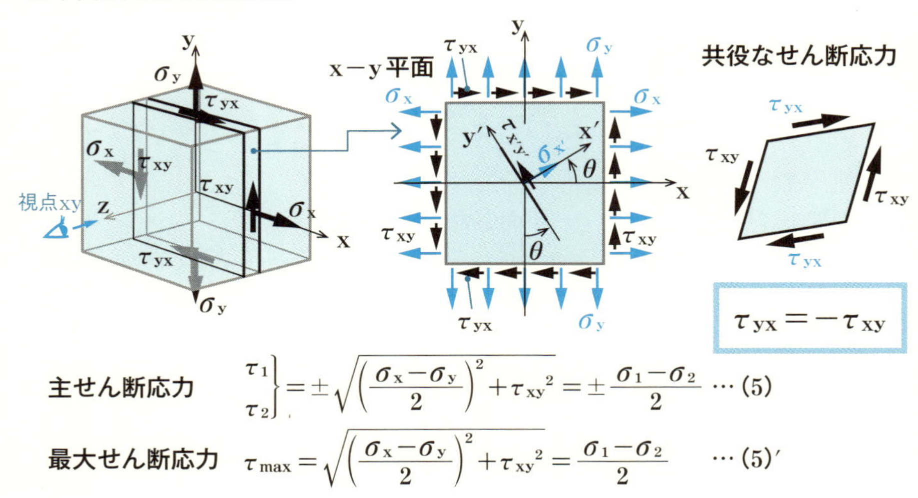

主せん断応力

$$\left.\begin{matrix}\tau_1\\ \tau_2\end{matrix}\right\}=\pm\sqrt{\left(\frac{\sigma_x-\sigma_y}{2}\right)^2+\tau_{xy}{}^2}=\pm\frac{\sigma_1-\sigma_2}{2}\quad\cdots(5)$$

最大せん断応力

$$\tau_{max}=\sqrt{\left(\frac{\sigma_x-\sigma_y}{2}\right)^2+\tau_{xy}{}^2}=\frac{\sigma_1-\sigma_2}{2}\quad\cdots(5)'$$

主応力面と主せん断応力面

次に示す8−2の式(4)主応力面の傾斜角θ_nと、式(6)主せん断応力面の傾斜角θ_sを図のように比べると、$2\theta_n$と$2\theta_s$が直交します。つまり、θ_nとθ_sは、45°で交わることになります。これは、8−1の単軸荷重の傾斜面における応力面の関係を表しています。

● 主応力面と主せん断応力面

$$\tan 2\theta_n = \frac{2\tau_{xy}}{\sigma_x - \sigma_y} \cdots (4) \qquad \tan 2\theta_s = -\frac{\sigma_x - \sigma_y}{2\tau_{xy}} \cdots (6)$$

$\tan 2\theta_n = \dfrac{2\tau_{xy}}{\sigma_x - \sigma_y}$

$\tan 2\theta_s = -\dfrac{\sigma_x - \sigma_y}{2\tau_{xy}}$

直交する軸荷重だけを受ける材料

応力成分にせん断応力τ_{xy}がない場合には、垂直応力がそれぞれの応力面のままで最大主応力と最小主応力になります。

例題 x方向に60 MPa、y方向に40 MPaの引張応力が発生する材料について、主応力と最大せん断応力を求めなさい。

解答例

・(1) 主応力　8−2の式(3)で$\tau_{xy}=0$として最大値σ_1、最小値σ_2を求める。

$$\left.\begin{matrix}\sigma_1\\ \sigma_2\end{matrix}\right\} = \frac{\sigma_x+\sigma_y}{2} \pm \sqrt{\left(\frac{\sigma_x-\sigma_y}{2}\right)^2 + \tau_{xy}{}^2} = \frac{60+40}{2} \pm \sqrt{\left(\frac{60-40}{2}\right)^2}$$

$$= 50 \pm 10 = 60、40\ \text{MPa}$$

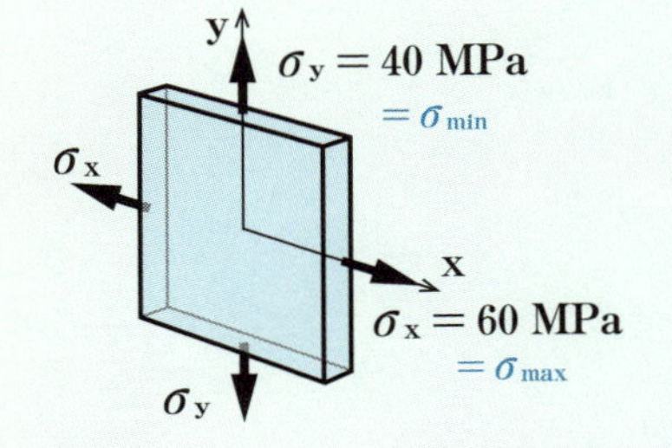

・最大せん断応力　左の式(5)′からτ_{max}とする。

$$\tau_{max} = \frac{\sigma_1 - \sigma_2}{2} = \frac{60-40}{2} = 10\ \text{MPa}$$

解 最大主応力　60 MPa、最小主応力　40 MPa、最大せん断応力　10 MPa

8-4 軸荷重とせん断荷重を受ける材料

応力成分として、直交する垂直応力とせん断応力が同時に発生している平面における応力の状態を考えます。

例題 引張応力$\sigma_x = 60$ MPa、圧縮応力$\sigma_y = 40$ MPa、せん断応力$\tau_{xy} = 20$ MPaが発生する材料について、主応力の大きさと応力面の傾斜角、主せん断応力の大きさと応力面の傾斜角、その面における垂直応力を求めなさい。

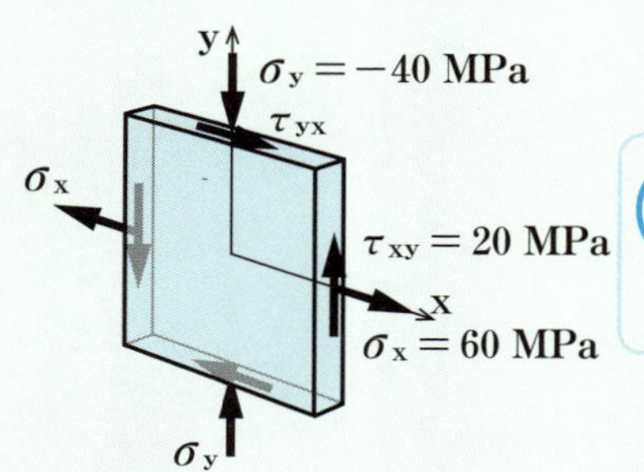

考え方
・引張応力を正　$\sigma_x = 60$ MPa
・圧縮応力を負　$\sigma_y = -40$ MPa
とします。

解答例

(1) **主応力**……平面応力の計算式 (3) から最大値σ_1、最小値σ_2を求める。

$$\left.\begin{matrix}\sigma_1\\ \sigma_2\end{matrix}\right\} = \frac{\sigma_x+\sigma_y}{2} \pm \sqrt{\left(\frac{\sigma_x-\sigma_y}{2}\right)^2+\tau_{xy}{}^2} = \frac{60-40}{2} \pm \sqrt{\left(\frac{60+40}{2}\right)^2+20^2}$$

$$= 10 \pm 53.9 = 63.9、-43.9\ \text{MPa}$$ （− は圧縮応力）

(2) **主応力面の傾斜角**……平面応力の計算式 (4) からθ_nを求める。

$$\tan 2\theta_n = \frac{2\tau_{xy}}{\sigma_x-\sigma_y} \qquad \therefore 2\theta_n = \tan^{-1}\frac{2\tau_{xy}}{\sigma_x-\sigma_y} = \tan^{-1}\frac{2\times 20}{60+40}$$

$$= 21.8° \qquad \therefore \theta_n = 10.9°$$

→右ページ囲み「逆三角関数」参照

(3) **主せん断応力**……平面応力の計算式 (5) からτ_1、τ_2を求める。

$\sigma_x - \sigma_y$ではないことに注意！

$$\left.\begin{matrix}\tau_1\\ \tau_2\end{matrix}\right\} = \pm\frac{\sigma_1-\sigma_2}{2} = \pm\frac{63.9+43.9}{2} = \pm 53.9\ \text{MPa}$$

(4) 主せん断応力面の傾斜角……平面応力の計算式 (6) から θ_s を求める。

$$\tan 2\theta_s = -\frac{\sigma_x - \sigma_y}{2\tau_{xy}} \qquad \therefore 2\theta_s = \tan^{-1} - \frac{\sigma_x - \sigma_y}{2\tau_{xy}} = \tan^{-1} - \frac{60+40}{2\times 20}$$

$$= -68.2° \qquad \therefore \theta_s = -34.1°$$

(5) 主せん断応力面の垂直応力……平面応力の計算式 (1) から $\sigma_{x'}$ を求める

$$\sigma_{x'} = \sigma_x \cos^2\theta + \sigma_y \sin^2\theta + \tau_{xy} \sin 2\theta$$
$$= 60\cos^2(-34.1°) - 40\sin^2(-34.1°) + 20\sin(2\times(-34.1°))$$
$$= 10.0 \text{ MPa}$$

解 算出値を下図に示します。

・主応力面のせん断応力はゼロです。

・τ_2 の負号は、時計回りのモーメントを与えるためです。

・θ_n と θ_s は 45° で交差します。

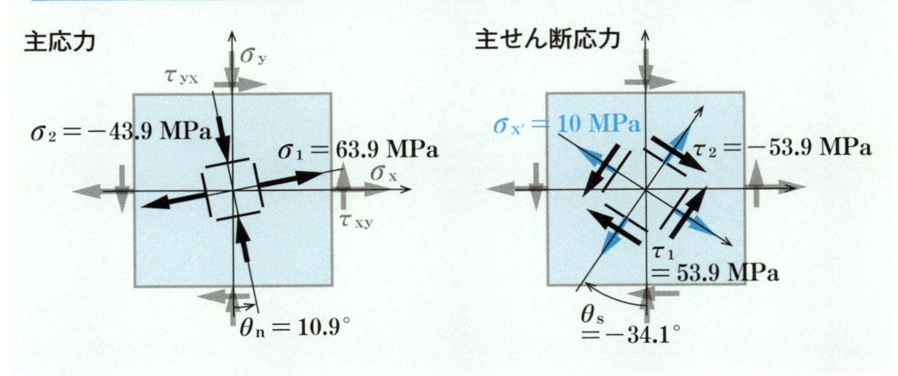

● **逆三角関数**

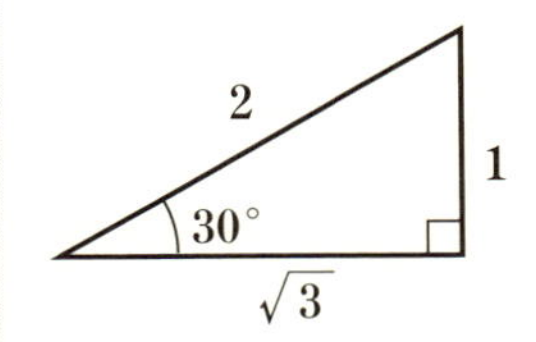

$\tan^{-1}$ は、アークタンジェントと読みます。

$\tan 30° = \frac{1}{\sqrt{3}}$ のとき、$\tan^{-1}\frac{1}{\sqrt{3}} = 30°$ として、

$\tan A$ の値が、$\frac{1}{\sqrt{3}}$ になる角度 A は 30° です。

という意味をもちます。

8 組み合わせ応力

8-5 モールの応力円

作図によって平面応力の状態を求める**モールの応力円**という解法を説明します。8-4の例題を使用します。

例題 引張応力$\sigma_x = 60$ MPa、圧縮応力$\sigma_y = 40$ MPa、せん断応力$\tau_{xy} = 20$ MPaが発生する材料について、主応力の大きさと応力面の傾斜角、主せん断応力の大きさと応力面の傾斜角、その面における垂直応力を求めなさい。

●作図の方法

①横軸右向きに$+\sigma$、縦軸下向きに$+\tau$の直交座標を設定します。

②点A(σ_x、τ_{xy})、点B(σ_y、τ_{yx})をとります。$\tau_{yx} = -\tau_{xy}$です。

③線分ABを直径、ABとσ軸との交点を中心点Cとして、円を描きます。

④円周上にσ軸との交点P(σ_1、0)、Q(σ_2、0)をとります。

⑤円周上にτ軸方向の最大点R、最小点Sをとり、線分RSを描きます。

これで作図は終わりです。

●読図

①**主応力面θ_n**……点Cを中心としてABをPQに重ねる角度∠ACPが$2\theta_n$です。回転の向きは、反時計方向を＋、時計方向を－とします。

②**主応力σ_1、σ_2**……点Pのσ座標をσ_1,点Qのσ座標をσ_2とします。主応力面では、せん断応力はゼロです。

③**主せん断応力面θ_s**……点Cを中心としてABをRSに重ねる角度∠ACRが$2\theta_s$です。$2\theta_n$と$2\theta_s$の交差角は90°です。

④**主せん断応力τ_1、τ_2**……点Rのτ座標をτ_1、点Sのτ座標をτ_2とします。このときのσ座標が、垂直応力$\sigma_{x'}$(＝$\sigma_{y'}$)になります。

以上の手順で、コンパス、分度器、ものさし、コンピュータなどを用いて作図・読図を行います。

モールの応力円

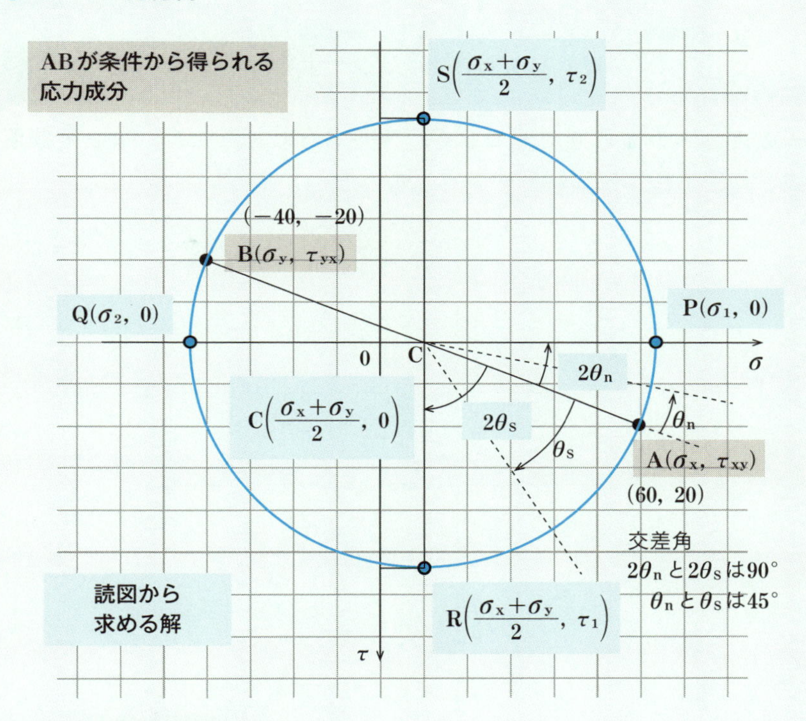

8−4の例題の算出値

$\sigma_1 = 63.9$ MPa、$\sigma_2 = -43.9$ MPa　　$2\theta_n = 21.8°$　　$\therefore \theta_n = 10.9°$

$\tau_1 = +53.9$ MPa、$\tau_2 = -53.9$ MPa　　$2\theta_s = -68.2°$　　$\therefore \theta_s = -34.1°$

主せん断応力面における垂直応力　$\sigma_{x'} = 10.0$ MPa

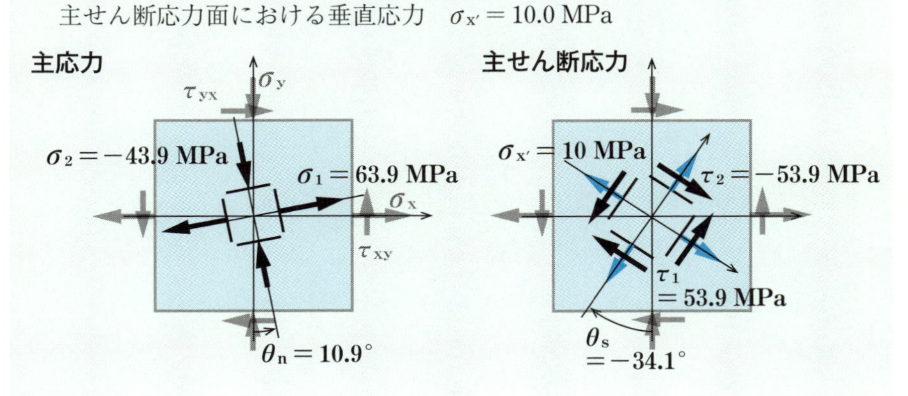

8-6 応力の計算式とモールの応力円

モールの応力円の描き方だけでなく、平面応力の計算式との関係を考えると、式と作図法相互に理解しやすくなると思います。

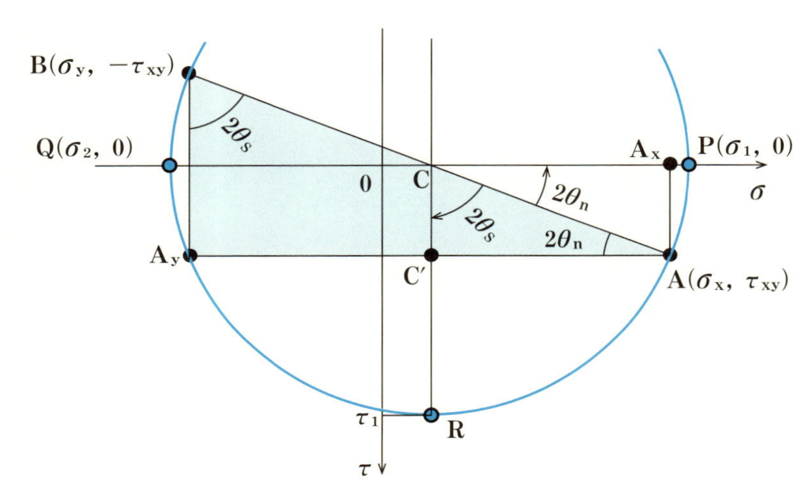

主応力と主応力面の作図

$$\left.\begin{matrix}\sigma_1\\ \sigma_2\end{matrix}\right\}=\frac{\sigma_x+\sigma_y}{2}\pm\sqrt{\left(\frac{\sigma_x-\sigma_y}{2}\right)^2+\tau_{xy}{}^2}\cdots\text{(A)}$$

$$\tan 2\theta_n=\frac{2\tau_{xy}}{\sigma_x-\sigma_y}\qquad\cdots\text{(B)}$$

・主応力σ_1について

$$\sigma_1=\mathrm{OP}=\mathrm{OC}+\mathrm{CP}\cdots(1)\qquad \mathrm{OC}=\frac{\sigma_x+\sigma_y}{2}\cdots(2)$$

PとAは、Cを中心とする円周上の点なので、CP＝CA

三角形$\mathrm{CAA_x}$で三平方の定理から

$$\mathrm{CA}=\sqrt{\mathrm{CA_x}^2+\mathrm{AA_x}^2}\quad ここで\quad \mathrm{CA_x}=\frac{\sigma_x-\sigma_y}{2}、\mathrm{AA_x}=\tau_{xy}$$

$$\therefore \mathrm{CP}=\mathrm{CA}=\sqrt{\left(\frac{\sigma_x-\sigma_y}{2}\right)^2+\tau_{xy}{}^2}\cdots(3)$$

式(2)と式(3)を式(1)に代入すると、

$$\sigma_1 = \frac{\sigma_x + \sigma_y}{2} + \sqrt{\left(\frac{\sigma_x - \sigma_y}{2}\right)^2 + {\tau_{xy}}^2} \cdots (A)$$

・主応力面の傾斜角$2\theta_n$について

主応力面の傾斜角$2\theta_n$は、$\angle ACP = \angle BAA_y$

三角形AA_yBで　$\tan 2\theta_n = \frac{A_yB}{AA_y}$

$$AA_y = \sigma_x - \sigma_y、A_yB = 2\tau_{xy} \quad \therefore \quad \tan 2\theta_n = \frac{2\tau_{xy}}{\sigma_x - \sigma_y} \cdots (B)$$

主せん断応力と主せん断応力面の作図

$$\left.\begin{matrix}\tau_1 \\ \tau_2\end{matrix}\right\} = \pm\sqrt{\left(\frac{\sigma_x - \sigma_y}{2}\right)^2 + {\tau_{xy}}^2} = \pm\frac{\sigma_1 - \sigma_2}{2} \cdots (C)$$

$$\tan 2\theta_s = -\frac{\sigma_x - \sigma_y}{2\tau_{xy}} \cdots (D)$$

・主せん断応力τ_1について

$\tau_1 = CR = CA$

三角形ACC'で三平方の定理から　$CA = \sqrt{AC'^2 + CC'^2}$

$$AC' = \frac{\sigma_x - \sigma_y}{2}、CC' = \tau_{xy} \quad \therefore \quad \tau_1 = \sqrt{\left(\frac{\sigma_x - \sigma_y}{2}\right)^2 + {\tau_{xy}}^2} \cdots (C)$$

また、σ_1、σ_2が求められれば、$\tau_1 = CR$は、応力円の半径だから

$$\tau_1 = \frac{\sigma_1 - \sigma_2}{2} \cdots (C)$$

・主せん断応力面の傾斜角$2\theta_s$について

三角形BA_yAで　$\tan 2\theta_s = \frac{A_yA}{BA_y} = \frac{\sigma_x - \sigma_y}{-2\tau_{xy}} = -\frac{\sigma_x - \sigma_y}{2\tau_{xy}} \cdots (D)$

8-7 単軸荷重を受けるモールの応力円

8-1の例題をモールの応力円で解く

例題「60 MPaの引張応力が発生している丸棒で、主応力面と30°の傾斜面に生じる垂直応力とせん断応力を求めなさい。」

この例題では、平面応力の応力成分を考えず、斜面の分力から、垂直応力とせん断応力だけを考えています。

算出値は、引張応力　45 MPa 、せん断応力　26 MPaでした。

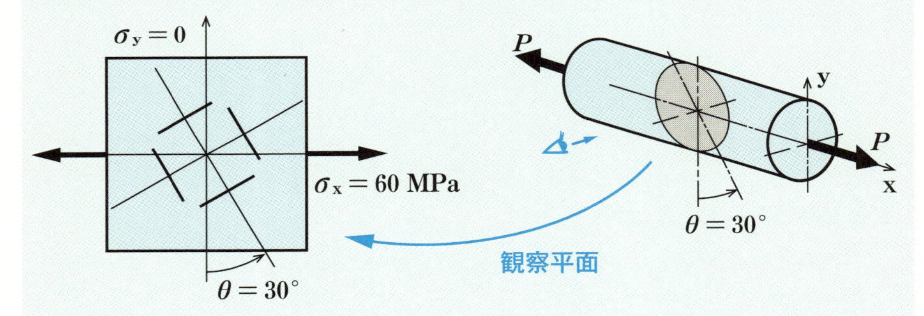

考え方

作図のポイント

- 単軸引張なので、$\sigma_y = 0$とします。
- 傾斜角30°は反時計まわりを＋として、作図では2θ傾けます。

作図の手順

①点A(60, 0)、点B(0, 0)をとります。

②点C(30, 0)を中心に半径30の円を描きます。

③点Cを通り、σ軸から反時計回りに$2\theta = 60°$の線分を描き、円との交点P、Qを求めます。

これで、作図は終了です。

解答例

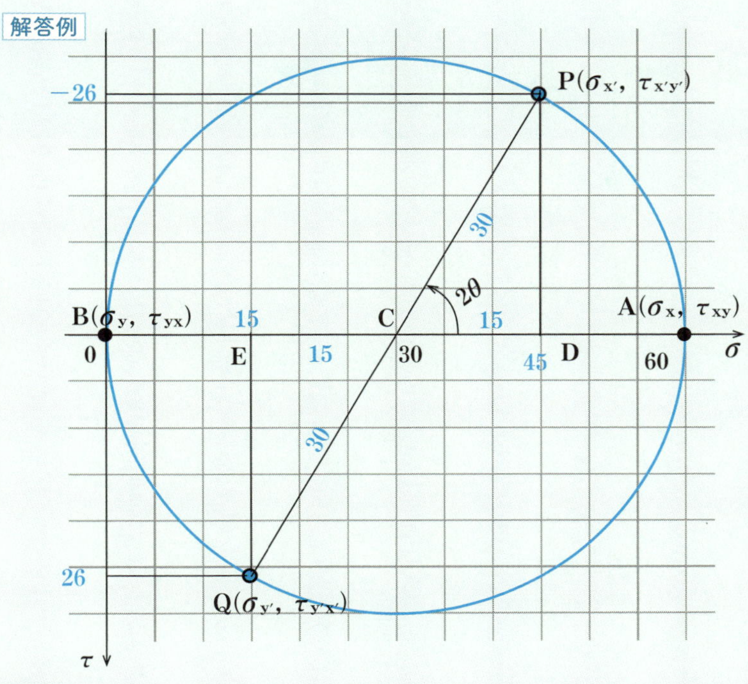

読図

・目盛を読み取って値を求めます。

・または、図をもとに次の計算を行い値を求めます。

円の中心C(30, 0)と三角形PCD, 三角形QCEの三角比から

$$P\begin{cases}\sigma_{x'}=30+15=45\ \text{MPa}\\ \tau_{x'y'}=-15\times\sqrt{3}=-26\ \text{MPa}\end{cases}\qquad Q\begin{cases}\sigma_{y'}=30-15=15\ \text{MPa}\\ \tau_{y'x'}=15\times\sqrt{3}=26\ \text{MPa}\end{cases}$$

主応力面と30°の傾斜面における応力

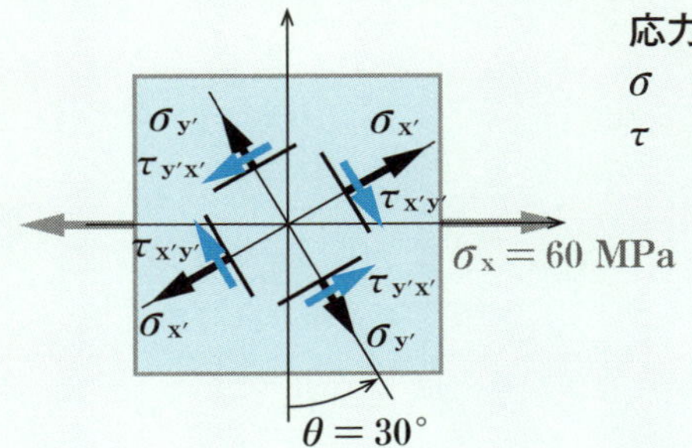

応力成分の符号の規則

σ　＋引張、－圧縮

τ　＋反時計回りの回転を与える向き
　　－時計回りの回転を与える向き

8-8 負のせん断応力

せん断応力の符号

物体中の平面に生じるせん断応力τ_{xy}とτ_{yx}は、互いに回転を打ち消しあう向きに作用するので、大きさが等しく符号が逆になります。一般にせん断応力という場合は、τ_{xy}をさし、τ_{yx}は$\tau_{yx}=-\tau_{xy}$と考えます。

直交する引張荷重とせん断荷重を受ける材料

例題 引張応力$\sigma_x=60$ MPa、引張応力$\sigma_y=20$ MPa、せん断応力$\tau_{xy}=-10$ MPaが発生する材料について、主応力の大きさと応力面の傾斜角、主せん断応力の大きさと応力面の傾斜角、その面における垂直応力を求めなさい。

作図のポイント

・$\tau_{xy}=-10$ MPaはσ_xと対のせん断応力､σ_yは$\tau_{yx}=10$ MPaと対になる。

・$2\theta_n$は$\tau=0$(σ軸)までの角度。$2\theta_s$は$\sigma=\dfrac{\sigma_x+\sigma_y}{2}$までの角度。

・$2\theta_n$と$2\theta_s$の交差角は90°です。

作図の手順

①点A(60, −10)、点B(20, 10)をとり、線分ABを描きます。

②ABを直径、ABとσ軸との交点C(40, 0)を中心とする円を描きます。

③円とσ軸との交点をP(σ_1, 0)、Q(σ_2, 0)とします。

④円のτ軸方向最大点をR($\sigma_{x'}$, τ_1)、最小点をS($\sigma_{x'}$, τ_2)とします。

読図

①主応力σ_1、σ_2……点Pのσ_1が最大値、点Qのσ_2が最小値です。

②主応力面θ_n……∠ACPが$2\theta_n$。時計回りなので符号は－です。

③主せん断応力τ_1、τ_2……点Rのτ_1が最大値、点Sのτ_2が最小値です。

④主せん断応力面θ_s……∠ACSが$2\theta_s$。反時計回りなので符号は＋です。

⑤④における垂直応力$\sigma_{x'}$……点Rと点Sのσ座標が$\sigma_{x'}$です。

解答例

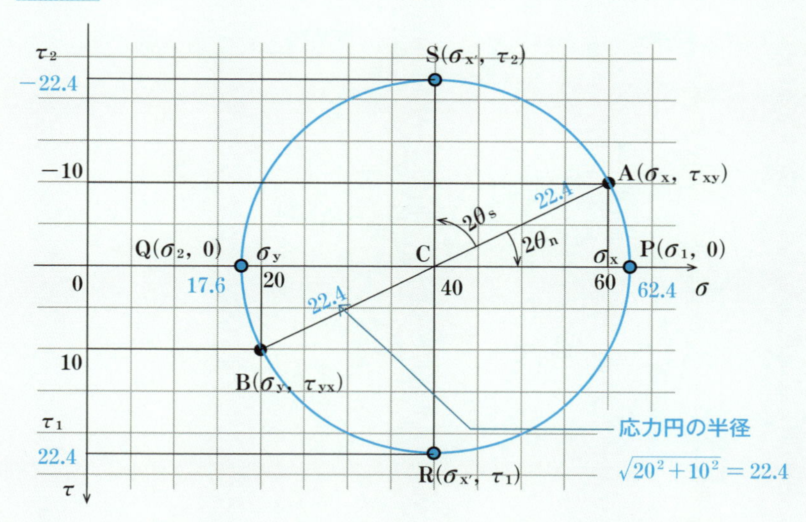

・解は、図から読み取る。または、図から以下のような計算もできます。

応力円の半径　$\sqrt{20^2+10^2}=22.4$

$\sigma_1=40+22.4=62.4$ MPa　　$\tau_1=22.4$ MPa

$\sigma_2=40-22.4=17.6$ MPa　　$\tau_2=-22.4$ MPa

$2\theta_n=\tan^{-1}\dfrac{10}{20}=26.6°$　　$2\theta_s=90-26.6=63.4°$

$\therefore\ \theta_n=13.3°$（時計回り）　　$\therefore\ \theta_s=31.7°$（反時計回り）

$\sigma_1=62.4$ MPa、$\sigma_2=17.6$ MPa、$\theta_n=-13.3°$

$\tau_1=22.4$ MPa、$\tau_2=-22.4$ MPa、$\theta_s=31.7°$、$\sigma_{x'}=40$ MPa

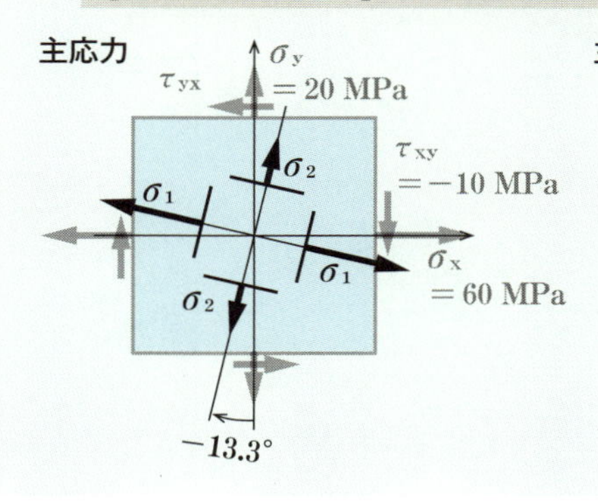

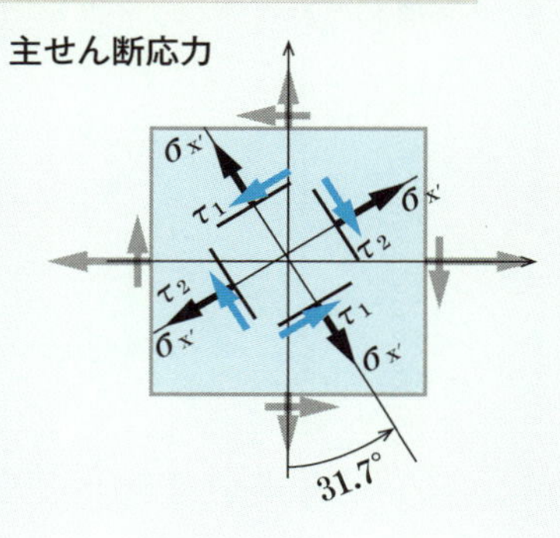

8 組み合わせ応力

練習問題

次の応力成分をもつ平面について、モールの応力円から主応力面と主せん断応力面の応力成分を求めなさい。

問題 1

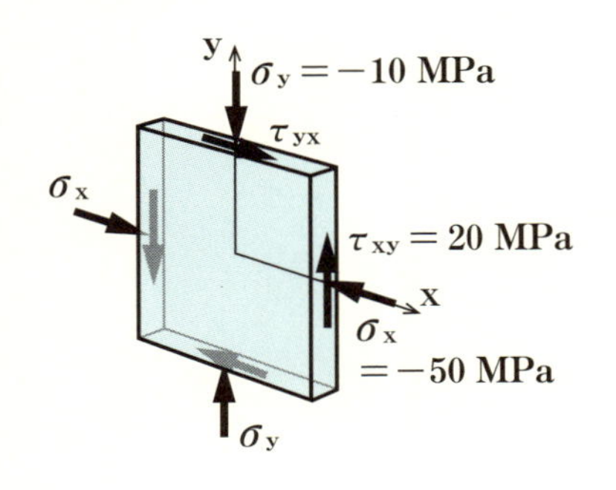

応力円の半径＝

$\sigma_1 =$

$\sigma_2 =$

$2\theta_n =$

$\therefore \theta_n =$

$\tau_1 =$

$\tau_2 =$

$2\theta_s =$

$\therefore \theta_s =$

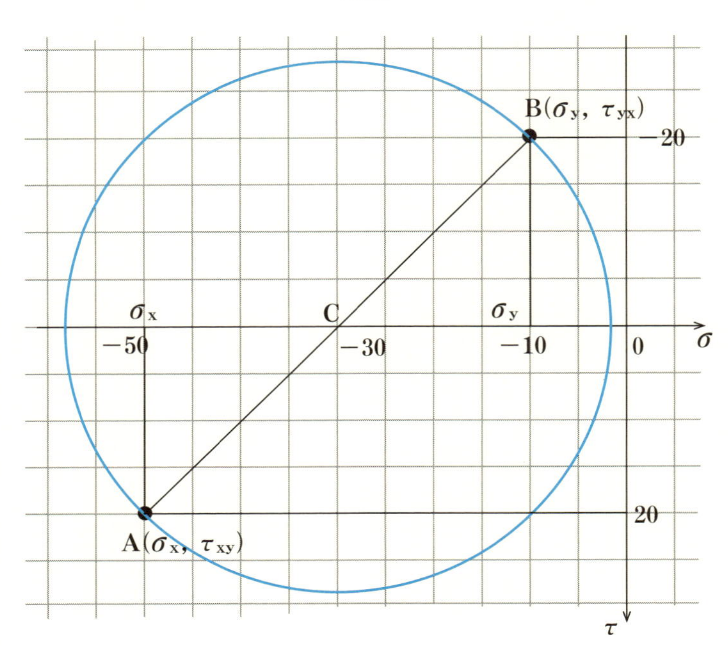

問題 2

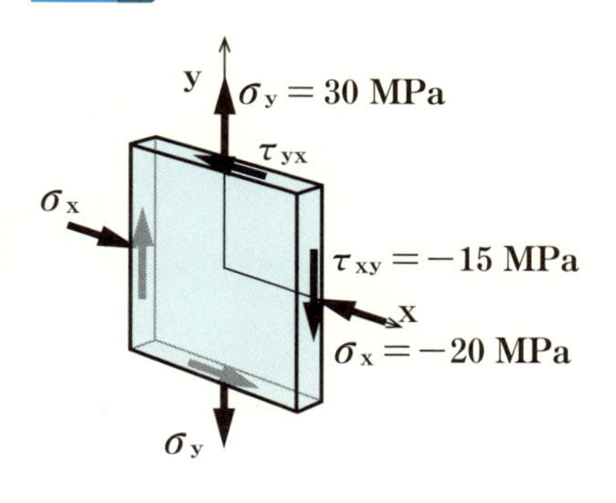

応力円の半径＝

$\sigma_1 =$

$\sigma_2 =$

$2\theta_n =$

$\therefore \theta_n =$

$\tau_1 =$

$\tau_2 =$

$2\theta_s =$

$\therefore \theta_s =$

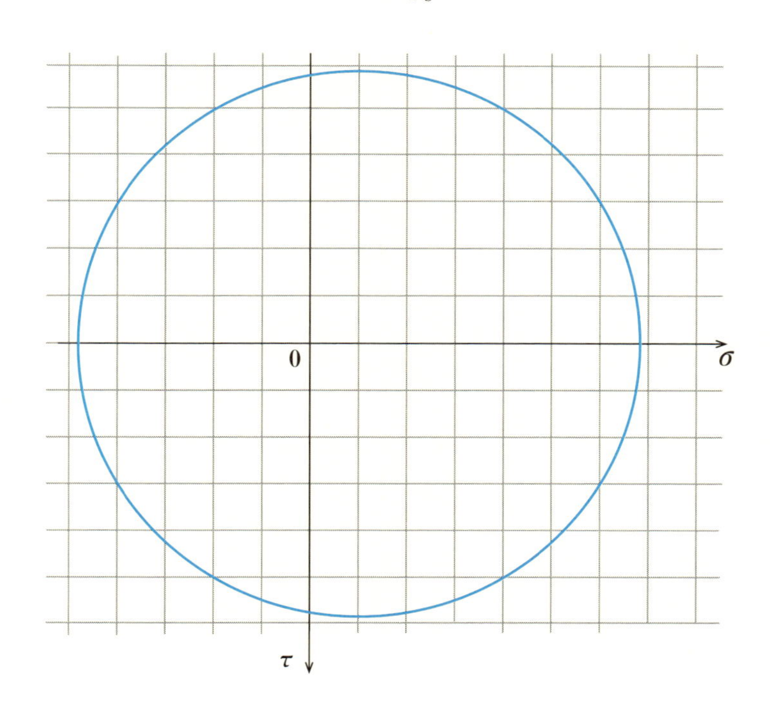

解答例

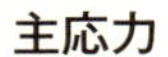

応力円の半径＝$20\sqrt{2}=28.3$

$\sigma_1=-30+28.3=-1.7$ MPa　　$\tau_1=28.3$ MPa

$\sigma_2=-30-28.3=-58.3$ MPa　　$\tau_2=-28.3$ MPa

$2\theta_n=-45°$　　$2\theta_s=+45°$

$\therefore \theta_n=-22.5°$（時計回り）　　$\therefore \theta_s=+22.5°$（反時計回り）

主応力

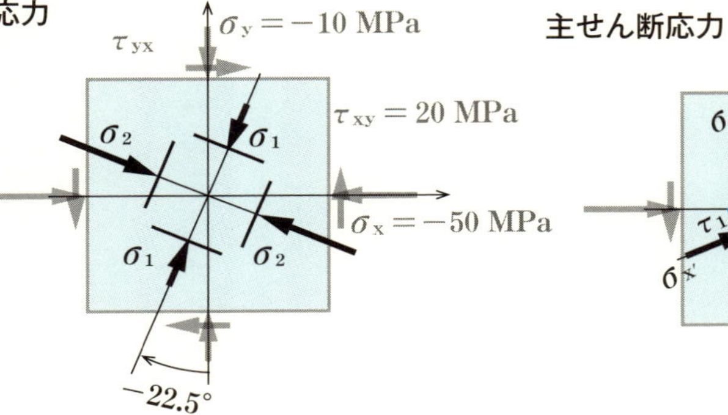

主せん断応力

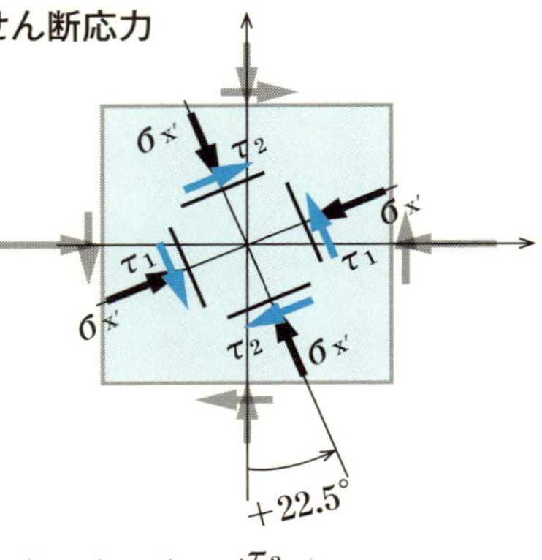

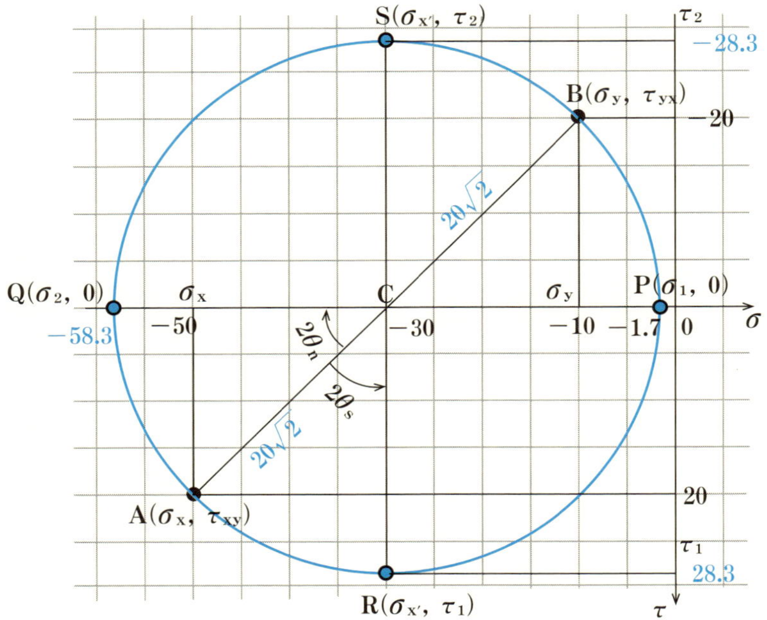

解答2

応力円の半径$=\sqrt{25^2+15^2}=29.2$

$\sigma_1=5+29.2=34.2$ MPa　　$\tau_1=29.2$ MPa

$\sigma_2=5-29.2=-24.2$ MPa　　$\tau_2=-29.2$ MPa

$2\theta_n=+31°$　　$2\theta_s=90-2\theta_s=90-31=-59°$

$\therefore \theta_n=+15.5°$（反時計回り）　　$\therefore \theta_s=-29.5°$（時計回り）

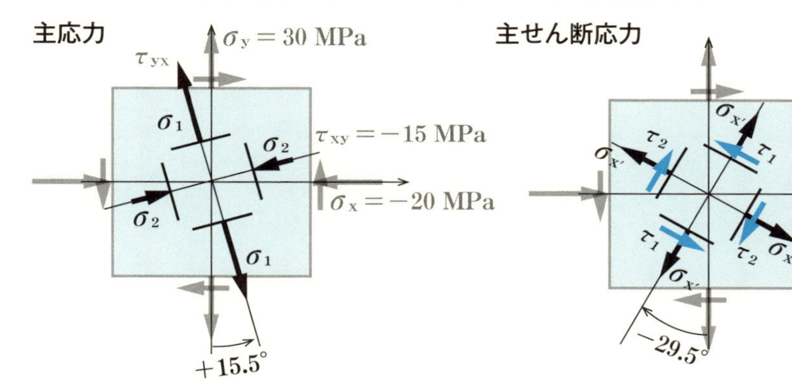

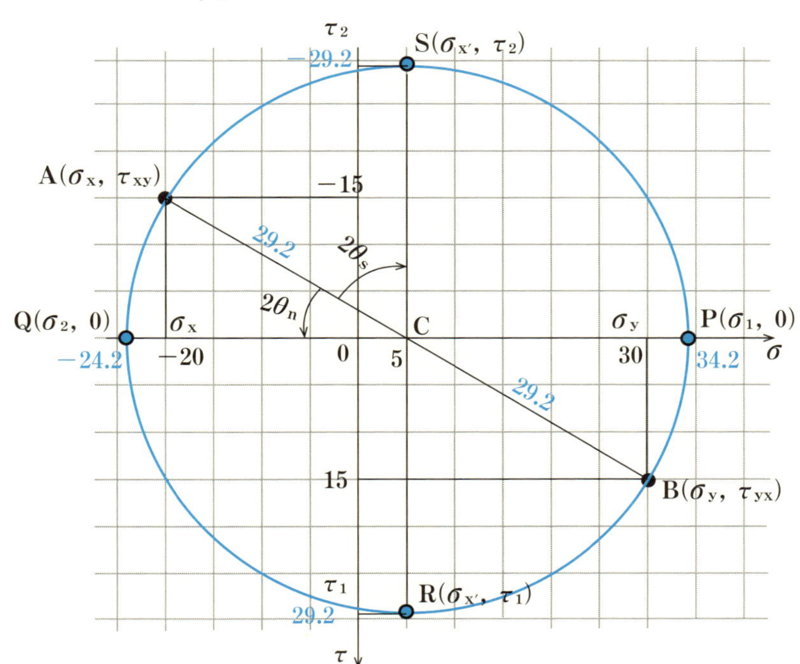

8

組み合わせ応力

Column

「符号がポイント」

モールの応力円は、8−6で説明したように、計算式をそのまま作図に置き換えたものです。

本書では、せん断応力軸を下向きを＋としましたが、応力を扱うそれぞれの分野で、特有の基準があります。機械工学系では、せん断応力下向きを＋とするのが一般的で、土木、建築工学系では、せん断応力上向きを＋とするのが一般的です。

といっても、これも厳密に決められたものではありません。

本書では、はりのS.F.D.とB.M.D.、トラスのクレモナ解法、そして、モールの応力円、と作図による解法を紹介しました。これらの解法で、作図に慣れない方が一番困るのが、上にあげた符号です。

はりの作図で、符号が逆になると、上下が反対の図面ができます。それでも、その図面で統一されていれば、本質は変わりません。

符号は、現象を考えるときに私たちが決めたルールですから、それぞれの符号体系で統一されていれば、支障はないのです

垂直応力は、機械系では、必ず引張りを＋としますが、コンクリートや土質を扱う分野では、圧縮を＋とする場合があります。

回転の向きは、以前は時計方向を＋とすることも多かったのですが、現在は反時計方向を＋とすることが多いようです。これは、x−y座標でx軸を基準としてy軸へ向かって角度を測るためとか、三角関数を第一象限から反時計回りに教えるためとか、コンピュータのグラフィックス処理が反時計まわりを＋とするため……などと言われますが、いまだに混在しています。

モールの応力円では、共役せん断応力の向きと、せん断面の回転する向きの符号に注意しましょう。

終わりに

本書には、ブレークタイム的な記事がほとんどありません。企画の当初には考えていたのですが、ページを進めるうちに、小説やエッセイのように一気に読み進むという性格のものではなく、じっくりと読んでいただき、例題で実際の計算は難しくはないなとリフレッシュしてもらえればと思い、本書のかたちができました。

私たちの日常では、機械や構造物の強度に起因する痛ましい事故が少なくありません。それらは、本書をある程度読んでいただいた段階で、気付かれたことと思います。

例を挙げれば、繰返し荷重による疲労破壊、高温や低温における変形や破壊、急激な形状変化による応力集中破壊、部材の寸法不足による破壊などです。また、どのように安全率を見込んで十分な設計をしていても、突発的、瞬間的に生じる事態に対応できないことも否めません。

材料力学は、安全なものつくりに不可欠な分野です。そして、ものをつくるには同時に、材料自体について、材料を加工する方法について、機械の運動について、など多くの分野が関連しています。

機械工学に限らず、すべての工学は独立の分野のみで成り立つことはできません。相互に関連する分野を横断的に知ることで、ひとのために役立つ技術ができるのだと思います。

本書を読んでいただいた方の多くは、工学の入門者だと思います。本書は特別な工学予備知識を必要とせずに平易に読んでいただける入門書となるよう努めました。

本書を通じて材料力学に興味をもっていただけた方には、さらに専門的な文献で学術への姿勢を深めていただけることを願います。

付表1 一般構造用圧延鋼材の機械的性質

JIS G3101:2015　表 JA.1 より

種類の記号	降伏点　N/mm²		引張強さ N/mm²
	厚さ　mm		
	16 以下	16 を超え 40 以下	
SS330	205 以上	195 以上	330 ～ 430
SS400	245 以上	235 以上	400 ～ 510
SS490	285 以上	275 以上	490 ～ 610
SS540	400 以上	390 以上	540 以上

一般構造用圧延鋼材は、SS400 を代表とする広い用途向けの鋼材です。

付表2 機械構造用炭素鋼鋼材の機械的性質

JIS G4051:1979（旧規格）より

種類の記号	熱処理	降伏点　N/mm²	引張強さ　N/mm²
S10C	N	205 以上	310 以上
	A	—	—
S17C S20C	N	245 以上	400 以上
	A	—	—
S33C S35C	N	305 以上	510 以上
	H	390 以上	570 以上
S48C S50C	N	365 以上	610 以上
	H	540 以上	740 以上

機械構造用炭素鋼鋼材は、機械加工や熱処理を行って機械部品として用いる鋼材です。

熱処理の記号は、N：焼ならし、A：焼なまし、H：焼入れ、焼きもどしを表します。

付表3 鉄鋼の許容応力 [MPa]

日本規格協会「機械システム設計便覧」より

応力の種類	荷重の種類	軟鋼	中硬鋼	鋳鋼	鋳鉄
引張	a	88 ～ 147	117 ～ 176	59 ～ 117	29
	b	59 ～ 98	78 ～ 117	39 ～ 78	19
	c	29 ～ 49	39 ～ 59	19 ～ 39	10
圧縮	a	88 ～ 147	117 ～ 176	88 ～ 147	88
	b	59 ～ 98	78 ～ 117	59 ～ 98	59
せん断	a	70 ～ 117	94 ～ 141	47 ～ 88	29
	b	47 ～ 88	62 ～ 94	31 ～ 62	19
	c	23 ～ 39	31 ～ 47	16 ～ 31	10
曲げ	a	88 ～ 147	117 ～ 176	73 ～ 117	—
	b	59 ～ 98	78 ～ 117	49 ～ 78	—
	c	29 ～ 49	39 ～ 59	24 ～ 39	—
ねじり	a	59 ～ 117	88 ～ 141	47 ～ 88	—
	b	39 ～ 78	58 ～ 94	31 ～ 62	—
	c	19 ～ 39	29 ～ 47	16 ～ 31	—

荷重の種類　a：静荷重　b：片振り繰返し荷重　c：両振り繰返し荷重

付表4 機械構造用炭素鋼鋼材の疲労強度

日本規格協会「機械システム設計便覧」より

機械構造用炭素鋼鋼材 JIS G4051		降伏点 [MPa]	引張強さ [MPa]	回転曲げ疲労限度 [MPa]	両振り引張圧縮疲労限度 [MPa]	両振りねじり疲労限度 [MPa]
焼ならし	S15C	235 ～ 355	370 ～ 510	185 ～ 285	145 ～ 235	100 ～ 175
	S45C	345 ～ 470	570 ～ 750	235 ～ 335	185 ～ 285	130 ～ 235
	S50C	365 ～ 490	610 ～ 780	245 ～ 345	195 ～ 295	135 ～ 235
焼なまし	S15C	185 ～ 295	310 ～ 460	155 ～ 265	130 ～ 225	100 ～ 165
	S45C	275 ～ 380	510 ～ 650	205 ～ 305	165 ～ 265	120 ～ 205
	S50C	285 ～ 390	540 ～ 680	205 ～ 305	165 ～ 265	130 ～ 215
焼入れ焼もどし	S30C	335 ～ 600	540 ～ 750	225 ～ 410	205 ～ 355	135 ～ 275
	S45C	490 ～ 775	690 ～ 930	305 ～ 510	245 ～ 480	215 ～ 355
	S50C	540 ～ 825	740 ～ 970	345 ～ 530	295 ～ 500	235 ～ 375

基本的な公式

材料力学には、計算の助けとなる多くの便利な公式があります。それらは本文で紹介したように、基本的な事柄を組み合わせた結果としてできたものです。

公式を暗記しなくても、次に例として挙げる基本的な考え方を理解して、それぞれの問題に対応できるようになることが望ましいのです。

応力、ひずみ、弾性係数

$$\sigma = \frac{P}{A} \qquad \tau = \frac{P}{A}$$

$$E = \frac{\sigma}{\varepsilon} \qquad G = \frac{\tau}{\gamma}$$

$$E = \frac{Pl}{A\lambda} \qquad G = \frac{Pl}{A\lambda}$$

σ ：垂直応力　MPa
τ ：せん断応力　MPa
P ：荷重　N
A ：断面積　mm^2
E ：縦弾性係数　計算はMPa
G ：横弾性係数　計算はMPa
ε ：縦ひずみ
γ ：せん断ひずみ
λ ：変形量　mm

安全率

$$\sigma_a = \frac{\sigma_s}{S}$$

σ_a ：許容応力　MPa
σ_s ：基準応力　MPa
S ：安全率

熱応力

$$\lambda = \alpha l \Delta t$$

$$\sigma = -E\alpha\Delta t$$

l ：元の寸法　mm
α ：線膨張係数　/K
Δt ：温度変化
σ ：熱応力　MPa

曲げ応力

$$\sigma=\frac{M}{Z}$$

σ：曲げ応力　MPa
M：曲げモーメント　N mm
Z：断面係数　mm^3

ねじりモーメント、ねじり応力

$$T=\tau Z_P$$

$$\tau=\frac{16T}{\pi d^3}$$

T：ねじりモーメント　N mm
τ：ねじり応力　MPa
Z_P：極断面係数　mm^3
d：直径　mm
π：円周率

長柱　オイラーの理論式

$$P=n\pi^2\frac{EI}{l^2}$$

$$\sigma=n\frac{\pi^2 E}{\lambda^2}$$

P：座屈荷重　N
n：端末係数
l：柱の長さ　mm
I：断面二次モーメント　mm^4
λ：細長比

中間柱　ランキンの式

$$P=\frac{\sigma_0 A}{1+\frac{a}{n}\lambda^2}$$

$$\sigma=\frac{\sigma_0}{1+\frac{a}{n}\lambda^2}$$

σ_0：材料定数　MPa
a：実験による定数

クレモナの解法の特別な場合

本文中で説明したように、クレモナの解法では、節点に働く未知の力が2つならば、その2つの力を必ず求めることができます。

これは、1つの力を作用線が分かっている2つの力に分解するという、基本的な力の分解の問題なのです。

ですから、簡単なトラスであれば、ここで示す手順で、支点反力を求めることなく、トラス全体のつり合いを求めることができます。本文中で気付いた方がおられるのではないでしょうか。

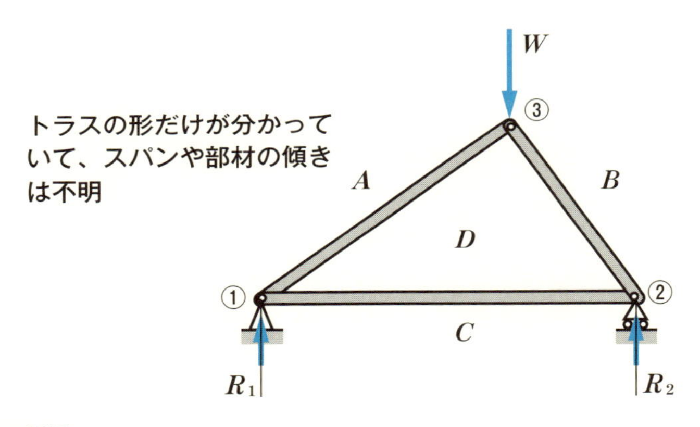

作図の手順

① 未知の内力が2つの節点③から力のつり合いを求める

荷重 Wを外力 abとして自由な長さでとる。

b点に bdの作用線、a点に daの作用線を描き、交点 dを求める。

矢印を ab、bd、daとして節点③で閉じた三角形をつくる。

② 節点①の内力 adは節点③の daと作用・反作用

節点③の daと同じ大きさで逆向きの力が節点①の内力 adになる。

adから内力 dcと支点反力 caを求める。

③ 節点②の内力 cdと db、支点反力 bcで閉じた三角形をつくる

節点①の dcと節点③の bdから節点②の内力 cdと dbが明らか。

cd、db、bcで閉じた三角形をつくる。

※②と③はどちらが先でも同じです。

① 未知の内力が2つの節点③から力のつり合いを求める

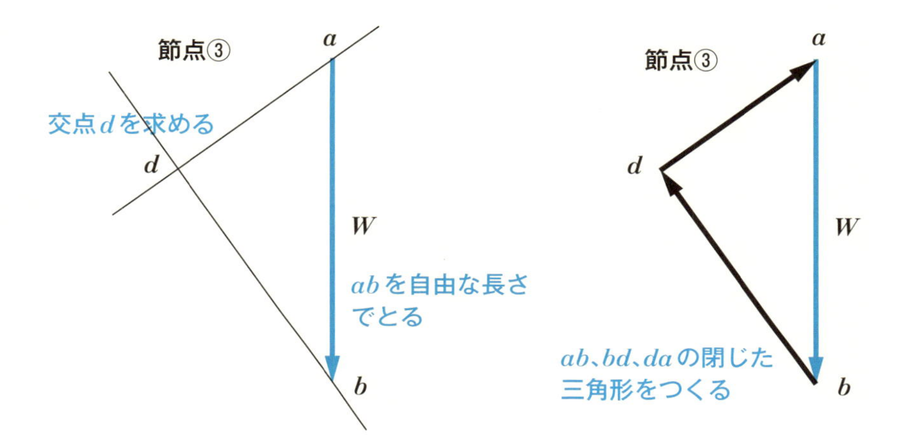

② 節点①の内力adは節点③のdaと作用・反作用

③ 節点②の内力cdとdb、支点反力bcで閉じた三角形をつくる

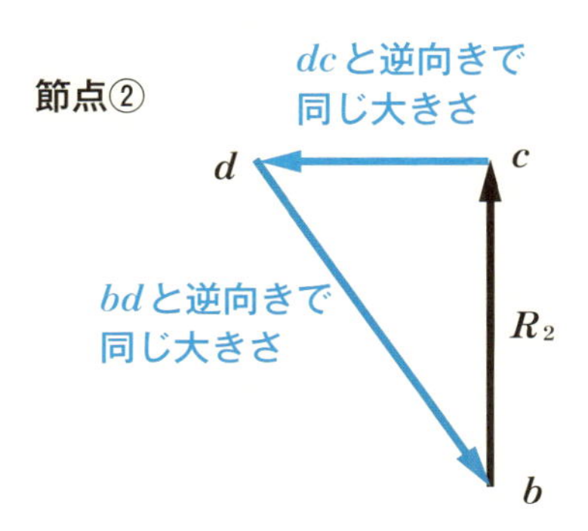

材料力学の索引

英数字

あ

か

さ

た

な

著者紹介

小峯龍男

1953年生まれ、東京都出身
1977年東京電機大学工学部機械工学科卒業。
工学入門書、児童学習書監修など。

参考文献

「図解でやさしい入門材料力学」 有光隆著 技術評論社
「よくわかる図解入門材料力学の基本」 菊池正紀・和田義孝著 秀和システム
「わかりやすい機械教室材料力学考え方解き方」 萩原国雄著 東京電機大学出版局
「JSMEテキストシリーズ 材料力学」 日本機械学会

装丁 中村友和(ROVARIS)
DTP BUCH+

ゼロからわかる材料力学

2016年 5月15日 初版 第1刷発行
2020年10月27日 初版 第4刷発行

著　者 小峯龍男
発行者 片岡 巌
発行所 株式会社技術評論社
東京都新宿区市谷左内町21-13
電話 03-3513-6150 販売促進部
03-3267-2270 書籍編集部
印刷/製本 昭和情報プロセス株式会社

ISBN978-4-7741-8068-7 C3053
Printed in Japan